基本単位

長　さ	メートル	m	熱力学温度	ケルビン	K
質　量	キログラム	kg	物質量	モ　ル	mol
時　間	秒	s	光　度	カンデラ	cd
電　流	アンペア	A			

SI接頭語

10^{24}	ヨ　タ	Y	10^{3}	キ　ロ	k	10^{-9}	ナ　ノ	n
10^{21}	ゼ　タ	Z	10^{2}	ヘクト	h	10^{-12}	ピ　コ	p
10^{18}	エクサ	E	10^{1}	デ　カ	da	10^{-15}	フェムト	f
10^{15}	ペ　タ	P	10^{-1}	デ　シ	d	10^{-18}	ア　ト	a
10^{12}	テ　ラ	T	10^{-2}	センチ	c	10^{-21}	セプト	z
10^{9}	ギ　ガ	G	10^{-3}	ミ　リ	m	10^{-24}	ヨクト	y
10^{6}	メ　ガ	M	10^{-6}	マイクロ	μ			

〔**換算例： 1 N＝1/9.806 65 kgf**〕

	SI		SI 以外		
量	単位の名称	記　号	単位の名称	記　号	SI単位からの換算率
エネルギー，熱量，仕事およびエンタルピー	ジュール （ニュートンメートル）	J (N・m)	エルグ	erg	10^{7}
			カロリ（国際）	cal$_{IT}$	1/4.186 8
			重量キログラムメートル	kgf・m	1/9.806 65
			キロワット時	kW・h	$1/(3.6\times10^{6})$
			仏馬力時	PS・h	$\approx 3.776\,72\times10^{-7}$
			電子ボルト	eV	$\approx 6.241\,46\times10^{18}$
動力，仕事率，電力および放射束	ワット （ジュール毎秒）	W (J/s)	重量キログラムメートル毎秒	kgf・m/s	1/9.806 65
			キロカロリ毎時	kcal/h	1/1.163
			仏馬力	PS	≈1/735.498 8
粘度，粘性係数	パスカル秒	Pa・s	ポアズ	P	10
			重量キログラム秒毎平方メートル	$kgf\cdot s/m^2$	1/9.806 65
動粘度，動粘性係数	平方メートル毎秒	m^2/s	ストークス	St	10^{4}
温度，温度差	ケルビン	K	セルシウス度，度	℃	〔注(1)参照〕
電流，起磁力	アンペア	A			
電荷，電気量	クーロン	C	（アンペア秒）	(A・s)	1
電圧，起電力	ボルト	V	（ワット毎アンペア）	(W/A)	1
電界の強さ	ボルト毎メートル	V/m			
静電容量	ファラド	F	（クーロン毎ボルト）	(C/V)	1
磁界の強さ	アンペア毎メートル	A/m	エルステッド	Oe	$4\pi/10^{3}$
磁束密度	テスラ	T	ガウス	Gs	10^{4}
			ガンマ	γ	10^{9}
磁　束	ウェーバ	Wb	マクスウェル	Mx	10^{8}
電気抵抗	オーム	Ω	（ボルト毎アンペア）	(V/A)	1
コンダクタンス	ジーメンス	S	（アンペア毎ボルト）	(A/V)	1
インダクタンス	ヘンリー	H	ウェーバ毎アンペア	(Wb/A)	1
光　束	ルーメン	lm	（カンデラステラジアン）	(cd・sr)	1
輝　度	カンデラ毎平方メートル	cd/m^2	スチルブ	sb	10^{-4}
照　度	ルクス	lx	フォト	ph	10^{-4}
放射能	ベクレル	Bq	キュリー	Ci	$1/(3.7\times10^{10})$
照射線量	クーロン毎キログラム	C/kg	レントゲン	R	$1/(2.58\times10^{-4})$
吸収線量	グレイ	Gy	ラド	rd	10^{2}

〔注〕 (1) TKからθ℃への温度の換算は，$\theta=T-273.15$とするが，温度差の場合には$\varDelta T=\varDelta\theta$である．ただし，$\varDelta T$および$\varDelta\theta$はそれぞれケルビンおよびセルシウス度で測った温度差を表す．

(2) 丸括弧内に記した単位の名称および記号は，その上あるいは左に記した単位の定義を表す．

JSMEテキストシリーズ

機械要素設計

Design of Machine Elements

日本機械学会

序

「JSME テキストシリーズ」は，大学学部学生のための機械工学への入門から必須科目の修得までに焦点を当て，機械工学の標準的内容をもち，かつ技術者認定制度に対応する教科書の発行を目的に企画されました．

日本機械学会が直接編集する直営出版の形での教科書の発行は，1988 年の出版事業部会の規程改正により出版が可能になってからも，機械工学の各分野を横断した体系的なものとしての出版には至りませんでした．これは多数の類書が存在することや，本会発行のものとしては機械工学便覧，機械実用便覧などが機械系学科において教科書・副読本として代用されていることが原因であったと思われます．しかし，社会のグローバル化にともなう技術者認証システムの重要性が指摘され，そのための国際標準への対応，あるいは大学学部生への専門教育への動機付けの必要性など，学部教育を取り巻く環境の急速な変化に対応して各大学における教育内容の改革が実施され，そのための教科書が求められるようになってきました．

そのような背景の下に，本シリーズは以下の事項を考慮して企画されました．

① 日本機械学会として大学における機械工学教育の標準を示すための教科書とする．
② 機械工学教育のための導入部から機械工学における必須科目まで連続的に学べるように配慮し，大学学部学生の基礎学力の向上に資する．
③ 国際標準の技術者教育認定制度〔日本技術者教育認定機構(JABEE)〕，技術者認証制度〔米国の工学基礎能力検定試験(FE)，技術士一次試験など〕への対応を考慮するとともに，技術英語を各テキストに導入する．

さらに，編集・執筆にあたっては，

① 比較的多くの執筆者の合議制による企画・執筆の採用，
② 各分野の総力を結集した，可能な限り良質で低価格の出版，
③ ページの片側への図・表の配置および 2 色刷りの採用による見やすさの向上，
④ アメリカの FE 試験（工学基礎能力検定試験(Fundamentals of Engineering Examination)）問題集を参考に英語による問題を採用，
⑤ 分野別のテキストとともに内容理解を深めるための演習書の出版，

により，上記事項を実現するようにしました．

本出版分科会として特に注意したことは，編集・校正には万全を尽くし，学会ならではの良質の出版物になるように心がけたことです．具体的には，各分野別出版分科会および執筆者グループを全て集団体制とし，複数人による合議・チェックを実施し，さらにその分野における経験豊富な総合校閲者による最終チェックを行っています．

本シリーズの発行は，関係者一同の献身的な努力によって実現されました． 出版を検討いただいた出版

事業部会・編修理事の方々，出版分科会を構成されました委員の方々，分野別の出版の企画・進行および最終版下作成にあたられた分野別出版分科会委員の方々，とりわけ教科書としての性格上短時間で詳細な形式に合わせた原稿の作成までご協力をお願いいいただきました執筆者の方々に改めて深甚なる謝意を表します．また，熱心に出版業務を担当された本会出版グループの関係者各位にお礼申し上げます．

本シリーズが機械系学生の基礎学力向上に役立ち，また多くの大学での講義に採用され技術者教育に貢献できれば，関係者一同の喜びとするところであります．

2002 年 6 月

日本機械学会

JSME ﾃｷｽﾄｼﾘｰｽﾞ 出版分科会

主　査　宇　高　義　郎

「機械要素設計」刊行に当たって

機械要素設計と題する書籍教科書は既に多くの図書が刊行されており，それぞれに特色もあるようである．機械要素を設計の観点から取り扱おうとすると，実際のところその種類も数限りなく存在し，「何を」「どのように」と考え始めるときりがないように思われる．そこで，基本となる要素についてまとめることにもなる．要素によっては軸のように設計者が自由に寸法を決められるものもあれば，ねじや転がり軸受のように規格化が進み，カタログから選べば済むものもある．これらを串刺しに説明するのは結構苦労する．一方巷では，規格化された部品についての設計資料がそれぞれのメーカのホームページにあふれんばかりに存在するので，これを見れば自ずと要素部品の選択肢を教えてくれる．このような設計は，それらに任せればよい．

機械を設計するとは，設計者の意図，考え方に基づいて，独自性をもちつつシステム全体を考えることである．その際には，構成する機械要素を使うことの適切性を判断できる知識が要求される．また設計者は，多くの経験をもつことにより，設計の腕を磨かいてゆくものである．結局，経験というデータベースを基に，常に考え，反省し，勘を育んでゆくことが必要になる．その結果，機械要素をひとつとってもその使い方には何がしかの哲学を持つようになる．

以上から，本テキストにおいての基本的な指針としては，これさえあれば要素の選択が機械的に行えるというものではなく，それぞれの要素がどのような考え方を基盤に設計されるべきか，というヒントを少しでも盛り込むこととした．時々は一歩立ち止まって，テキストを基に考えてもらいたいし，計算もしてもらいたい．そして，将来立派な技術者になって，日本の産業をしっかりと支えてもらいたいという思いをもっている．

2017 年 4 月

JSME テキストシリーズ出版分科会

機械要素設計テキスト

主査　北條　春夫

機械要素設計　執筆者・出版分科会委員（執筆，編集当時）

執筆者	角田　和雄	元中央大学	6 章
執筆者	小山　富夫	大阪工業大学	9 章
執筆者	斉当　建一	室蘭工業大学	3 章，4 章
執筆者	下田　博一	明治大学	5 章
執筆者	杉村　丈一	九州大学	10 章，11 章
執筆者・委員	田中英一郎	早稲田大学	1 章，3 章，6 章，8 章，索引
執筆者・委員	寺田　英嗣	山梨大学	2 章，4 章，6 章，7 章，10 章，11 章
執筆者	中村　隆	名古屋工業大学	6 章
執筆者	舟橋　宏明	元東京工業大学	1 章，2 章
執筆者・委員	北條　春夫	東京工業大学	1 章，5 章，8 章，9 章
総合校閲者	井上　克己	東北大学	

目　次

要素設計基礎

結合する要素

軸と軸系の要素

運動と動力を伝達する要素

要素設計基礎

機械要素設計を学ぶための基本的な考え方を理解するとともに，その基礎知識を獲得してもらう．第 1 章では，特に自転車を題材に，機械がいくつかの要素の組み合わせで構成されていることを理解してもらう．第 2 章ではそれぞれの要素を製作するため必要な基礎知識として，寸法公差や強度の考え方について学ぶ．

第１章
機械要素設計概論
Outline of the Design of Machine Elements

1・1　序 論 (introduction)

1・1・1　機械要素設計とは (what's design of machine elements)

機械要素設計は，その名の通り機械システムを構成する要素を如何に設計するかを総合したものである．その要素の中には市販されているものもあれば，強度の要求を元に形状や寸法を個別に設計しなければならないものもあり，その内容は奥が深い．代表格である「ねじ」1 本使用することを考えても，規格に基づき街で売られているねじをそのまま使うケースから，その使用部位によっては，寸法の基本的な規格（ISO/TC1 に基づく規格）を基にして設計，製造して使うものもある (図 1.1)．これは，ねじにどのような役割を求めるかによるのと同時に，その使用目的にあわせて多くの因子を考慮に入れなければならないからである．

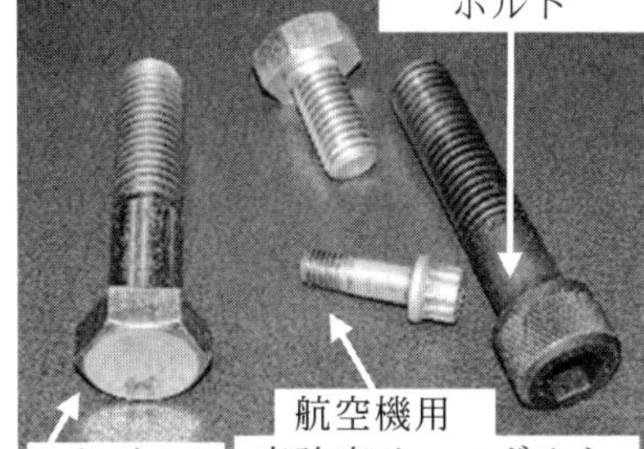

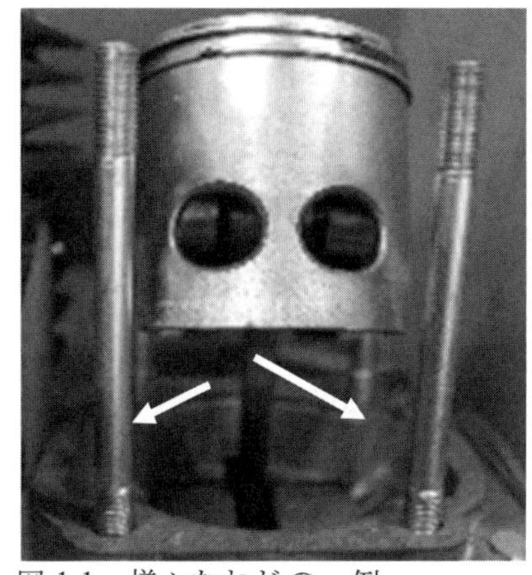

図 1.1　様々なねじの一例
上：市販のボルト類，
下：エンジンのシリンダに取付けられたスタッドボルト，中央はピストン

また，製造のコストも設計に密接に関係する．例えば，自動車の動力伝達装置（トランスミッション，図 1.2）に用いられる歯車では，歯の大きさを決めるモジュールを，JIS (日本工業規格: Japanese Industrial Standards) に規定されている以外の値に採ることも多い．これは，大きさ（寸法）の制約の下で，強度に加えて振動・騒音の観点から選択した結果であるが，ひとつの会社で大量生産するためのコストメリットゆえにできることでもある．

> 参考１【ISO の TC 番号】
> あとの章で取り扱われるが，世界規格である ISO (国際標準化機構：International Organization for Standardization) には，技術分野ごとに TC（Technical Committee）が設けられて，順番に番号がつけられている．内容は機械に限らないが，参考までに TC 1：ねじ，TC 4：転がり軸受，TC60：歯車，等々，機械部品の TC 番号は比較的小さな値となっている．なぜだろうか？？

一方，CVT (無段変速機: Continuously Variable Transmission，図 1.3) は，それ自体は動力伝達の要素と見ることもできるが，ベルトを用いる方式に例をとれば，ベルト，可変ピッチ径プーリ，ベアリング，油圧シリンダ等，多岐にわたる機械要素の組み合わせで成立している．それぞれの機械要素を設計するにしても，実用性のある変速機にするためには，教科書に書かれた多くの知識を持ち合わせるだけではなく，現場でのノウハウが必要であり，一朝一夕に設計を完成できるものではない．図 1.4 はターボチャージャであり，これとても同様である．

図 1.2　自動車の手動変速機のカットモデル（国産スポーツカーのマニュアルトランスミッション）歯車も一部切断されて，中のベアリングが見える．

さて「設計と製造」は，同じくものを造る観点からは「日曜大工」にも似るが，後者は自らがイメージするものを現物あわせ的に自身で製作するのに対

図 1.3 自動車の金属ベルト式無段変速機 CVT）（提供：ジヤトコ(株)）

図 1.4 身近で使用されている機械システム（例：ターボチャージャのカットモデル）（出典：NASA: ID:C-2003-1451）

図 1.5 破壊された歯車箱と，破壊の原因となった歯車の破断例（出典：日本機械学会 RC218 報告書）

し，前者は作成した図面を人にゆだねて物をつくってもらうことが原則である点が大きく異なる．設計時に考慮すべきことは，寸法が必須であるのはもとより，静的な強度，負荷の変動に対して動的に見た強度や寿命，経年変化や化学的変化による寿命とそれらに関わる材料の組成と組織，あるいは，動く境界面に必須である潤滑油の特性など，多岐多様にわたる．壊れた機械システムなり機械要素を見ることで，これらの知識の獲得に役立つことも多い (図 1.5)．その上，製造のプロセスも理解している必要がある．

読者諸君はまず，力学及び材料力学を習っているはずである．また，機械を目の当たりにした経験を持っているはずである．これら力学の知識を基にして，身近なところにある機械システムを見て触って，使ってみて，さらに模倣してみたりした経験から，想像力や類推力を高めることも重要である．類推の源は，必ずしも機械システムである必要はない．身の回りには，多くの題材があるので，これを見ながらでも実物を他人に造ってもらうためのプロセスを想像しながら，要素設計の大枠をつかんでもらいたい．

1・1・2 本書の位置づけ (what this text covers)

以上から，本書は大学あるいは高専で機械要素設計を学ぶ際に最低限理解していてほしい内容に絞って記載することに努めた．大くくりで本書を位置づけると，図 1.6 のようになる．すなわち，本書を読み，関連のテキストを併用して自習することによって，すでに獲得した知識と設計との橋渡しができ，基本的な設計ができるものである．以上に鑑みて，例えば材料の選択に関連する事項は省略している．同じ鉄鋼材料でも，炭素含有量やその他の微量元素によって，強度が変化したり，加工性がよくなったり，焼入れ性がよくなったりということや，水素脆性といった特徴など，本書からはずしてあるので注意してもらいたい．

さらに詳細の設計を行う場合には，機械工学便覧や JIS などの規格集を参照することを薦める．たとえば歯車の設計を行おうとするなら，さらに深く知識を獲得する必要もあろう．また，今日ではそれぞれの機械要素に関するウェブページも数多く存在するので，信頼できるページを参照することには価値がある．そして，いわゆる応用設計ができるようになるためには，さらなる専門性を身につける必要があるが，現場での経験を基にして，設計は製造を知ってこそ成功するものであるし，製造は常に設計を批判できなければよい機械を製造することはできない(図 1.7)．

参考２【設計者に要求される素養とは】
ローマは一日にして成らずのたとえのように，設計者もにわかに独り立ちできるわけではない．日ごろから知識の獲得や能力の向上に努めることが重要です．

- 日常経験の記憶（成功談，ケガや失敗）
- 想像力，類推力，観察力

 例えば，　割り箸を折るのと，針金を折る違い．
スキーとバイクのダイナミックスの類似性．
大型トラックの運転室はゆらゆらと揺れている？
電車では，ばねがどこに使われているのか？
トラックのシャーシの鋼板の厚さはどのくらい？

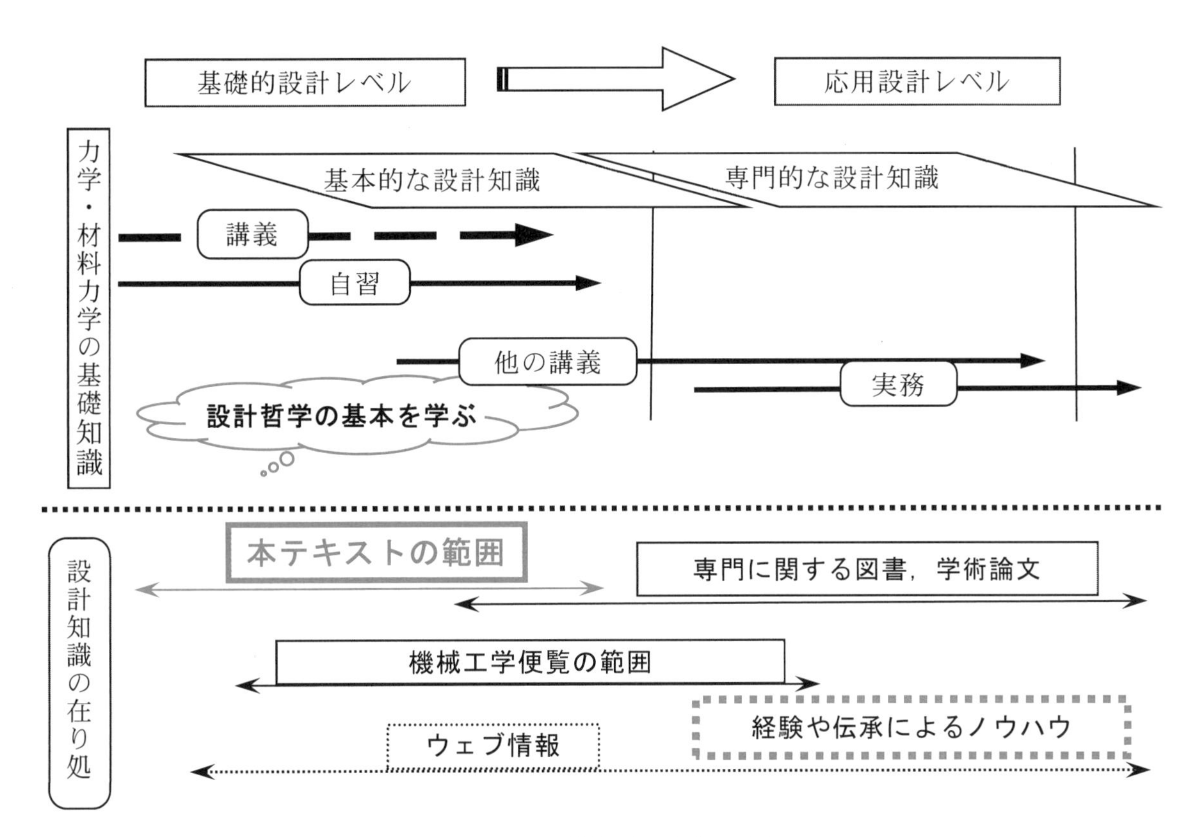

図 1.6　機械要素設計を学ぶ

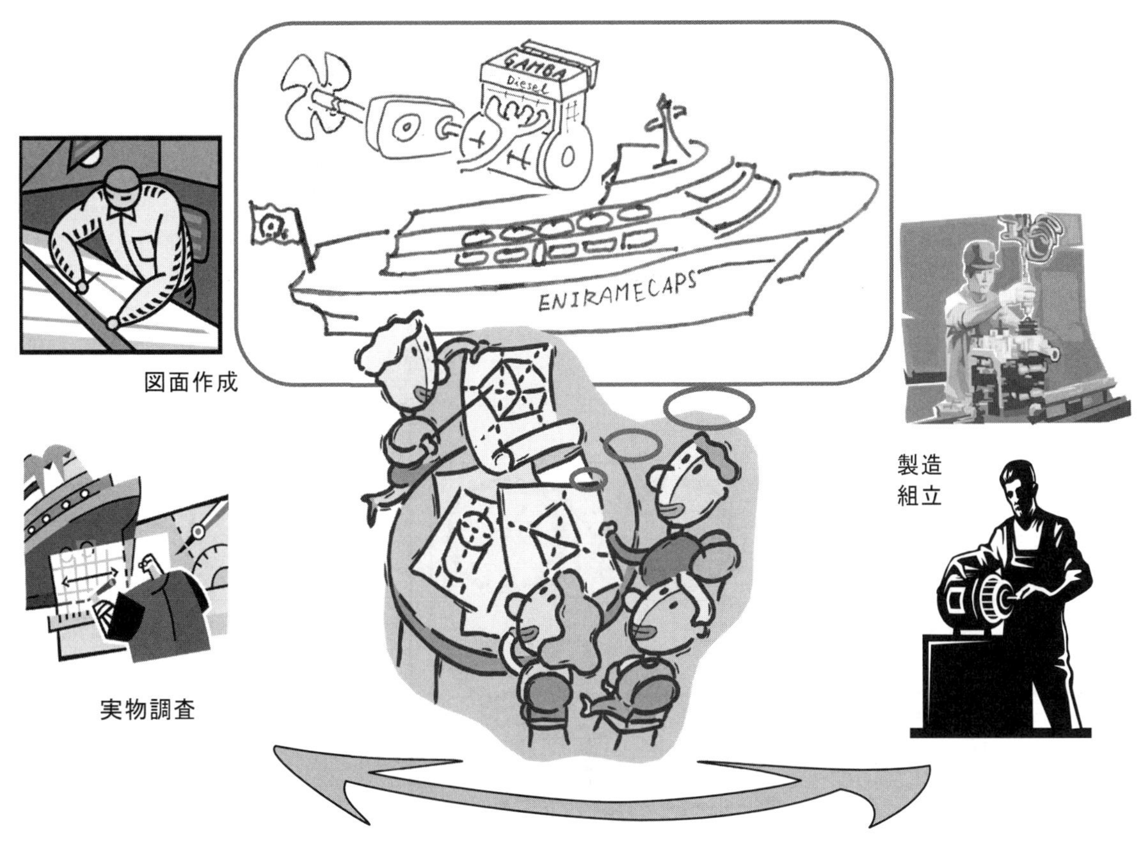

図 1.7　設計と製造の連携作業

1･2 ケーススタディ（自転車の分解）(case study of disassembling a bicycle)

機械要素設計 (design of machine elements) という題目で何を学ぶか？の問の答えを記す前に，機械を設計製作 (design and manufacturing) するには，発見的方法も有ろうが，一般には先人のつくったものを分解観察して学ぶことが有益である．そこで，身近にあり，よく使われているものを題材に，分解を試みながら機械の中身やそのしくみを調べてみることにする．たとえば，自転車は，一家に 1，2 台は大抵あるだろうし，本書の読者の多くも乗ったことがあるだろう．しかし，このあまりに身近な機械の中に，どれだけの工夫が込められているのだろうか．正式名「内装３段式変速機つき自転車」の中身は，どのようになっているか？どのように組み立てられているか，順次以下に観てゆこう．

1・2・1 変速機の分解 (disassembling of a transmission)

街で売られている自転車は，昨今でこそ電動アシスト自転車も見かけることが多い．しかし，通常は「変速機なし」「外装○○段変速機つき」「内装△△段変速機つき」という 3 種類が多く使われている．また，図 1.8 のように，自転車の動力伝達 (power transmission) にはチェーン駆動 (chain drive) ，ベルト駆動 (belt drive) （ベルト，チェーン：第 9 章)，シャフト駆動 (shaft drive) （軸：第 5 章）の方式があるが，一般的には，図 1.8 中のチェーン駆動方式が採用されていることが多い．ペダル (pedal) からスプロケット(sprocket) （ベルト，チェーン：第 9 章)，チェーン (chain) を介して駆動力を後輪のスプロケットに伝え，ラチェット機構 (ratchet mechanism) により，自転車の車輪を回転させる．ラチェット機構は，自転車が走行中にペダルを漕がないときでも，後輪

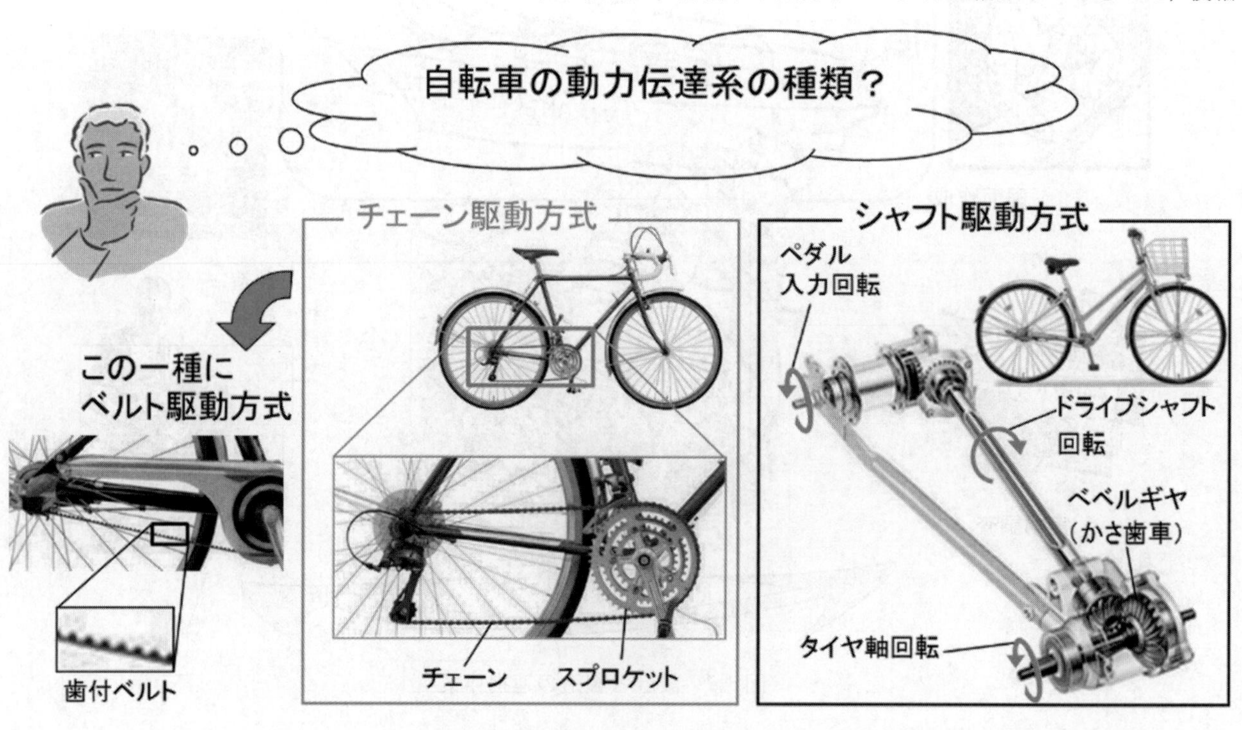

図 1.8 様々な自転車の動力伝達系（提供：(株)丸石サイクル）

チェーン駆動方式自転車の変速機？

外装式

・簡単な構造

・低コスト

内装式

変速機はどこ？

・コンパクトな構造

・汚れない

図 1.9　チェーン駆動方式の変速機の種類

が自由に回転して惰力走行 (run by inertia) ができるために使われる．

さて，以上の基本構成は上記の「変速機なし」の自転車となる．外装変速機つき自転車は，図 1.9 左のように，一目見れば即座に分かるもので，後輪のスプロケット（歯つき車）が 3 層，4 層…となっており，チェーンをかけ替えると同時に，さらにチェーンのたるみをとる機構（ディレイラー）がついている．シンプルなため低コストなこのタイプは軽量であり，スポーツ走行には適しているが，衣服がチェーンやスプロケットに接触してその潤滑油で汚れる可能性もある．一方「内装変速機つき自転車」は，図 1.9 右のように，変速のための機構が外からは見えない．また，このタイプの多くの自転車はチェーンカバーが付いており，さほど多段の変速の必要もなく，また，コンパクトで汚れる心配もなければ，日常に気兼ねせず使用するにはこのタイプがもってこいである．しかし読者諸君は，この内装変速機がどこに入っているのか，どんなしくみなのかご存知だろうか？

そこで，この内装 3 段変速機の後輪部分の分解を，特にその変速機付近（軸の周辺）について試みる．

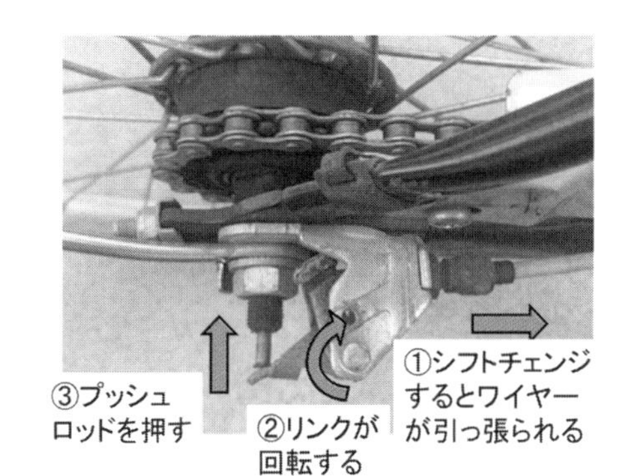

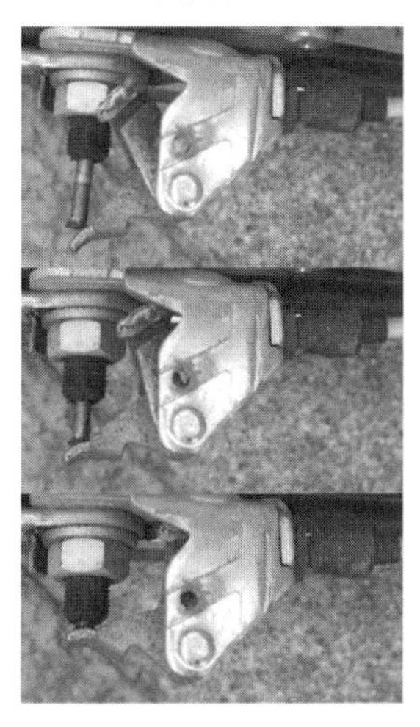

図 1.10 右側の軸端の棒とワイヤの連結部（ワイヤの他端はハンドルのダイヤル式シフトチェンジ部に接続されている）

1・2・2　後輪を概観する (take a general view of the rear wheel of the bicycle)

後輪は，スチールやアルミを溶接 (welding)（構造材の締結：第 4 章）して作られたフレーム (frame) の後端に取り付けられているが，そこにばね (spring)（ばね：第 11 章）の力を跳ね上げとロックの両方に使用するスタンドもついている．最近は片側（左側）に 1 本のスタンドが取り付けられているものが多い．図 1.9 右の車軸の両端を見ていくと，右側にはスプロケットがあり，左側にはブレーキドラムがある．また，前方から左側に 2 本のワイヤが来ており，そのうちの 1 本はレバーを介してブレーキドラムと連結されているが，もう1本は，右側の軸の端部につながっている．この軸の端部のカバーを外すと，図1.10のような構造になっており，軸の中心に入っている棒を押すレバーにつながっていた．この棒（プッシュロッド(push rod)）が変速のしくみに大きく関わっているようだ．それでは油をふき取りながら分解開始．

1・2・3　車輪を外す (detach the rear wheel)

まずはワイヤを外し，フレームに巻きついている金具のねじも緩めて外す．軸は，フレームの左右に「六角ナット (hexagon nut) 」があり，車輪の軸がねじでフレームに固定されていることが分かる．「スパナ (spanner) 」や「レンチ (wrench) 」と呼ばれる道具でねじを緩めよう．軸の端部の側から見て反時計回りに回せば緩む．少々緩めば，あとはフレームから外れるようになっているが，外したあとは，ナットを完全に外そう．ナットの内側にはワッシャ(washer) もある．軸の外側がねじ (screw) （ねじ：第3章）になっていることが分かる．この軸の外形を「ノギス (slide caliper) 」で測っておこう．外形は16mmある．ねじのピッチ (pitch) は？ついでにスタンドも外すと，図1.11右のように後輪軸周りに機構が一体化していることがわかった．今度はこの軸周りを分解して行こう．

1・2・4　ブレーキハウジングを外す (detach the brake housing)

自転車のブレーキ (brake)（フライホイール，クラッチ，ブレーキ：第10章）は，前輪と後輪にそれぞれついている．よく見かけるのは，車輪を挟み込む「キャリパーブレーキ (caliper brake) 」や，「ディスクブレーキ (disk brake) 」が前輪に取り付けられている．後輪には，スポーツタイプはキャリパーブレーキも使用されるが，一般的には「ドラム式ブレーキ (drum brake) 」が使われていることが多い．後輪のブレーキは変速機の種類に対応して使い分けられていることが多いようである．この内装変速機付き自転車の場合には，図1.12の

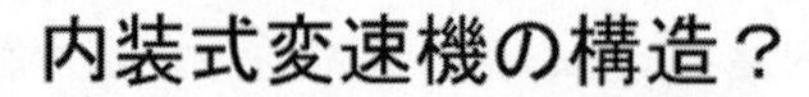

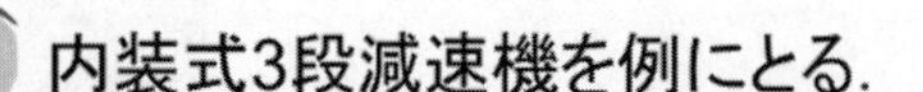

図1.11　後輪を分解した様子

ようにドラム式ブレーキが使われている．ドラム式には，「バンドブレーキ (band brake)」「サーボブレーキ (servo brake)」などがある．バンドブレーキは，ブレーキハウジングを外すと，内側には「バンド」と呼ばれるハチマキ状のものが入っている．車輪側には，「ドラム」があり，これにバンドが外側から巻きつけられる．ブレーキをかけるときは，強く巻きつけて，バンドとドラムの間に発生する摩擦力がブレーキ力に変換される．安価でよく使われていたが，劣化による騒音や制動力低下，“キー”というブレーキ鳴き等が問題となり，それを解決するため，ドラムを内側からブレーキシューを押し付けるサーボブレーキが開発された．この自転車には，サーボブレーキが使用されていることがわかる．

車輪に着目しよう．自転車の車輪は，多くの「スポーク (spoke)」によって「ハブ (hub)」とつながっている．スポークはタイヤ側にねじがあるのでこれを緩めてはずせばよい．これで，変速機のユニットが取り出せた．潤滑用のグリスでべとべとだ．外観上の構成は，中心に穴の開いた長いねじ（**要素事例1：ペットボトルのキャップのねじ**）および軸，左側にはブレーキドラム，右側にはチェーン駆動用スプロケット，その間にハブ（ハブシェル）

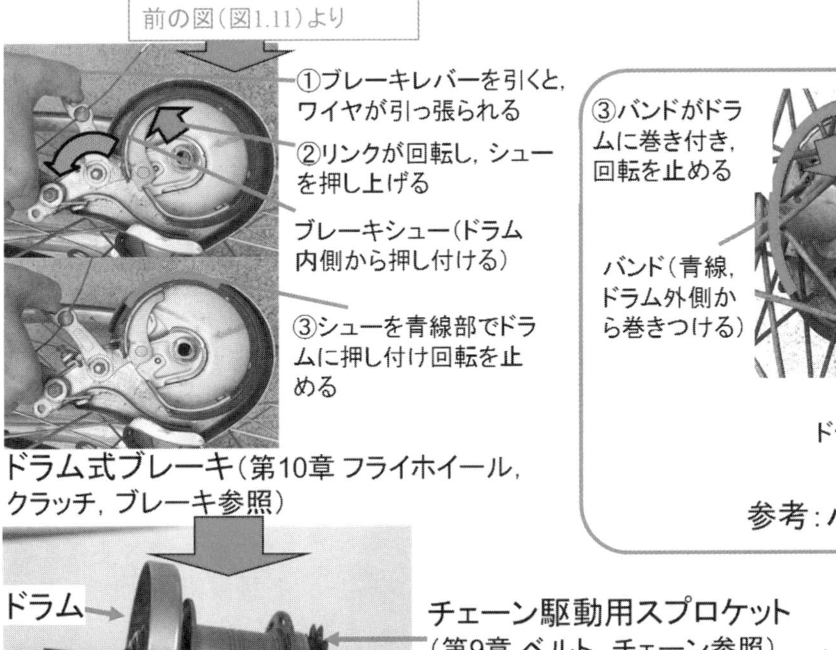

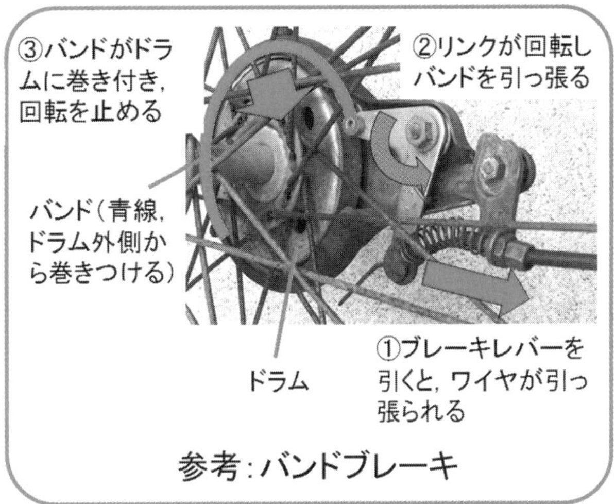

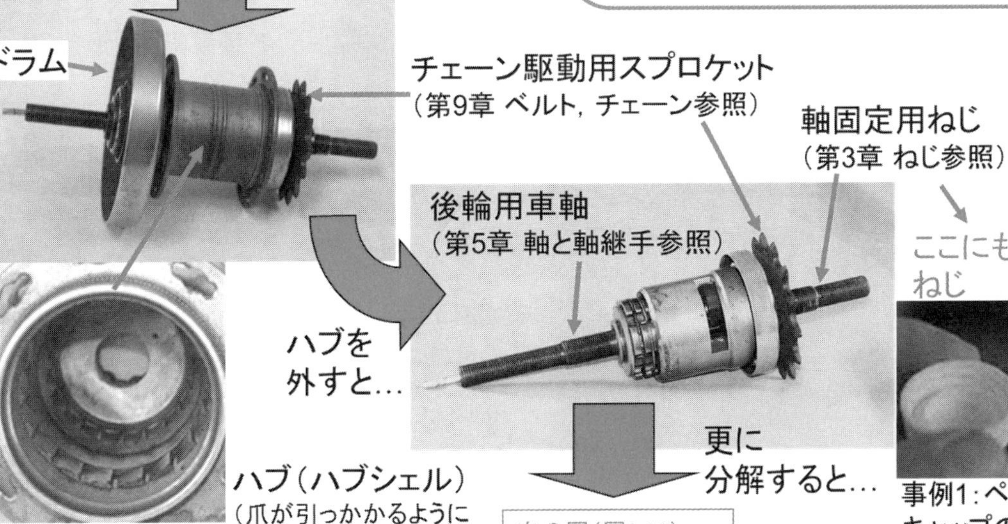

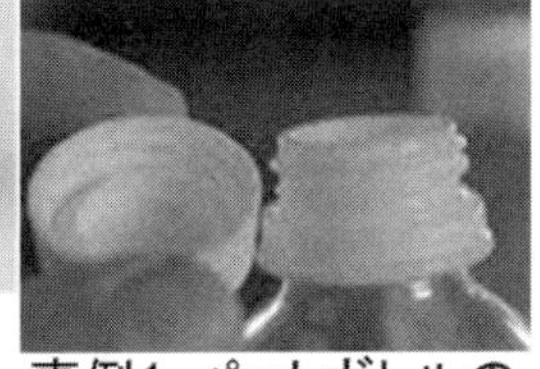

図 1.12　後輪の車軸を分解した様子

である．ねじの中心の穴には前述の細い棒が入っており，どうやらこのプッシュロッドを出し入れして機構を駆動し，ハブ内の凹凸とかみ合い，変速しているようである．となると，このハブ内のべとべとの筒の中に臓物がありそうである．

1・2・5　軸受を外す (detach the bearing)

ここからが分解の真髄である．軸にはさらにナットがあるのでこれを緩める．今度は六角ナットとは違い，2面があるだけのものである．これをはずすとスプロケットが抜ける．筒の内側を見てみよう（図1.13）．同時に軸受 (bearing)（軸受：第6章，**要素事例2**：SLのすべり軸受，**要素事例3**：ジェットエンジン用軸受）の部材が外れてくる．転動体 (rolling element) と保持器 (retainer)（軸受：第6章，転動体を等間隔に保持する），ダストを防ぐシール (seal)（軸系を支援する各種要素と潤滑：第7章）だ．

1・2・6　3段変速機のしくみ (mechanism of the three-speed transmission)

そして最後に控えるのは，この機械の心臓部分である，遊星歯車装置 (planetary gear unit)（歯車：第8章）だ（図1.14）．遊星歯車装置は，①太陽歯車 (sun gear)，②遊星歯車を支持するキャリヤ (carrier)，③内歯車 (internal gear) のどれを入力，出力，固定とするかによって速度比が変化する．つまりこの装置は，前述の細い棒（プッシュロッド）を出し入れして入力出力の3つの組み合わせを機械的に切り替え，それによって速度比を3段階に変化させているのである．特に，中心軸となる太陽歯車を自転車のフレーム

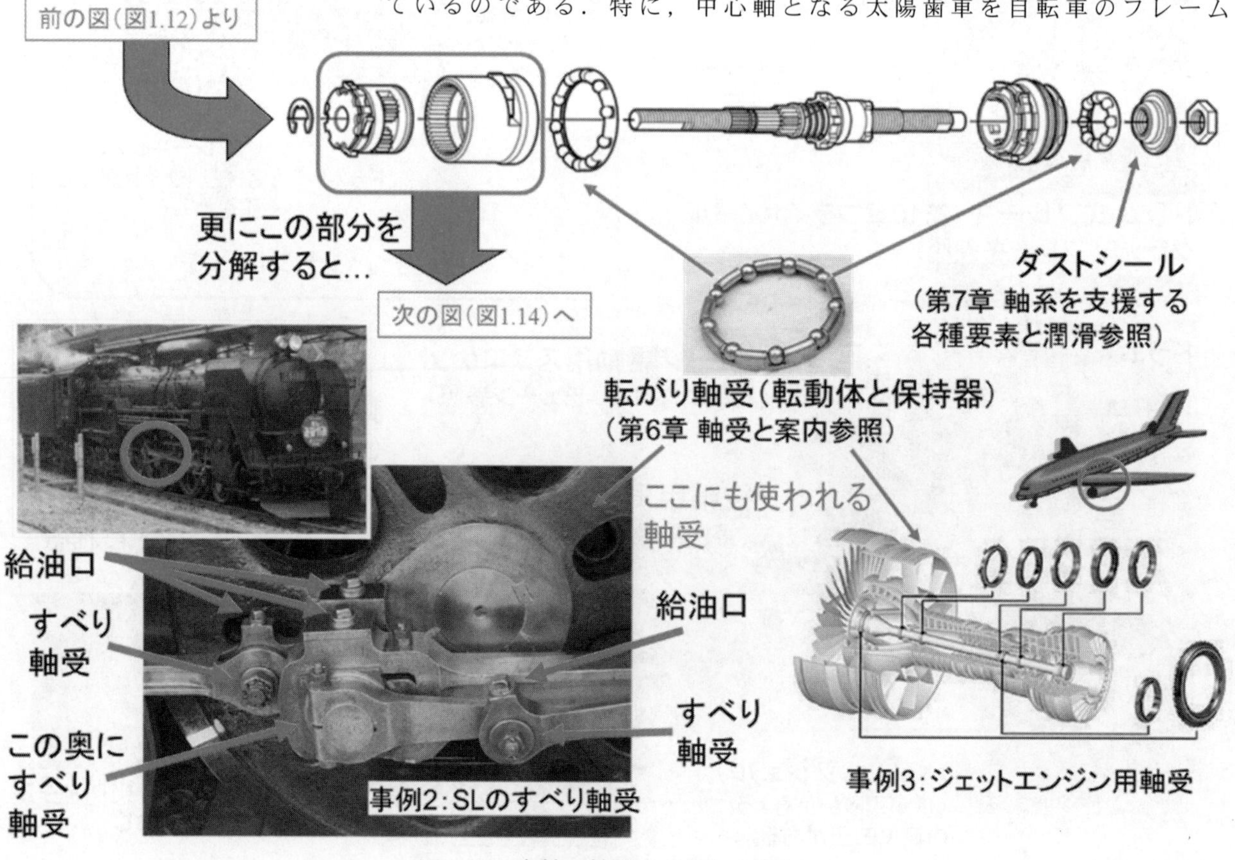

図1.13　車軸の軸受を分解した様子

に固定していることから，この遊星歯車装置は図 1.14 の(b)ソーラー型と呼ばれる形式のようである．

この場合，太陽歯車 A の歯数を z_a，内歯車 C の歯数を z_c としたとき，キャリヤ D をスプロケットからの入力，内歯車 C をハブへの出力とした場合の変速比（出力/入力）は，太陽歯車の歯数分だけ多く内歯車が回転しなければならず，$(z_a + z_c) / z_c$ となり，増速する．逆に内歯車 C を入力，キャリヤ D を出力とした場合の速度比は $z_c / (z_a + z_c)$ と逆数になるため，減速する．また，キャリヤ D に入力しそのままキャリヤ D から出力することも可能であることから，3 段階の変速が実現する．プッシュロッドの駆動により，キャリヤと内歯車の持つ爪の出し入れが適宜行われ，爪を出すとハブの内側の凹凸とかみ合い，ハブと連結したスポークを介してタイヤへと出力されていたのだ．

同様に，この遊星歯車装置の特長を生かしてハイブリッド車にも利用されている（図 1.14，歯車：第 8 章，**要素事例 4**：シリーズ・パラレル式ハイブリッド車の動力分割用遊星ギヤ）．本書では，爪の機構の説明は割愛するが，詳細を知りたくなったら，続きは読者諸君で分解を試みてみるのがよい．（ただし，自己責任のもとで行うこと）．また，歯車に興味を持った方は，第 8 章の歯車，テキストシリーズ機構学の歯車機構へ進んでもらいたい．

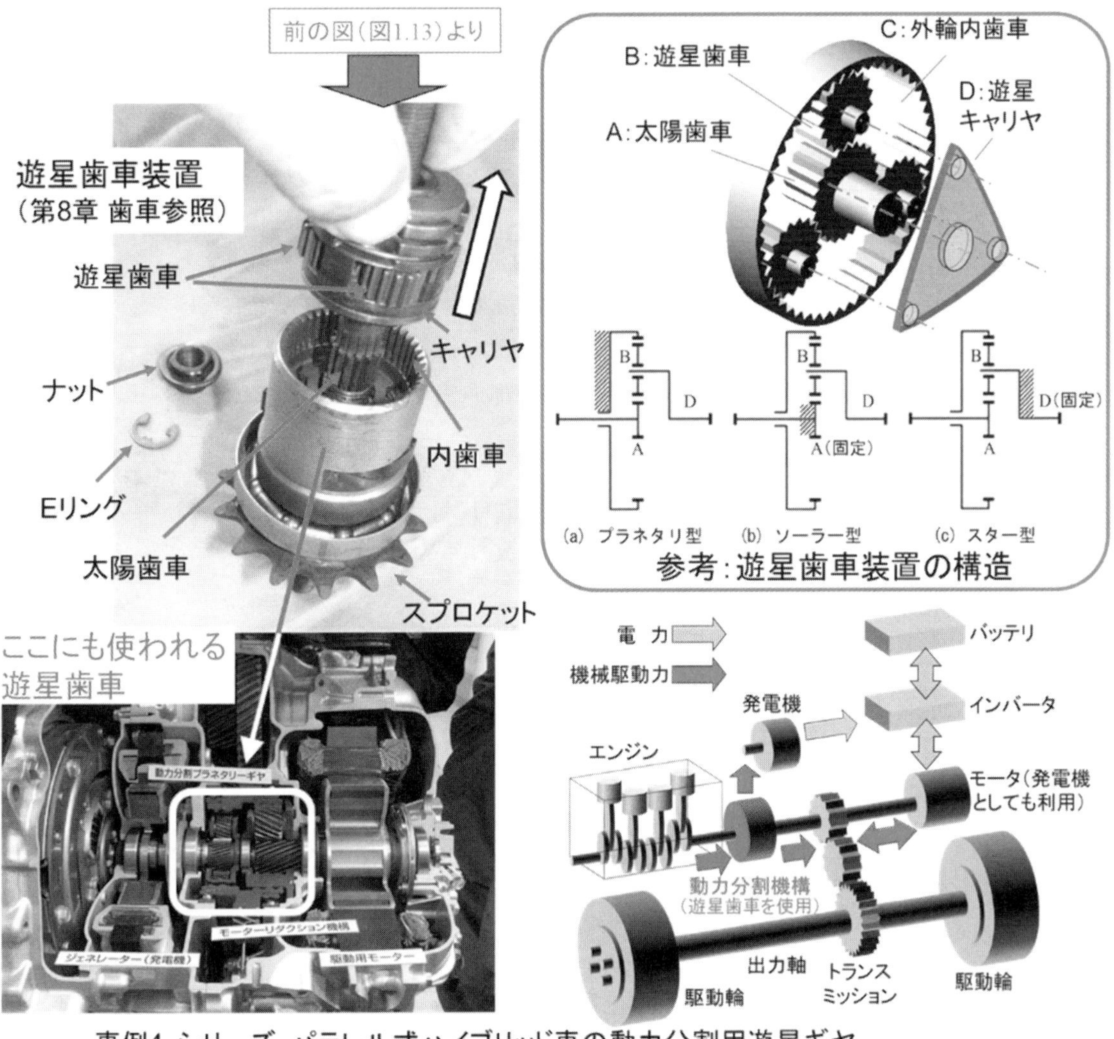

図 1.14　3 段変速を実現する遊星歯車装置

参考３【身近に感じる各種要素】図 1.12～14 参照

要素事例 1：ペットボトルのキャップのねじ

キャップのねじには，様々な工夫がされている．異なる飲料のキャップは交換できるだろうか？　溝が入っているのはなぜ？　ねじの機能を考えてみるのも面白い．

要素事例 2：SL のすべり軸受

昔懐かしの SL（蒸気機関車）には，転動体のない，すべり軸受が使用されている．昔は，焼き付かないように，駅に着くたびにこまめに油をさしていたが，なぜすべり軸受を使用しているのだろう？

要素事例 3：ジェットエンジン用軸受

ジェットエンジンの中には沢山の軸受が使用されているが，高速運転，高温雰囲気，コンパクトといった過酷な要求をされる．なぜ故障もせずに飛んでいるのだろう？　1 年で 60 万 km 以上走る新幹線の車軸を支える転がり軸受も，最重要部品の一つといわれている．

要素事例 4：シリーズ・パラレル式ハイブリッド車動力分割用遊星ギヤ

動力分割用に遊星ギヤが使用されており，エンジンの出力軸はキャリヤ，発電機は太陽歯車，駆動用モータと出力軸が内歯車に直結している．発進時や低速時は駆動用モータのみにより駆動，速度が上がるにつれてエンジンの駆動比率を高め，減速時は回生発電機として駆動用モータを使用する．これらの切り替えのメカニズムはどうなっているのだろう？

1・3　機械の設計プロセス (design process of a machine)

以上の分解のプロセスは，逆方向に見れば実は機械の設計のプロセスそのものである（図 1.15）．まず，作りたい機械の①目的設定（自転車に変速機を取り付けたい），②仕様・設計指針の決定（コンパクトで汚れない，３段変速），③機構決定（内装式）があって，ようやくこの機械に必要な④各種機械要素を選定し，⑤各機械要素について，規格，寸法，強度に基づいて設計する（要素設計を支える基礎知識：第 2 章）．よって，機械を設計するとき，機械を構成する機構，そして機構を構成する機械要素に対し，どれだけ考慮されているかがその機械の性能・寿命に直結し，設計者の腕が試されるといえる．さあ，次章より，その腕を磨き，本物の設計者になるために，ひとつずつ学んでいこう．

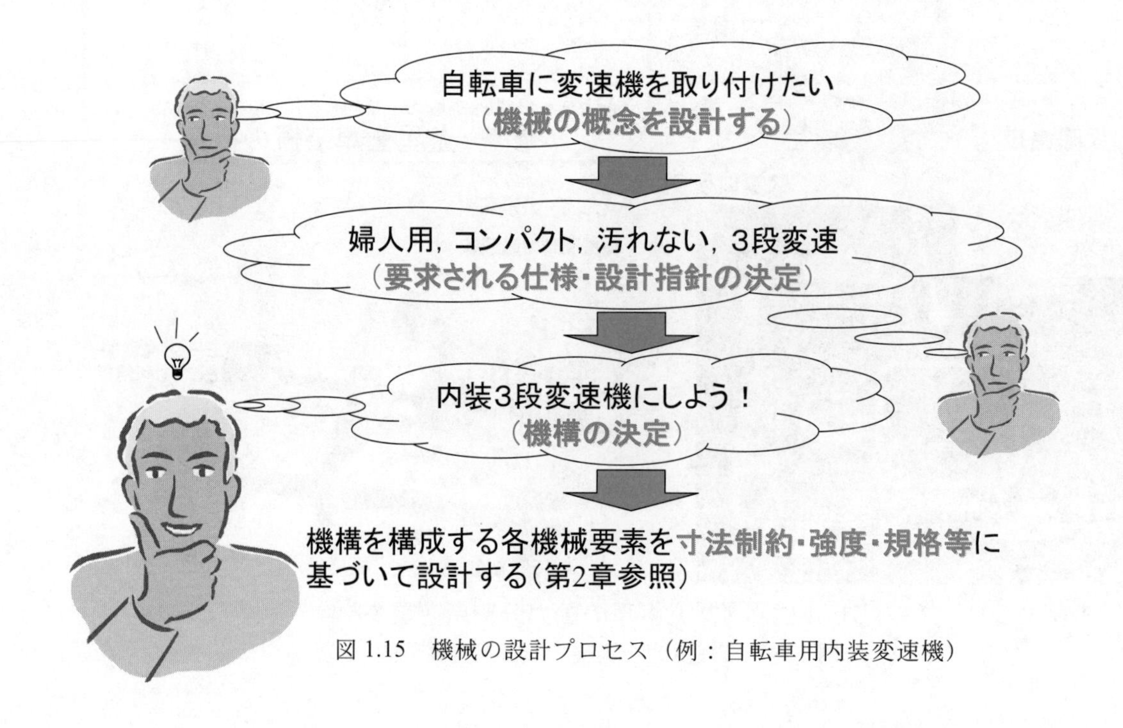

図 1.15　機械の設計プロセス（例：自転車用内装変速機）

第2章
要素設計を支える基礎知識
Fundamental Knowledge for Machine Elements Design

本章では機械要素設計に際しての共通的な情報として，標準化の意義，寸法精度の考え方，応力と強度についてまとめている．それぞれの内容はここの要素を設計する際に重要となるので，各章を理解した後で復習するとより理解が深められる．

2・1　標準化の意義 (significance of standardization)

多くの用途・使用目的に対して大量に製品を作ろうとする場合に，任意の要求の個々を満足する設計をしようとすると，多品種で少量の生産をしなければならない．また製品の交換部品を考えた時にも，その保管や流通に手間がかかることになる．このように生産と流通のコストが低減できないことになる．そこで用途（を表す数値）を幾通りかに分類し，段階的に定めてから設計するようにする．

例えば図 2.1 に示すような 1 次乾電池は，単 1～単 5（単 6 は規格外）のように規格化されており，寸法や電圧が決まっていることから，海外で購入した乾電池でも日本製の電子機器で使用できる．すなわち工業製品の設計仕様を標準化することにより，その製品の材料や部品も標準化することができる．また製品を新たに製作する場合にも，故障した場合の部品交換にも，迅速に需要に応じることができる．更に材料や部品を無数に分けて用意する必要がなくなるため，生産面から見ても低コスト化が可能になる．更に種類が絞り込まれるため，需要を見込んで予め量産することが可能となり，低価格化につながる．

一方，材料・部品が標準化され，それらから構成される機械が標準化されると，機械の製造工程における加工・組立・検査のための工具・治具・測定機器なども標準化が求められる．このように標準化は適用範囲が広いほどその効果が大きいので，工業上の種々の標準が国家規格として制定されている．わが国には JIS（日本工業規格: Japanese Industrial Standards）がある．今日では工業製品は世界中で輸出・輸入されており，国際的な規格統一の望まれるものが多くある．そこで各国の規格の統一をはかるために ISO（国際標準化機構: International Organization for Standardization）が設けられている．

なお，ねじ，歯車，軸受をはじめ機械要素は，特に工業製品に大量に使用されることから，用語，形状・寸法をはじめ製図法，精度評価に至るまで詳細に各種規格に定められている．なお，この標準化に関して用いられることが多い標準数については章末を参照すること．

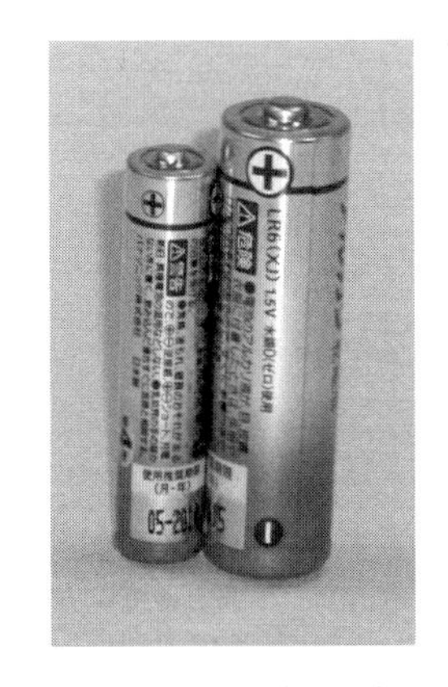

図 2.1　1 次乾電池
（単 3 型，単 4 型）

参考 1【主要な国家規格の名称】
工業上の標準が国家規格として各国で制定されている．
主なものは以下の通りである．
- 日本：JIS（Japanese Industrial Standards，日本工業規格）
- アメリカ合衆国：ANSI（American National Standards Institute）
- イギリス：BS (British Standard)
- ドイツ：DIN (Deutsche Industrie Normen)

参考 2【精度に関する JIS 規格】
精度に関する JIS 規格は以下の通り定められている．
寸法公差：JIS B 0401-1(1998)
はめあい：JIS B 0401-2(1998)
幾何学的特性（形状，位置，姿勢，振れ）に関する幾何公差：JIS B 0021(2013)たとえば，平面度，直角度，同軸度，平行度など．
表面性状：JIS B 0601(2001)

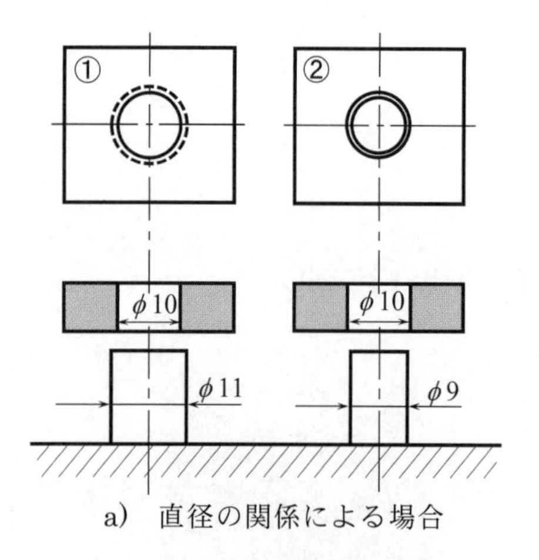

a)　直径の関係による場合

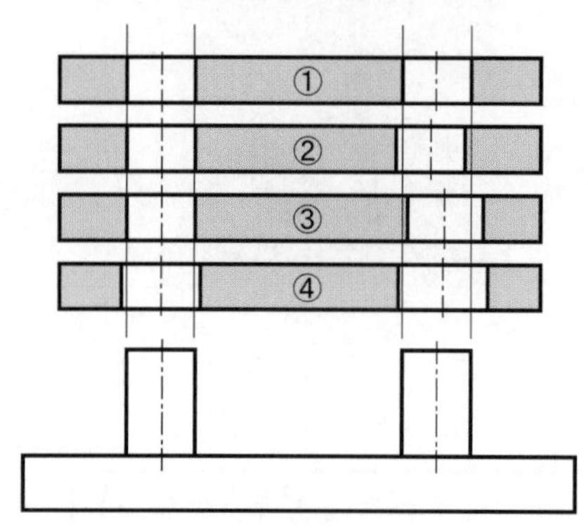

b)　穴の位置と大きさの組合せ

図 2.2 寸法の誤差による組立可能性

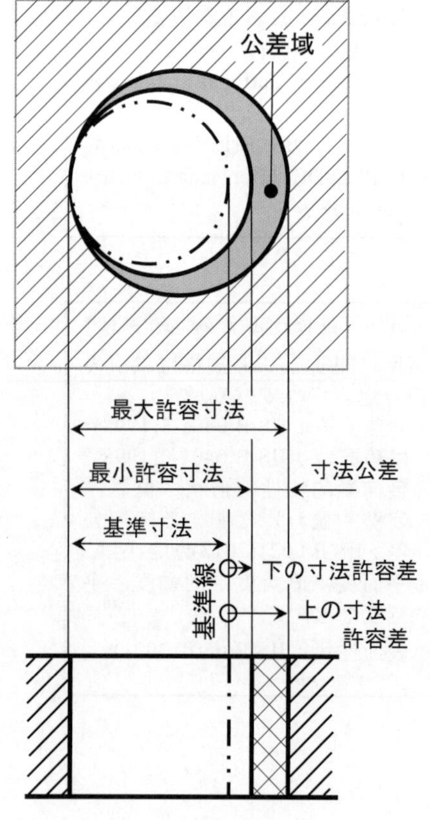

図 2.3　穴の寸法公差

2・2　精度の考え方 (understanding the accuracy of dimensions)

第 2 章 2 項の精度の考え方において，その基となる JIS B 0401 が 2016 年に改正されています．

JIS B 0401：2016 は，「寸法公差及びはめあい方式」の名称から ISO に倣って「製品の幾何学特性仕様（GPS）－長さに関わるサイズ交差の ISO コード方式」の名称となり，第一部：サイズ交差，サイズ差及びはめあいの基礎第二部：穴及び軸の許容差並びに基本サイズ交差クラスの表となっています．

用語の変更が多くありますので，当該 JIS を参照して理解を深めてください．

2・2・1　組立と寸法決定の基本 (dimension basics for assembly)

部品を製作する際に寸法の誤差を適切に許容しておかないと，機械が組み立たないことが往々に発生する．この許容量を，寸法の誤差がばらつく範囲として表し，寸法公差 (dimension tolerance) と呼ぶ．公差は，ばらつく範囲の最大と最小の許容限界寸法の差として表される．

以下では，軸と穴とのはめあわせを例に，寸法公差の考え方を示す．例えば図 2.2-a) に示すように，直径 10mm の穴が誤差なく正確にあけられている板に，軸を挿入して回転させることを考える．①の軸直径が 11mm の場合には組み立たない（はまらない）．一方，②の 9mm の場合では組み立て可能であるが，穴と軸の間にすきまが発生してしまい，回転中心の振れ（ガタ）が発生する．この中間の寸法の直径 9.9mm の場合には，問題なく回転できそうである．しかし直径が 9.995mm の場合には，現実には組み立てが著しく困難である．このようにして，軸直径の許容値には最小値と最大値を決めることが重要である．そして，その差としての寸法公差が決められる．

図 2.2-b) では，二つの軸と相手板の左側の穴が正確に作られていると仮定して，二つの軸に相手板にあけられた二つの穴が同時にはまるかどうか，を表している．上から，①軸と同じ寸法の穴，②中心間の距離が短くなった場合，③中心間の距離が長いうえに穴の直径も大きい場合を示してあるが，いずれもはまらない．一方④は中心間の距離が長いものの右側の穴をさらに大きくしたものであり，また，左の穴もわずかに大きくしてある．この場合は，問題なくはまりあう．このようにして製作する際の仕上がりの寸法を指示する事が肝要である．

2・2・2　寸法公差 (dimension tolerance)

図 2.3 は，理解を助けるために，穴と軸の寸法公差と公差域の概念を表している．直径の許容限界寸法は，通常の図面では中心に関して左右に振り分けられるが，図のように，これらの一方の端（ここでは左側）を一致させて描いている．このとき，許容限界寸法をもつ大小ふたつの円に囲まれた区域が公差域 (tolerance) と呼ばれ，その直径の差が寸法公差である．図において，基準線は基準寸法の位置を表しており，基準線が公差域の外にあることも多い．これは，軸と穴をはめ合わせるときに，図面上で共通の寸法を呼びの直径（たとえば 20mm）として決め，次にそれぞれの部品の許容寸法を与えれば，設計と製造，組立てが円滑に行われるからである．

寸法公差を指定しないと，製品（部品）の互換性・機能を保証できず，また加工法も決められないことがある．公差の値を必要以上に小さくとることはコスト増につながるだけで，機能を左右しないことがほとんどであり，公差の設定の際には注意が必要である．

公差域の考え方を発展させると，その領域に部品の表面が収まっていれば良いということになる．すなわち，断面形状が真円でなくてもよく，楕円であっても多角形であってもかまわないし，あるいは真円でありながら傾いていてもよいことになる．これを整理した最大実体公差方式 (Maximum material requirement) と呼ぶ寸法公差の考え方が普及してきている．

さて，公差を決めるときに，寸法ごとに決め方があると対処しやすい．そこで ISO で IT 基本公差 (International tolerance grade) が定められ，これが JIS B 0401 にも規定されている．その一部を抜粋して表 2.1 に示す．公差の数値は，部品の大きさ（基準寸法）に依存するという考えに基づき，基準寸法に区分を与えて公差の値を規定している．このとき精度の等級を設け，等級ごとに公差の大小も定めている．後に示すはめあいの寸法公差も，これに基づいて公差等級が定められている．

なお，部品によっては精度を細かに指定する必要がない寸法がある．これらの寸法については図面上に個々に寸法公差を指示しないで表題欄等に一括

表 2.1 IT 公差等級と基本公差（JIS B 0401-1:2016 より抜粋）

基準寸法の区分		公差等級（IT）										
		1	2	3	4	5	6	7	8	9	10	11
を超え	以下	基本公差の数値（μm）										
	3	0.8	1.2	2	3	4	6	10	14	25	40	60
3	6	1	1.5	2.5	4	5	8	12	18	30	48	75
6	10	1	1.5	2.5	4	6	9	15	22	36	58	90
10	18	1.2	2	3	5	8	11	18	27	43	70	110
18	30	1.5	2.5	4	6	9	13	21	33	52	84	130
30	50	1.5	2.5	4	7	11	16	25	39	62	100	160
50	80	2	3	5	8	13	19	30	46	74	120	190
80	120	2.5	4	6	10	15	22	35	54	87	140	220

表 2.2 普通公差の許容差の例（JIS B 0405-1991 より抜粋）

公差等級		基準寸法の区分					
記号	説明	0.5以上 3以下	3を超え 6以下	6を超え 30以下	30を超え 120以下	120を超え 400以下	400を超え 1000以下
f	精級	±0.05	±0.05	±0.1	±0.15	±0.2	±0.3
m	中級	±0.1	±0.1	±0.2	±0.3	±0.5	±0.8
c	粗級	±0.2	±0.3	±0.5	±0.8	±1.2	±2
v	極粗級	—	±0.5	±1	±1.5	±2.5	±4

参考３【幾何交差と最大実体公差方式（MMR）】

幾何交差：はめあいで用いた寸法公差ばかりでなく，形状，姿勢，位置，振れに関して，例えば，真直度，平行度，直角度，輪郭度，位置度と言った 14 種類の公差が定められている．

最大実体公差方式：穴の中心がずれているために部品にボルトを通せない場合，穴の直径を少し大きくすることにより，通すことができる場合がある．これは穴の許容範囲内で大きくなった分だけ穴中心位置がずれてもボルトが通せるためである．この現象を利用して幾何公差を決定する手法を最大実体公差方式 (maximum material requirement: MMR)と呼んでいる．特に部品の組立の際に，個々の寸法公差と位置度公差を評価するのではなくまとめて評価するため，公差領域が広がるため，工業的に良く用いられる．詳細については JIS B 0023:1996 を参照するとよい．

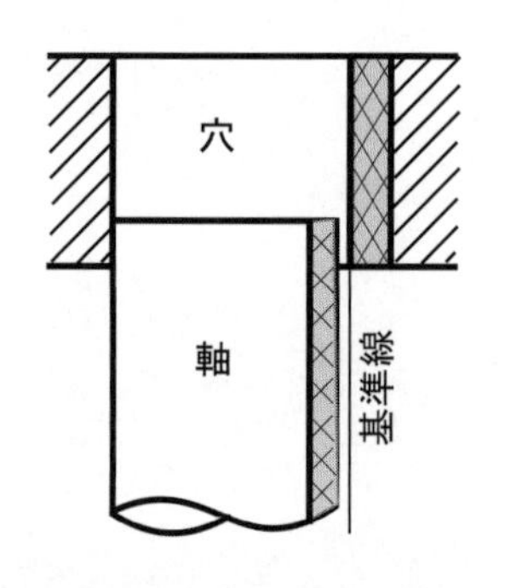

a) すきまばめ：軸の最大許容寸法＜穴の最小許容寸法

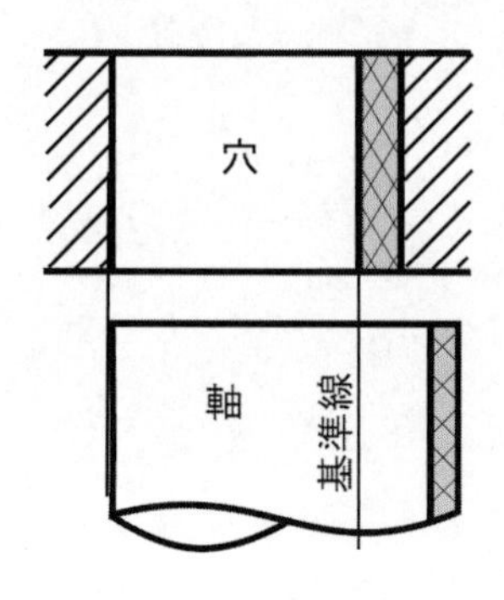

b) しまりばめ：軸の最小許容寸法＞穴の最大許容寸法

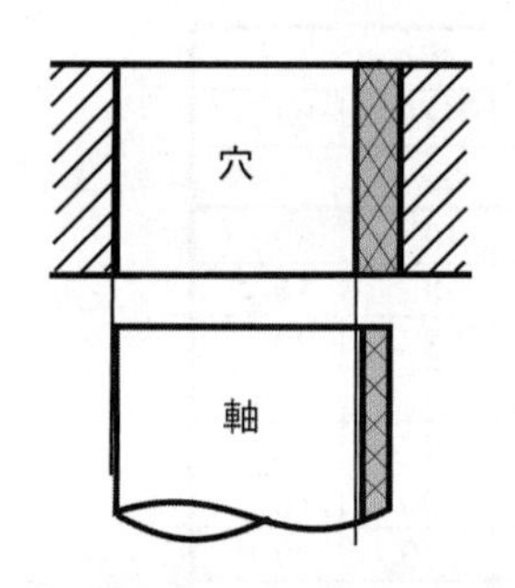

c) 中間ばめ：寸法の組み合わせによって，すきま，しめしろが発生

図 2.4 寸法許容値とはめあい

して注記する．このような寸法公差を普通公差 (Standard tolerances) という．表 2.2 は金属の除去加工または板金成形によって製作する部品の長さ寸法に対する普通公差の例である．普通公差の値は通常の加工精度の程度に対応したものであり，これを採用すれば加工コストが切りつめられる．

2・2・3 はめあい (fitting)

回転軸と軸受の穴，キーとキー溝のように二つの機械要素部品が互いにはまりあって生じる関係をはめあい (fit) という．はめあいは，設計時に考慮すべき重要な項目である．

例えば軸と穴の組合せにおいて，穴の寸法が軸の寸法よりも大きいときの寸法の差をすきま (clearance) と定義し，穴の寸法が軸の寸法よりも小さいときの寸法の差をしめしろ (interference) と定義している．また軸と穴を組合せたときに，すきまのできるはめあいをすきまばめ (clearance fit)，しめしろのできるはめあいをしまりばめ (tight fit) という．さらに，軸と穴が許容限界寸法内に仕上げられて組み合わせられたとき，それらの実寸法の大小に依存して，すきまができたり，しめしろができる場合を，中間ばめ (transition fit) という（図 2.4 参照）．なお，しめしろがあっても，はめ合わせるときに穴を加熱して膨張させるなどすれば，一時的にすきまができるので，二つの部材をはめることができる．その後部材は弾性変形していることになる．

はめあいは，軸と穴の寸法の関係によって成り立つものであり，それぞれの寸法にばらつきがあるために考えづらい．そこで，穴と軸のそれぞれに，呼びの寸法を与える基準線をもとに，基礎となる寸法許容差（表 2.3）を与えて，次に寸法公差を順に定める．

穴については，図 2.3 のように，基準線に近い方の寸法許容差を基礎となる寸法許容差と呼び，公差域の範囲を定める基とする．この位置を，図 2.5 のように段階的に定めアルファベット記号を与える．基礎となる寸法許容差の値は基準寸法の大きさに依存する．アルファベット記号は大文字で表す．軸についても同様に考え，アルファベット記号は小文字で表す．

次に公差の大きさを IT 公差等級にあわせて決め，等級を表す数値で表す．これらの組み合わせで，H7, h6 のように表し，これを公差域クラスと呼ぶ．なお J，JS，j，js だけは，公差域の内側に基準寸法が存在する，特殊な場合となる．また K，M，N および k には公差等級を表す数値によって基礎となる寸法許容差の値に一般性から外れる部分がある．

設計において，はめあいを考えるときには，穴と軸のどちらかの寸法許容差の範囲を経験に基づいてまず決め，これを基準に相手の寸法許容差の範囲を選ぶ．一般には穴を基準とする場合では H，軸では h が選ばれる．

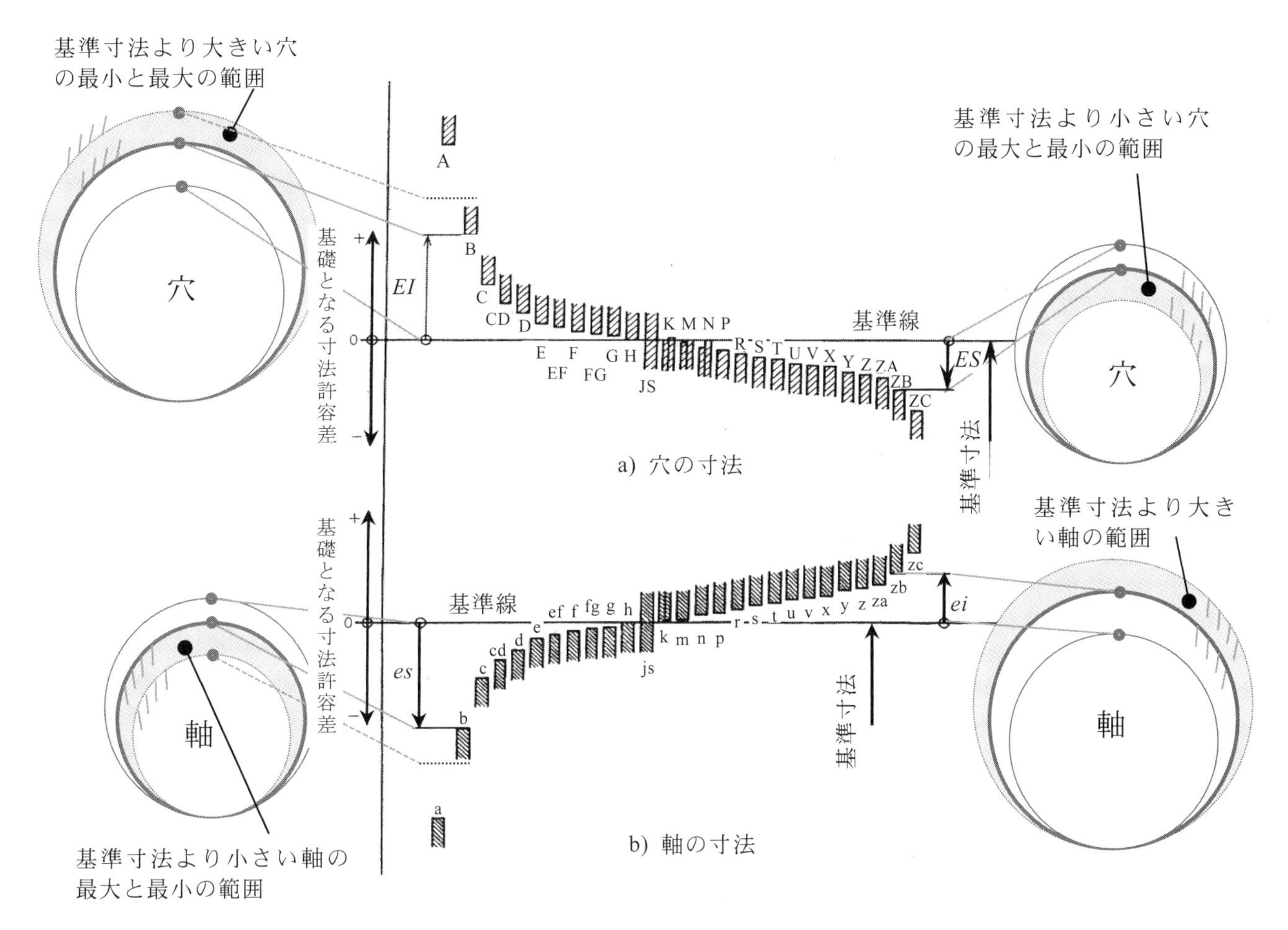

図 2.5　基準線に対する穴および軸の公差域の位置と記号

a. 穴基準はめあい (hole-basis system of fits)

図 2.6 のように，基準となる穴の寸法と寸法許容差を定め，種々の公差域クラスの軸をはめあわせて必要なすきま，またはしめしろを与える方式である．一般に基準穴には，最小許容寸法を基準寸法に合わせた H 穴を用いることとなっている．

b. 軸基準はめあい (shaft-basis system of fits)

穴基準とは逆に，基準となる軸に種々の公差域クラスの穴をはめあわせて，必要なすきま，またはしめしろを与える方式である．一般に基準軸には，最大許容寸法を基準寸法に合わせた h 軸を用いる．

一般に，穴加工の寸法精度が加工法に依存して決まることが多いので，仕上がり寸法の調整に手間がかかる．そこで，穴寸法のばらつきを基準に考える穴基準はめあいで寸法を定めることが多い．すきまばめ，中間ばめ，しまりばめ，を実現するために工業界で多く用いられる穴と軸の公差域クラスの組合せを表 2.4 に示す．

【例題 2. 1】ϕ50H7 とϕ50h7 の寸法公差を表 2.1 の IT 公差等級と基本公差の表から求めよ．

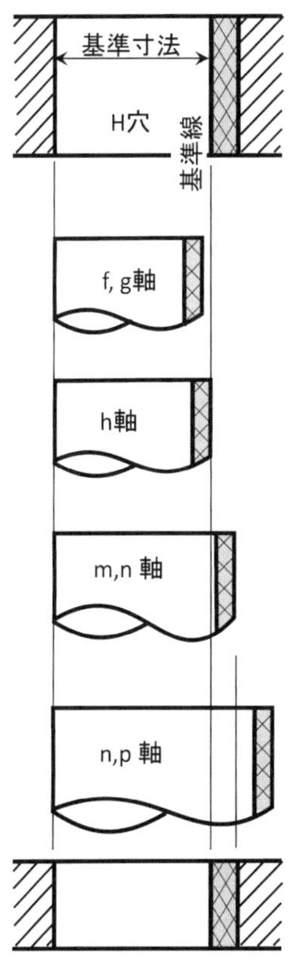

図 2.6　穴基準方式の軸の選択

参考４【H軸，h穴を基準とする理由】
物を作るときには，きりの良い寸法を設定するのが一般的である．これが呼びの寸法（基準寸法）であり，はめあい条件を考える場合，穴か軸のどちらかがこの基準寸法に仕上がっていると都合がよさそうである．その点で，H または h は，それぞれ上限または下限が基準寸法に一致している．実際の加工では，徐々に目標の寸法に近づけてゆくことから，仕上がりの判断がしやすい．

【解答】 公差等級 IT7 において，基準寸法 50mm の行を見れば公差は 25μm である．後は基礎となる寸法許容差がそれぞれの等級ごとに決められている．

【例題 2．2】ϕ50H7 の穴にϕ50f7 の軸をはめあわせる際に生じるすきまを，最大，最小，その平均について求めよ．

【解答】 各すきまは以下のようになる．
最大すきま=穴最大許容寸法 A－軸最小許容寸法 b = 50.025-49.950=0.075 mm
最小すきま=穴最小許容寸法 B－軸最大許容寸法 a = 50.000-49.975=0.025 mm
平均すきま=（最大すきま+最小すきま）／2= (0.075 +0.025)/2=0.0500 mm

【例題 2．3】軸直径が 15mm のピンを製作し，これに穴を開けた板をはめ込み，回転させたい．軸直径の寸法が 15mm±0.035mm であるとき，穴の寸法許容値はどのようにすればよいか？また最大の寸法差はいくらになるか．なお，最低でも 0.01mm の寸法差がないと組み立たず，寸法差が 0.1mm を超えるとガタガタになるものとする．

【解答】 図 2.2 を発展させて考える．寸法公差は 0.07mm であるので，表 2.1 より，IT 公差等級は IT10 である．軸の最大直径が 15.035mm なので，穴の許容最小直径はそれより 0.01mm 大きい 15.045mm でなければならない．一

表 2.3 常用するはめあいに用いる寸法許容差（JIS B 0401-2:2016 より抜粋）

a) 軸寸法許容差（μm，但し基準寸法の単位は mm）

基準寸法の区分		f	g	h				js		k	m	n	p	
を超え	以下	f7	g6	h5	h6	h7	h8	js6	js7	k6	m6	n6	p6	p7
(mm)	3	-6 -16	-2 -8	0 -4	0 -6	0 -10	0 -14	±3	±5	+6 0	+8 +2	+10 +4	+12 +6	+16 +6
3	6	-10 -22	-4 -12	0 -5	0 -8	0 -12	0 -18	±4	±6	+9 +1	+12 +4	+16 +8	+20 +12	+24 +12
6	10	-13 -28	-5 -14	0 -6	0 -9	0 -15	0 -22	±4.5	±7	+10 +1	+15 +6	+19 +10	+24 +15	+30 +15
10	18	-16 -34	-6 -17	0 -8	0 -11	0 -18	0 -27	±5.5	±9	+12 +1	+18 +7	+23 +12	+29 +18	+36 +18
18 24	24 30	-20 -41	-7 -20	0 -9	0 -13	0 -21	0 -33	±6.5	±10	+15 +2	+21 +8	+28 +15	+35 +22	+43 +22

b) 穴寸法許容差（μm，但し基準寸法の単位は mm）

基準寸法の区分		F	G	H			JS	K	M	N	P
を超え	以下	F7	G7	H6	H7	H8	JS7	K7	M7	N7	P7
	3	+16 +6	+12 +2	+6 0	+10 0	+14 0	±5	0 -10	-2 -12	-4 -14	-6 -16
3	6	+22 +10	+16 +4	+8 0	+12 0	+18 0	±6	+3 -9	0 -12	-4 -16	-8 -20
6	10	+28 +13	+20 +5	+9 0	+15 0	+22 0	±7	+5 -10	0 -15	-4 -19	-9 -24
10 14	14 18	+34 +16	+24 +6	+11 0	+18 0	+27 0	±9	+6 -12	0 -18	-5 -23	-11 -29
18 24	24 30	+41 +20	+28 +7	+13 0	+21 0	+33 0	±10	+6 -15	0 -21	-7 -28	-14 -35

表 2.4　一般的に用いられるはめあいの公差域クラス（JIS B 0401-1 より抜粋）

a)　穴基準はめあい

基準穴	軸の公差域クラス																
	すきまばめ							中間ばめ			しまりばめ						
H6						g5	h5	js5	k5	m5							
					f6	g6	h6	js6	k6	m6	n6*	p6*					
H7					f6	g6	h6	js6	k6	m6	n6	p6*	r6	s6	t6	u6	x6
				e7	f7		h7	js7									
H8					f8		h7										
				e8	f8		h8										
			d9	e9													

b)　軸基準はめあい

基準軸	穴の公差域クラス																
	すきまばめ							中間ばめ			しまりばめ						
h6					F6	G6	H6	JS6	K6	M6	N6*	P6*					
					F7	G7	H7	JS7	K7	M7	N7	P7*	R7	S7	T7	U7	X7
h7				E7	F7		H7										
					F8		H8										
h8			D8	E8	F8		H8										
			D9	E9			H9										
	B10	C10	D10														

＊これらのはめあいは 寸法の区分によって例外を生じる.

方軸が許容最小直径のときに寸法差が 0.1mm 以下でなければならない条件から，穴の最大許容寸法は，（15－0.035+0.1）=15.065mm であるから．寸法公差は 0.02mm となる．IT の公差等級からこの寸法公差を満足する公差等級は IT7（0.018mm）となる．よって，穴の製作における許容寸法としては，15mm（+0.045mm，+0.063mm）とすればよい．

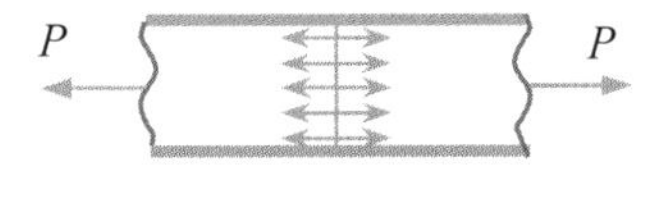

a)　引張応力

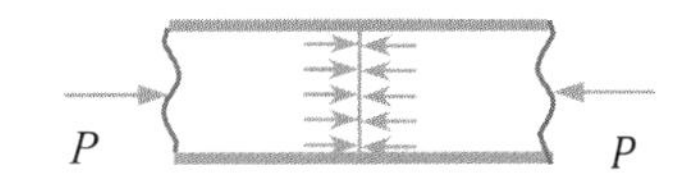

b)　圧縮応力

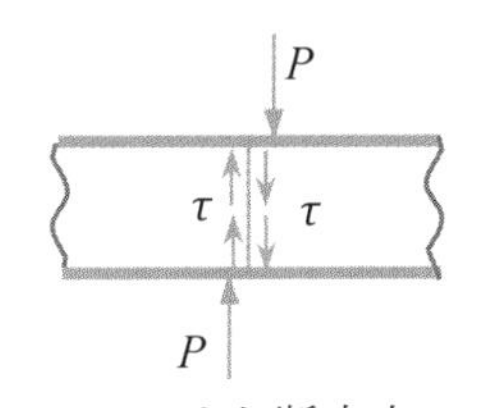

c)　せん断応力

図 2.7　応力の種類

2・3　強　度 (strength)

通常，機械の各部には種々の荷重が加わり変形が生じている．このため機械の設計においては各構成要素に作用する荷重をできる限り正確に見積り，材料を適切に選定して形状・寸法を決定し，所望の機能を果たすように変形を抑えなければならない．ここでは強度に関する基本的な事項をまとめる．なお，強度の基盤は材料力学で扱う応力とひずみにあるので，そのテキストを参照することが必須である．

2・3・1　応力およびひずみ (stress and strain)

物体は外力が加わると変形し，変形を元に戻そうとする力が物体内に生じる．このとき物体内に生じる力を内力といい，内力と外力が釣合う状態まで変形がすすむ．応力の種類としては引張／圧縮応力 (Tensile / Compressive stress) とせん断応力 (shearing stress) と呼ぶ．これらをまとめると図 2.7 および表 2.5 のように表すことができる．

また，種々の外力が加わると垂直応力とせん断応力が同時に発生する．この一例としては二次元応力状態があり，ある場所での応力状態が，主応力と最大せん断応力の組み合わせで表せると考えることができる．この応力を表したのが図 2.8 である．

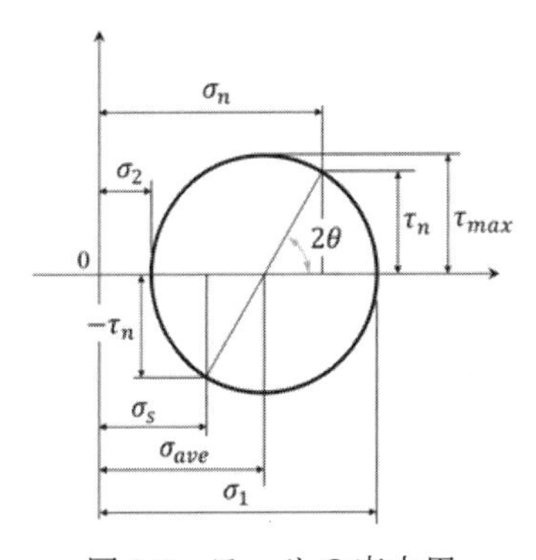

図 2.8　モールの応力円

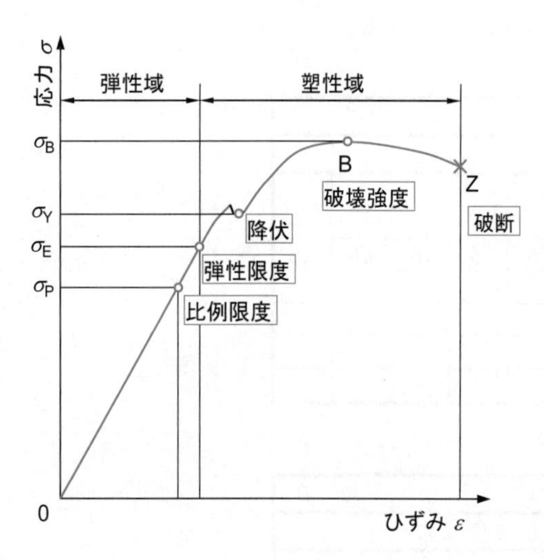

図 2.9　炭素鋼の応力ひずみ線図の模式図

表 2.5　垂直応力とせん断応力の表し方

垂直応力（引張り，圧縮）	$\sigma=\dfrac{P}{A}$	せん断応力	$\tau=\dfrac{P}{A}$
ひずみ	$\varepsilon=\dfrac{\Delta l}{l}$	せん断ひずみ	$\gamma=\dfrac{\lambda}{l}$
応力とひずみの関係	$\sigma=E\varepsilon$	せん断力	$\tau=G\gamma$

2・3・2　応力ひずみ線図 (stress and strain diagram)

工業材料の強さや伸びなどの機械的性質を調べるために材料試験が行われる．規定の形状寸法の試験片を材料試験機にかけて引張・圧縮・ねじり等の荷重を 0 から徐々に加えていき，そのときのひずみを横軸にとり応力を縦軸にとって両者の関係を図示したものを応力ひずみ線図 (stress and strain diagram) という．ここで応力は荷重をかける前の断面積を基準とした応力（公称応力 (nominal stress) ）である．

図 2.9 に軟鋼の引張試験についての応力ひずみ線図を模式的に示す．応力 σ がある値 σ_P（比例限度 (proportional limit) という）までは，応力 σ とひずみ ε は直線的に変化する．この比例関係がフックの法則 (Hooke's law) と呼ばれる．応力が比例限度 σ_P をわずかに越える値 σ_E までは，荷重を取り除くとひずみはなくなり，この σ_E を弾性限度 (elastic limit) という．さらに応力 σ がある値 σ_Y に達するとひずみ ε に無関係に一定値を示すところが現れる．この現象を降伏 (yield) といい，そのときの応力 σ_Y を降伏点 (yield stress) という．これは鋼では明確に観察される挙動であり，アルミニウム合金のような材料では明確な降伏現象が見られない．

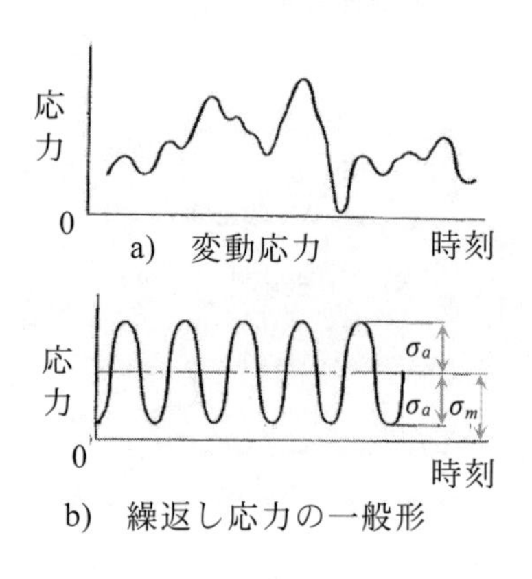

さらに荷重を増すと応力とひずみの関係は図のような曲線となる．試験片は縦方向（荷重方向）に伸びると同時に横方向に細くなっていくが，応力の最高点Bを過ぎると一部に急にくびれが生じて σ の値は減少し点Zで破断する．点 B の応力 σ_B を破壊強度 (fracture strength) または極限強さ (ultimate strength) と定義する．特に引張の場合はこれを引張強度 (tensile strength) と呼ぶ．

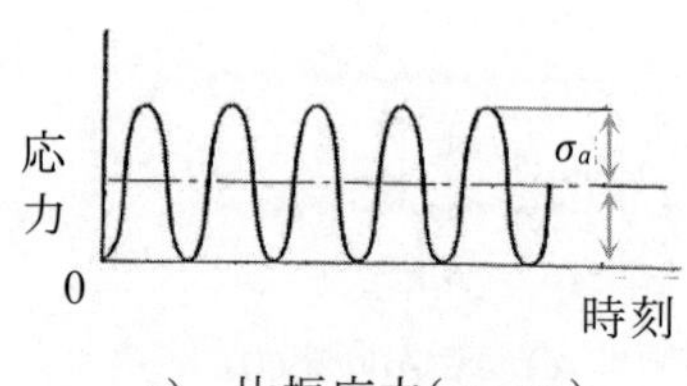

c)　片振応力($\sigma_m=\sigma_a$)

表 2.5 で，応力とひずみを関係付ける比例定数 E (N/mm^2: MPa)を縦弾性係数 (modulus of longitudinal elasticity) またはヤング率 (Young's modules) という．フックの法則はせん断応力 τ とせん断ひずみ γ の間にも成立し比例定数 G (N/mm^2: MPa) を横弾性係数 (modulus of transverse elasticity) という．これらの弾性係数は材料によって決まった値をとる．

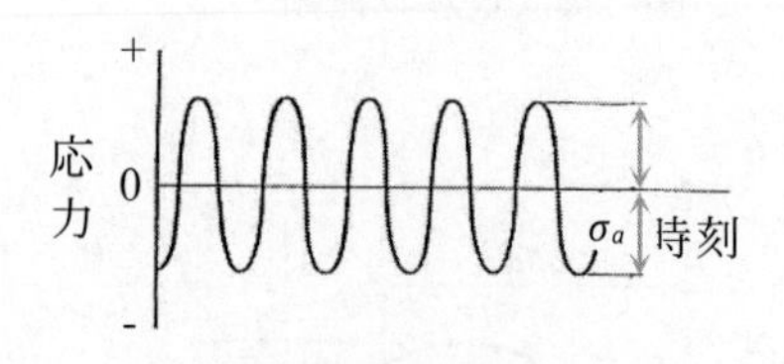

d)　両振応力($\sigma_m=0$)

図 2.10　変動応力モデル

弾性範囲内では垂直応力に対する縦ひずみ ε と横ひずみ ε' の比をポアソン比 (Poisson's ratio) ν と呼ぶ．なおその逆数 m をポアソン数という．

2・3・3　疲労強度 (fatigue strength)

前述した極限強さは試験片に荷重を極めてゆっくりと加えていった場合の材料の強さであるが，実際の機械では作業が繰り返し行われ，各部分には変動応力(fluctuating stress) ，すなわち時間と共に変動する応力が繰り返し作用する場合が多い．材料はこの場合には，極限強さよりはるかに小さい応力でも，ある繰り返し数で破壊する．この現象を疲労破壊 (fatigue failure) といい，材料の疲労に対する強さは疲労試験 (fatigue test) によって調べられる．

機械要素部品に作用する変動応力は，一般的には図 2.10(a)のように複雑に変化する．疲労試験では再現性のある変動応力モデルとして図 2.10(b)のような平均値σ_m，振幅σ_aおよび周期が一定の繰返し応力 (repeated stress) を想定する．その中でも特に図 2.10(c), (d)のような平均値が振幅と等しい片振応力

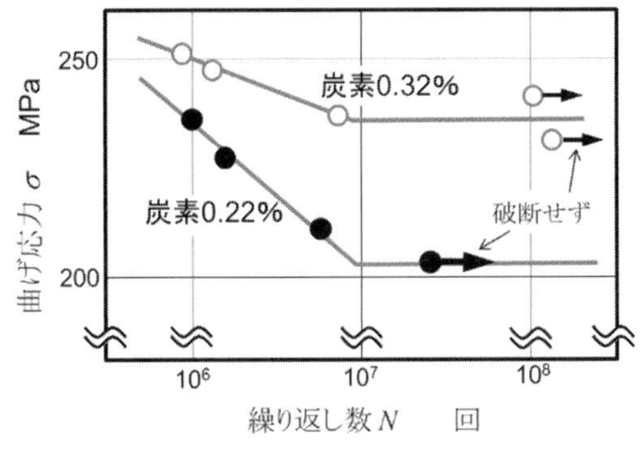

図 2.11　炭素鋼の曲げ応力による S-N 曲線

参考５【非鉄金属の S-N 曲線】

常温において鋼では N の値がおよそ 10^7 回で S-N 曲線が水平となる．一方，非鉄金属では水平部がはっきりと現れず，N の値が 10^8 回でも破壊しないことも多い．このため非鉄材料では N が 10^7，10^8 回などに対する時間強度をもって疲労限度と同じように扱うことがある．

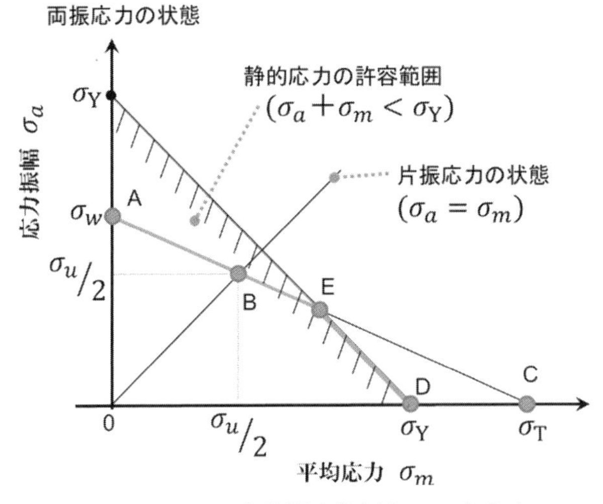

図 2.12　疲労限度線図とその考え方

(pulsating stress)，平均値が 0 である両振応力 (oscillating stress) のいずれかを用いるのが一般的である．また平均応力σ_m を一定として種々の振幅σ_a に対する試験片が破断するまでの繰返し数 N の関係を示す曲線を S-N 曲線 (S-N curve; S は stress, N は number of cycles) という．図 2.11 は炭素鋼に関する S-N 曲線の例である．応力振幅が小さくなるほど破断に至るまでの繰返し数（疲労寿命 (fatigue life) ）は大きくなり，ある振幅以下では無限回の繰り返しに耐えるようになる．すなわち図中の水平部は疲労破壊が起こらなくなる応力の上限値を表し，これを疲労限度 (fatigue limit) という．

また，S-N 曲線の傾斜部の応力を，破壊にいたるまでの繰り返し数に対する時間強度 (time intensity) といい，アルミニウムや銅合金などの非鉄金属ではこの値を評価することが多い．

また，疲労限度の応力振幅は平均応力が大きくなると低下する．図 2.12 の

ように横軸に平均応力σ_mをとり，縦軸に応力振幅σ_aをとった線図を疲労限度線図という．これには幾つかの実験式があるが，図はそれらを合理的に理解する概念図である．図において，点Aは両振疲労限度の応力振幅σ_wであり，平均応力はゼロである．この応力振幅の値は静的な応力の限界値よりも小さい．一方平均応力の軸上の点Dは，繰り返しの応力振幅はゼロなので，静的な応力の限界点を意味する．この中間の応力状態での強度はどうなるか，と問われるとき，これら2点を結ぶ直線から下の応力値であれば疲労強度は維持できそうである．

点Bは片振疲労限度$\sigma_u (= 2\sigma_m = 2\sigma_w)$の応力振幅$\sigma_u/2$の位置である．直線ABと横軸との交点Cは，経験的に，引張試験における真破断応力（破断時の荷重を試験片くびれ部の断面積で除した応力）σ_Tにほぼ等しくなる．平均応力σ_m，応力振幅σ_aの繰返応力の最大値σ_{max}は降伏点σ_Yより小さい必要があることから，

$$\sigma_{max} = \sigma_m + \sigma_a < \sigma_Y \tag{2.1}$$

となり，図2.12の線分DEはこの境界線を表している．

一般に回転曲げ疲労試験などに基づく両振疲労限度のデータは比較的豊富であるのに対して，片振疲労限度のデータは少ない．そのため，両振疲労限度と真破断応力をもとに直線ACを引き，原点Oおよび降伏点Dから図のように横軸に対して角度45°の直線を引いて直線ACとの交点をB，Eとすれば，任意の繰返し応力に対する疲労限度を推定できる．なお，実際には疲労限度線図は曲線になる．

2・3・4　機械要素部品の強さに影響を与える諸要因 (factors relevant to strength of a machine elements)

一般に極限強さや疲労限度はJIS規格に定められた形状寸法の試験片についての材料の強さが示されている．しかし実際の機械要素部品は形状・寸法は千差万別であり，また種々の環境下におかれるから，荷重に対する強さは試験片と異なっている．その影響のうち主な諸要因は以下の通りである．

a. 応力集中（stress concentration）

機械要素部品に設けられた穴，溝，段などの断面が急に変わる部分を切欠(notch)という．一様な断面の部品が引張やねじりの静荷重を受けると応力は一様に分布するが，この切欠が存在するとその付近では応力は一様に分布せず局所的に増大する．この現象を応力集中という．切欠部の最大応力（集中応力という）σ_{max}，τ_{max}と，切欠がないものとして算出される平均応力σ_n，τ_nに対する比αを応力集中係数（factor of stress concentration）という．

$$\alpha = \frac{\sigma_{max}}{\sigma_n}, \qquad \alpha = \frac{\tau_{max}}{\tau_n} \tag{2.2}$$

図2.13はねじりを受ける段付丸軸の応力集中係数の例である．この図からも分かるように応力集中係数は材料や寸法とは無関係に寸法比だけで定まるので形状係数ともいう．

b. 切欠効果（notch effect）

切欠のある部品が繰返荷重を受けると切欠部は急速に疲労現象をおこし，疲労限度は低下する．このような切欠の効果を表す量として切欠係数(fatigue notch factor) β が定義されている．

$$\beta = \frac{\text{平滑試験片の疲労限度}}{\text{切欠き試験片の疲労限度}} \tag{2.3}$$

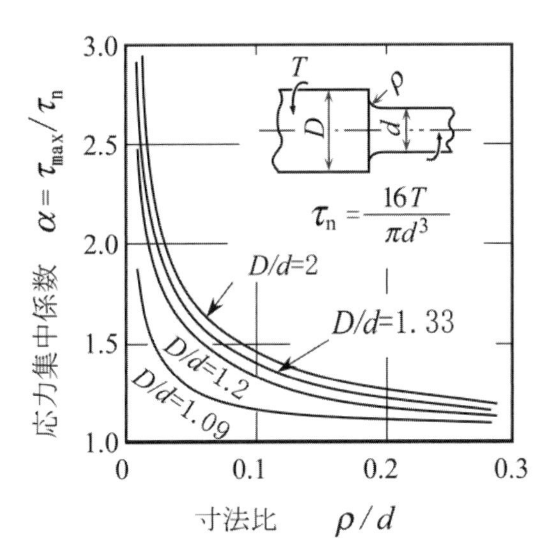

図 2.13 ねじりを受ける段付き丸棒の応力集中係数

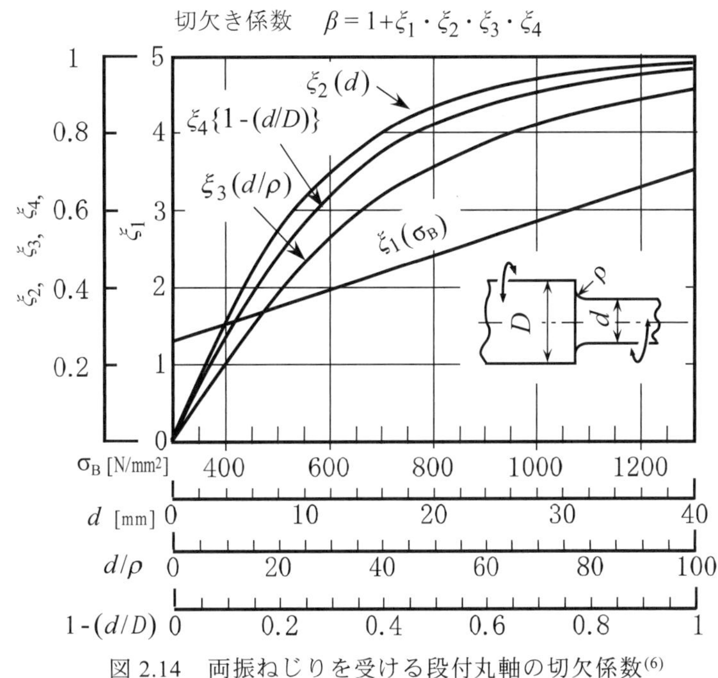

図 2.14 両振ねじりを受ける段付丸軸の切欠係数(6)

図 2.14 は両振ねじりを受ける段付丸軸の切欠係数の例である．この図からも分かるように，部品の形状・寸法比とともに材料（引張強度）や寸法が関係している．

【例題 2. 4】直径 D：45mm，d：40mm，すみ肉の丸み半径 ρ：2mm の段付丸軸が両振ねじりを受ける場合の切欠係数 β を求めよ．なお軸の材質は S25C（焼きならし）とする．

【解答】まず S25C の σ_B を 440 N/mm^2 として，各部寸法より，$d/\rho = 20$，$1-(d/D) = 0.111$ が求められる．更に図 2.14 より，$\xi_1=1.7$, $\xi_2= 0.98$, $\xi_3= 0.39$, $\xi_4=0.31$ が求められる．したがって，

$\beta = 1+ \xi_1 \times \xi_2 \times \xi_3 \times \xi_4 = 1+ 1.7 \times 0.98 \times 0.39 \times 0.31 = 1.20$ となる．

c. 寸法効果（scale effect）

切欠がない機械部品であっても寸法の増大に伴って疲労強度が減少する．この効果を表す量として寸法効果係数 (factor of scale effect) ζ が定義されている．

$$\zeta = \frac{任意寸法部品の疲労限度}{試験片の疲労限度} \tag{2.13}$$

d. **その他の影響**

はめあい部分，特に焼きばめ部分などでは切欠と類似の効果により疲労強度が低下する．また周囲環境（温度・湿度等）は低温脆性，水素脆性，酸化・硫化腐食，電気化学的腐食，応力腐食割れ等の損耗の原因となり，疲労強度に対して大きな影響を及ぼす．一般にこれらの影響は経験的・実験的に定量化されている．また機械要素部品に一定の荷重を長時間加えつづけると，時間の経過とともにひずみが増大する現象（クリープ(creep)）が見られるがこの現象は応力・温度の依存性が高い．

参考６【クリープ】
機械要素部品に一定の荷重を長時間加えつづけると，時間の経過とともにひずみが増大する．この現象をクリープといい，この現象により発生するひずみをクリープひずみという．一般にクリープひずみは応力・温度が高いほど増大する．一定時間の経過後にひずみが一定となる最大応力をクリープ限度という．一般的な金属材料では高温環境下でのクリープが実用上問題となるが，プラスチックなどは常温においても顕著なクリープが生じる．

2・3・5　許容応力と安全率(allowable stress and safety factor)

機械や構造物の設計において，構造物の安全上許しうる限度の応力を許容応力(allowable stress) という．この許容応力の値は試験で求められる材料の強さを基準として，すなわち静荷重に対しては極限強さ，降伏点または耐力，クリープ限度などを，また繰返荷重に対しては疲労限度などを基準として定めるのが合理的である．しかし，これらの基準強さ (reference strength) をそのまま許容応力として採用することはできない．

設計においては，各要素部品の荷重の見積りや応力計算の不正確さ，使用条件の曖昧さ，材料の不均一性・欠陥の存在，などが考えられるので，これらを見込んで材料の基準強さを下回る値を許容応力とするのが一般的である．材料の基準強さと許容応力との比を安全率 (safety factor) という．この安全率と基準強さ，許容応力の関係は次の式で与えられる．

$$許容応力 = \frac{基準強さ}{安全率} \tag{2.14}$$

参考７【安全率の留意事項】
安全率は，機械，構造物が要求寿命の間に破壊することなくその機能を発揮できることを保証するための係数であって，安全性の余裕度を表すものではない．たとえば，安全率が 3 であることは設計荷重の 3 倍の荷重に耐えることを意味するものではない．

基準強さに極限強さを用いる場合に一般に目安として用いられている安全率を表 2.6 に示す．鉄鋼については，許容応力として表 2.7 のような値が使用されている．

機械設計においては，仕様から対象機械に加わる荷重（設計荷重）を設定し，その荷重によって機械各部に生じる応力を解析する．この応力は設計計算に用いるので設計応力 (design stress) と呼ばれ，要素部材の許容応力以下でなければならない．

表 2.6　安全率の目安（Unwin による）

材料	安全率			
	静荷重	繰返し荷重		変動荷重および衝撃
		片振	両振	
鋼	3	5	8	12
鋳鉄	4	6	10	15
木材	7	10	15	20
れんがおよび大理石	20	30	—	

表 2.7　常温における鉄鋼の許容応力

荷重		記号	軟鋼	中硬鋼	鋳鋼	鋳鉄
引張り	A	σ_{al}	88〜147	117〜176	59〜117	29
	B		59〜 98	78〜117	39〜 78	19
	C		29〜 49	39〜 59	19〜 39	10
圧縮	A	σ_{al}	88〜147	117〜176	88〜147	88
	B		59〜 98	78〜117	59〜 98	59
曲げ	A	σ_{al}	88〜147	117〜176	73〜117	—
	B		59〜 98	78〜117	49〜 78	—
	C		29〜 49	39〜 59	24〜 39	—
せん断	A	τ_{al}	70〜117	94〜141	47〜 88	29
	B		47〜 88	62〜 94	31〜 62	19
	C		23〜 39	31〜 47	16〜 31	10
ねじり	A	σ_{al}	59〜117	88〜141	47〜 88	—
	B		39〜 78	59〜 94	31〜 62	—
	C		19〜 39	29〜 47	16〜 31	—
単位：N/mm² ＝ MPa　A：静荷重，B：動荷重，C：繰返し荷重						

参考８【標準数(preferred number)の考え方】

工業製品の設計・規格の標準化だけでなくさまざまな研究・調査において数値の大きさを段階的に決める場合，それらを等差数列的に選ぶよりも等比数列的に選んだ方が便利で合理的であることが多い．このため JIS Z 8601(1954)では，10 を底とした $10^{1/5}$，$10^{1/10}$，$10^{1/20}$，$10^{1/40}$ および $10^{1/80}$ を公比とする等比数列の各項の数値を実用上に便利な有効数字 3 桁の数値に近似したものを標準数として定めている．これらの数列は R5, R10, R20, R40 および R80 で表し，R5〜R40 を基本数列，R80 を特別数列と呼んでいる．また標準数には次のような利点がある．

(1) 標準数どうしの積や商は，やはり標準数である．
(2) 2，5，π の近似値など日常よく使われる数値が標準数に含まれている．
(3) 標準数の配列は対数目盛図で等間隔である．
(4) 寸法が標準数列から選ばれていると，寸法変更に際して相似的な設計が可能になるため設計が容易になる．

但し，機械要素設計においては寸法の和と差が問題となることも多く，標準数どうしの和または差は標準数となるとは限らないが，上述のような標準数の利点を活かせる場合には積極的に利用するのがよい．また標準数を用いる場合，段階的に大きさの変わる数列の場合はもちろん，ただ一つの数値を決める場合にも，できるだけ公比の大きい数列の標準数を優先して使用する．また，ある数列に属する数値から二つ目毎，三つ目毎，…のものを選んで用いることもある．このような場合，たとえば 1 から 1000 までの間を R5 系列から二つ目毎の数値をとる場合には，R5/2(1,...,1000)と記述する．

第２章の参考文献

(1) JIS B 0401-1:1998.
(2) JIS ハンドブック，日本規格協会.
(3) 中原一郎，材料力学（上），(1965)，養賢堂
(4) JIS に基づく機械システム設計便覧，日本規格協会.
(5) JIS B 0601:2001.
(6) 小川潔，機械設計システム，(1974)，森北出版.
(7) 機械実用便覧改訂第 7 版，(2012)，日本機械学会.
(8) 機械工学便覧応用編 B4 材料学・工業材料，(1984)，日本機械学会.
(9) 機械工学便覧基礎編 A4 材料力学，(1984)，日本機械学会.

結合する要素

二つのものを接続してその構造を維持するのには種々の結合要素が用いられる．多岐多様にわたる結合要素を網羅することは困難であるが，代表的に用いられるものとして，ねじ（第3章），リベット，溶接（第4章）に関して説明する．

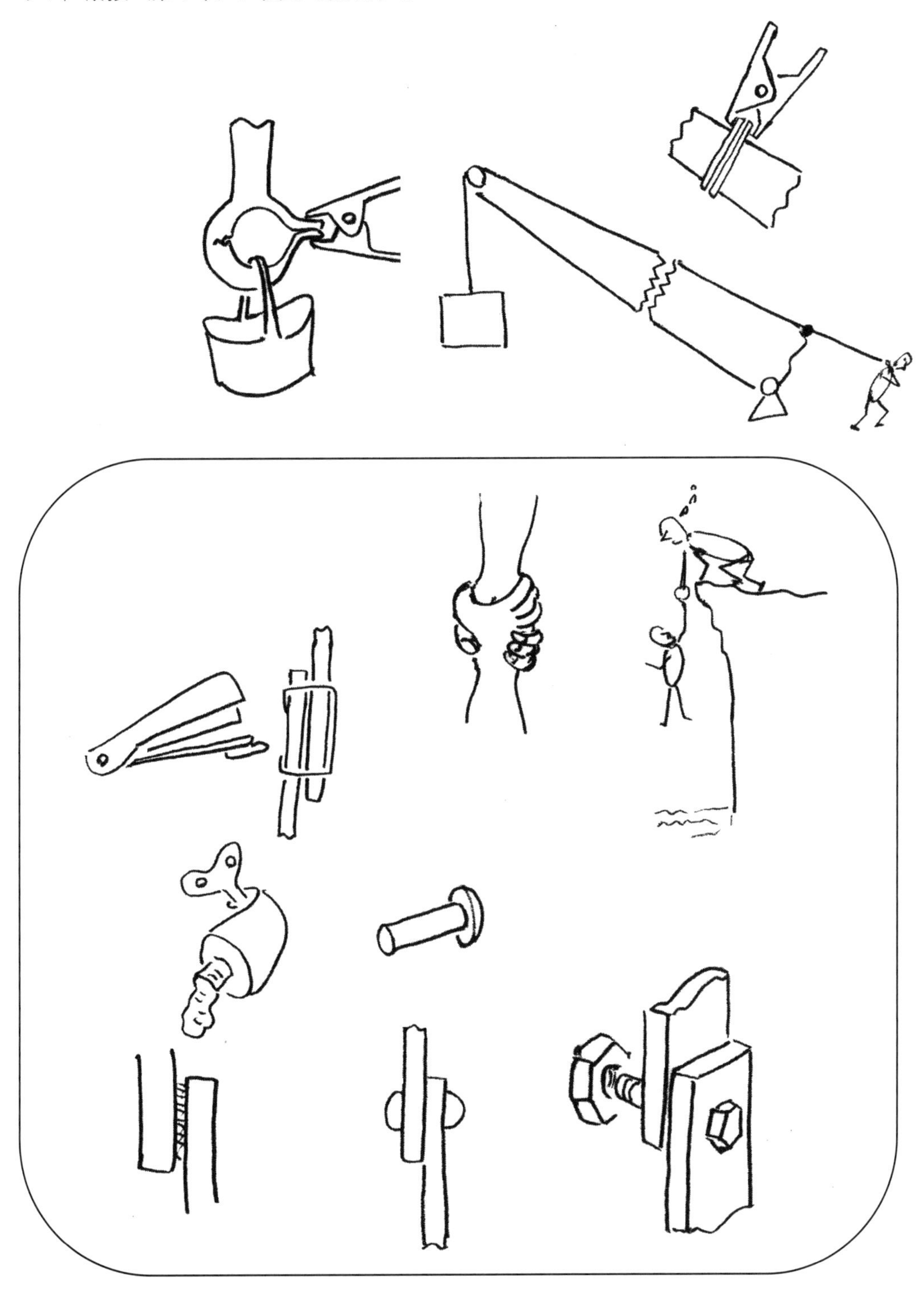

第3章　ねじ

第4章　構造材の締結

第 3 章 ねじ Screws

古来，物と物をつなぎ合わせるという技術は人類にとって常に必要とされた問題であろう．結合技術は工学のみならずいたるところに応用されており，時代の進歩とともに新しい課題に遭遇しながら進展している．人類の築いてきたあらゆる生産物は結合技術なしには存在し得ないものが多い．

しかし，結合部は機械や構造物ではともすれば強度上最弱部になる場合が多く，結合部の強度設計は技術者にとって大変重要な課題である．

結合要素の中でも，ねじは組み立てと分解を繰り返すことのできる優れた特徴をもつと同時にこのような性質が逆にゆるみを引き起こすという短所にもなるので，機械設計者はねじ結合部の力学的な特性を十分理解しなければならない．

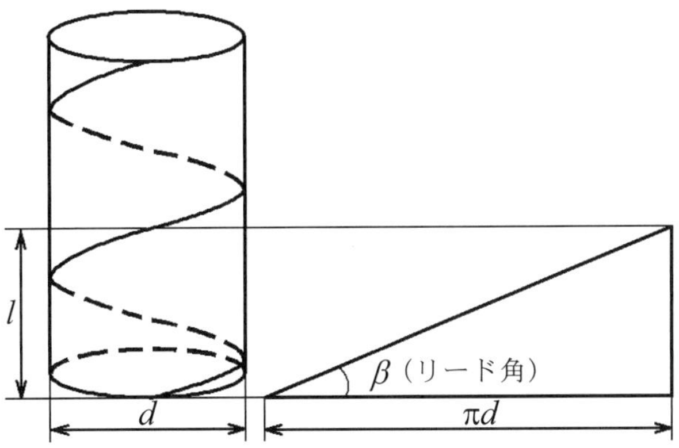

図 3.1　ねじ山の成り立ち

3・1　ねじ概論　(introduction)

ねじは，市販されているものを使う場合が多く，特別な場合を除けば自作する必要がなく，早くからねじの寸法，強度，性能の試験法などの規格化が大変進んだ機械要素である．互換性や汎用性をもたせるため，ある一定の許容限界寸法を定め，これを公差として規格化している．しかし，単品としてのねじの強度特性がわかっていてもそれを使う用途は多様であるから，それに応じた適切なねじ結合部の設計法を理解しなければならない．

ねじとは，図 3.1 に示すように直角 3 角形を円筒形に巻いたときに斜辺が形づくるらせんに沿って山形の突起をつけた品物の総称をさす．山形を円筒の外側につけた場合をおねじ (external thread)，円筒の内側につけた場合をめねじ (internal thread) と呼ぶ．また，円筒の代わりに円錐の外面や内面に沿って作られたねじをテーパねじと呼ぶ．

この円筒が 1 回転したとき，ねじ山（らせん）は軸方向に l だけ進む．この l をリード (lead) という．また，隣り合うねじ山間の距離 P をピッチ (pitch)と呼び，リードとピッチの間には次の関係がある．

$$l = nP$$

$n=1$ の場合を 1 条ねじ，$n=2$ の場合を 2 条ねじ，n が 2 以上のねじを多条ねじという．多条ねじはカメラレンズのズーム機構のようにリードの大きいねじに用いられる．

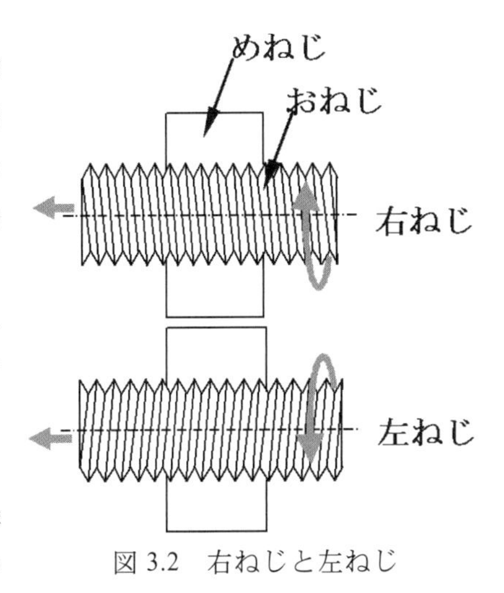

図 3.2　右ねじと左ねじ

また，ねじ山はらせんの巻き方によって，図 3.2 のように 2 通りのものができる．ねじの軸を視線にあわせ，らせんを時計回りにたどれば，その人から遠ざかるようなねじを右ねじ，反時計回りにたどれば，その人から遠ざかるようなねじを左ねじという．ふつうは右ねじが使われるが，扇風機等のファンをモータ軸に取付けるねじにはゆるみ防止のため，左ねじが使われている．また，ワイヤーを張るような現場合わせの仕事（例えば，ぶどう棚など）でよく使用されるターンバックル（図 3.3）では，張力を発生させるために右ねじと左ねじの組み合わせが用いられる．

ねじ結合の特徴を要約すると以下のようになる．

a. 長所

・熱や衝撃力を加えず，被締付け物を傷めずに，容易に組立てと分解ができる．

・部品同士の位置の調整ができる．

・比較的簡便な工具を用いて，高い締付け力を得ることができる．
（例として，人力によって M10 のねじに 10kN 程度）

・寸法や強度などの規格化が進んだ機械要素なので，互換性が高い．

・一般に量産されており，容易に入手できる．

b. 短所

・穴あけや，めねじ加工などの前加工が必要である．

・結合部の重量が溶接や接着による結合に比べて大きくなりがちである．

・締め付けの管理が不十分だとゆるみが発生し，破損に至ることがある．

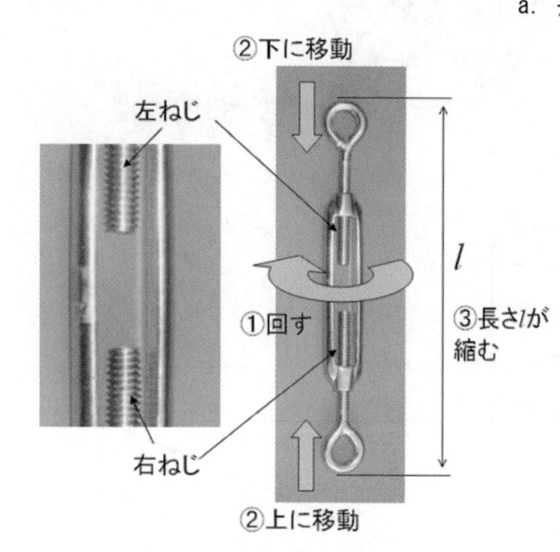

図 3.3 ターンバックル

3・1・1 ねじの種類と使用目的 (kinds of the screw and purpose of use)

ねじを用途別にみると，車のエンジン組み立てに使われるねじやタイヤホイール固定用のねじ，めがねのフレーム，カメラ，時計などの精密ねじから，電球の口金のねじ，配管を結合するための管用ねじに至るまで，多岐にわたる．（例えば，海外で購入した電球も日本で使用可能である）

JIS では，区分「ねじ基本」が規格化されている．その主なねじの規格を表 3.1 に示す．表 3.2 には，代表的なねじの種類と記号および表し方の例を示す．

ピッチをミリメートルで表すねじの場合を例にとると，ねじの呼び径は次のように表す．

ねじの種類を表す記号 ねじの呼び径を表す数字 × ピッチ

ただし，メートルねじでピッチを省略すると，規格中最大ピッチのものが入手できる．

表 3.3 にメートルねじの基準寸法 (basic profile) を示す．基準寸法とは，ねじ山の実際の断面形を定めるための基準となるねじ山形状の寸法のこと．

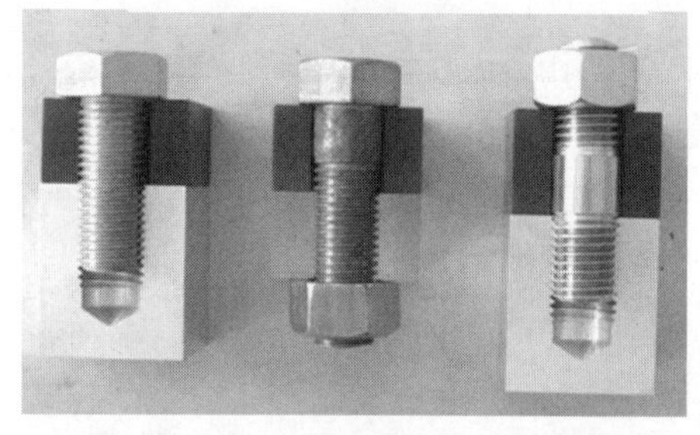

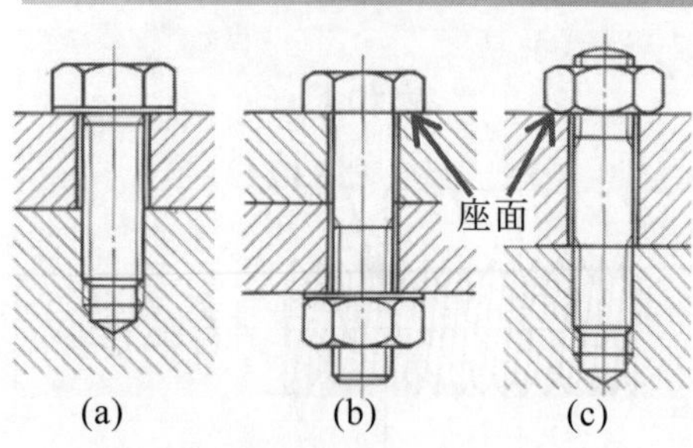

(a) 六角ボルト
(b) 六角ボルトとナット
(c) 植込みボルト

図 3.4 ボルト締結体の例

a. 結合を目的とするねじ

機械や構造物の部品同士を結合し，外力の作用があってもせん断方向にずれない目的をもったもの，軸方向に動かないように固定するねじ．ねじを締付けることによって発生する締付け力によって部品同士を固定するもので締結用ねじ (threaded fastener) と呼ばれる．ボルト締結体の例を図 3.4 に示す．

b. 流体を輸送する配管の結合に用いる管用（くだよう，と読む）ねじ．

表 3.1　JIS の区分「ねじ基本」に基づくねじの分類と用途

JIS 区分「ねじ基本」の主なねじ	用途，ねじ山の特徴（形式？）など
ミニチュアねじ(JIS B 0201)	時計，光学機器，電気機器などに用いる呼び径 0.3～1.4mm のねじ
管用(くだよう)ねじ 平行ねじ(JIS B 0202) テーパねじ(JIS B 0203)	管，管用部品，流体機器などの接合に用いる．テーパねじは，耐密性を目的とする場合に用いる．
一般用メートルねじ(JIS B 0205) 並目(なみめ)，細目(ほそめ)	並目：一般に用いられる締結用のねじ．広く工業製品全般に用いられる．細目：内燃機関用点火プラグ，微細な位置調整（コンパス），測定器（マイクロメータ）など．
ユニファイねじ 並目ねじ(JIS B 0206) 細目ねじ(JIS B 0208)	航空機，その他特に必要な場合に限り用いる．パソコンに使用されているねじなど．
メートル台形ねじ(JIS B 0216)	工作機械の送りねじ（親ねじ），弁の開閉用ねじなどに用いる．
電線管ねじ(JIS C 8305)	電気配線で電線を保護するために用いる鋼製の電線管の接続に用いるねじ．

表 3.2　ねじの種類を表す記号およびねじの呼びの表し方の例

区分	ねじの種類		ねじの種類を表す記号	ねじの呼びの表し方の例	引用規格
ピッチをmmで表すねじ	メートルねじ並目		M	M8	JIS B 0205
	メートルねじ細目			M8×1	
	ミニチュアねじ		S	S0.5	JIS B 0201
	メートル台形ねじ		Tr	Tr10×2	JIS B 0216
ピッチを山数で表すねじ	管用テーパねじ	テーパおねじ	R	R3/4	JIS B 0203
		テーパめねじ	Rc	Rc3/4	
		平行めねじ	Rp	Rp3/4	
	管用平行ねじ		G	G1/2	JIS B 0202
	ユニファイ並目ねじ		UNC	3/8－16UNC	JIS B 0206
	ユニファイ細目ねじ		UNF	No.8－36UNF	JIS B 0208

表 3.3　メートルねじの基準寸法　(JIS B0205 から一部抜粋して作成)

単位：mm

呼び系 D, d 第1選択	呼び系 D, d 第2選択	ピッチ P 並目	ピッチ P 細目	有効径 D_2, d_2	めねじ内径 D_1
1		0.25		0.838	0.729
1.2		0.25		1.038	0.929
	1.4	0.3		1.205	1.075
1.6		0.35		1.373	1.221
	1.8	0.35		1.573	1.421
2		0.4		1.740	1.567
2.5		0.45		2.208	2.013
3		0.5		2.675	2.450
	3.5	0.6		3.110	2.850
4		0.7		3.545	3.242
5		0.8		4.480	4.134
6		1		5.350	4.917
	7	1		6.350	5.917
8		1.25		7.188	6.647
			1	7.350	6.917
10		1.5		9.026	8.376
			1.25	9.188	8.647
			1	9.350	8.917

単位：mm

呼び系 D, d 第1選択	呼び系 D, d 第2選択	ピッチ P 並目	ピッチ P 細目	有効径 D_2, d_2	めねじ内径 D_1
12		1.75		10.863	10.106
			1.5	11.026	10.376
			1.25	11.188	10.647
	14	2		12.701	11.835
			1.5	13.026	12.376
16		2		14.701	13.835
			1.5	15.026	14.376
	18	2.5		16.376	15.294
			2	16.701	15.835
			1.5	17.026	16.376
20		2.5		18.376	17.294
			2	18.701	18.835
	22	2.5		20.376	19.294
			2	20.701	19.835
			1.5	21.026	20.376
24		3		22.051	20.752
			2	22.701	21.835
	27	3		25.051	23.752
			2	25.701	24.835

c. 大きな力を出力することを目的とするねじ

ねじプレス，万力，ねじジャッキ

d. 回転運動から直線運動への変換を目的とするねじ

位置の調節（位置決め）を目的とするねじ（バルブ開閉用のねじ，コンパスやデバイダーの開きを調節するねじ（図 3.5））

工作機械や精密測定器などの送りねじ (feed screws)

回転変位で微小な直線変位を表現し，拡大指示するねじ（マイクロメータなど）

3・1・2 ねじの力学 (dynamics of the screw)

複数の部品をねじで締付け，部品同士が離れないように組み立てたものをねじ締結体という．このようなねじ締結体は，第一に，ねじ締結体の各接合面間に摩擦が存在し，第二に，少なくともボルト・ナットと被締結体のいずれかが弾性的な性質をもつことによってはじめて成立つものである．この様子を図 3.6 に 3 次元モデルで示す．例えば，摩擦がなければ，ナットはゆるみ方向にすべってしまい，締め付け状態が成り立たない．

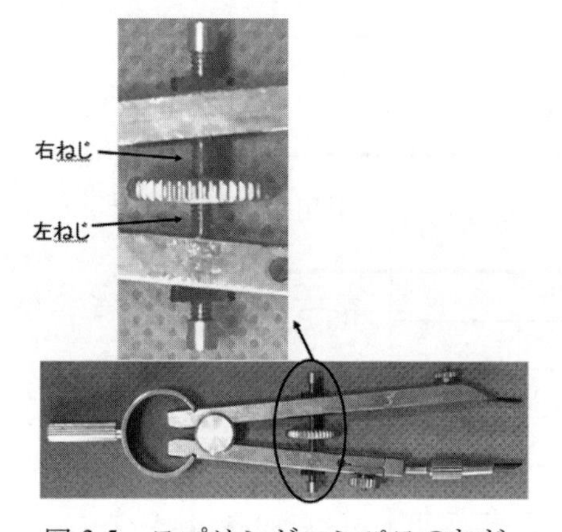

図 3.5 スプリングコンパスのねじ

ねじを締付ける場合を考える．例えば，図 3.4(b)のようにボルトとナットで被締結体を締付けるとき，どういう力が発生するのだろうか．図 3.6 のように，①ナットにモーメント（トルク，ともいう）を作用させ，②そのとき被締結体を押し下げ圧縮力が作用する．また，ボルトを押し上げる．③このとき反作用として，ボルト座面とナット座面には，被締結体が押し返し，またボルトが引張力を受ける方向に力が作用する．このときのナットに作用させたボルト軸回りのモーメントを締付けトルク (tightening toque) という．

一般の締付け用ねじを締付けるときは，スパナやトルクレンチなどの工具を用いることが多い．そのとき発生するボルト軸力を締付け力 (clamping force) と呼ぶ．この締付け力は人力で発生させたスパナに加える接線力に比べてはるかに大きい．例えば，M10 程度のボルト・ナットで人がナットを回転させることによって車 1 台を地上から吊り上げることも可能である．この理屈は以下に説明するようにねじの斜面の力学によるものである．

このときの締付けトルク T_f とそれによって発生する締付け力 F_f の関係を，図 3.7, 3.8 に示す 2 次元モデルによって説明する．例えば，ナットを回して締付ける場合を考えると，締付けていくときに発生する抵抗はナット座面とねじ面で発生する．(ボルトを回して締付ける場合も，ボルト頭部座面とねじ面で抵抗が発生するので，どちらで考えても力学的には同等である)．そこで，まず以上の 2 つの接触面のうち図 3.8(a)のようなねじ面での力のつりあいを考える．リード角 β の斜面上にある F_f なる鉛直方向の力が作用している物体 A に P なる水平力を図 3.7 のように作用させて斜面 B に沿って上方に滑らせることを考える．この A と B がボルトとナットのねじ面を表しており，A と B のどちらをボルトにしても同じである．

ナットを回して締付けるのに必要な締付けトルク T_f は，ねじ面のトルク T_s とナット座面のトルク T_n の和となるので，

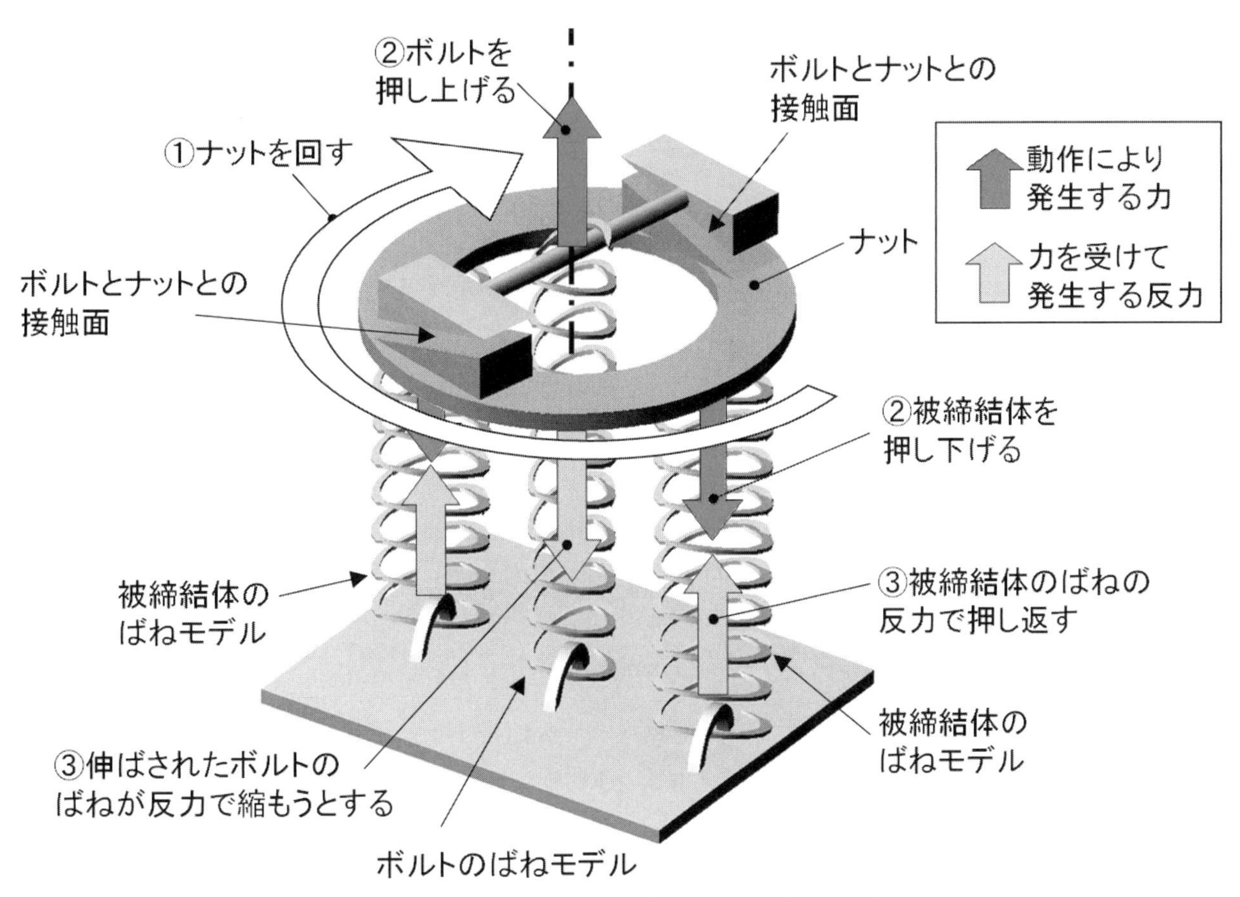

図 3.6　ボルト・ナット締結体のばねによる 3 次元モデル

$$T_f = T_s + T_n \quad (3.1)$$

また，図 3.8(a)に示す斜面の力学から摩擦角の概念より，

$$\frac{P}{F_f} = \tan(\rho + \beta) \quad (3.2)$$

ここで, $\tan\rho = \mu_s$ であり, ρ と μ_s はそれぞれねじ面の摩擦角と摩擦係数である.

a.　四角ねじの場合

ねじの有効径を d_2 とすれば，F_f に抗して締付けるに必要なトルク T_{sf} は式 3.2 より

$$T_{sf} = \frac{d_2}{2} P = \frac{d_2}{2} F_f \tan(\rho + \beta) \quad (3.3)$$

ナット座面の摩擦トルク T_n は，ナット座面の等価摩擦円直径を d_n，ナット座面の摩擦係数を μ_n とすると，

$$T_n = \frac{d_n}{2} \mu_n F_f \quad (3.4)$$

である．ここで，d_n は，ナット座面の外径を B，内径を b とするとき，次式で表される．

$$d_n = \frac{2}{3} \frac{B^3 - b^3}{B^2 - b^2}$$

締付けトルク T_f は式(3.1), (3.3), (3.4)から

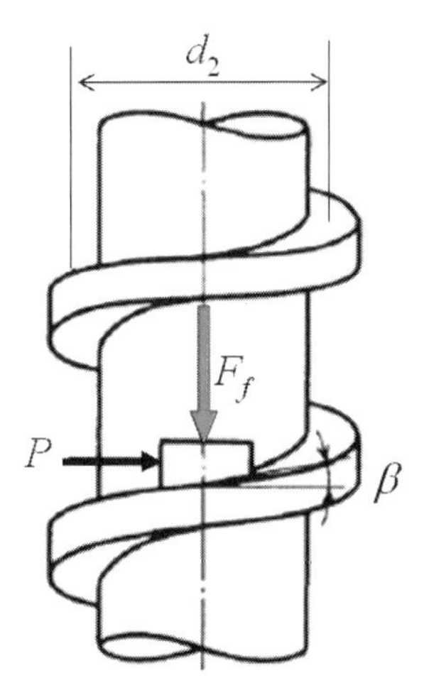

図 3.7　締め付けるために作用させる水平力 P と軸力（締付け力）F_f，リード角 β，ねじの有効径 d_2 との関係

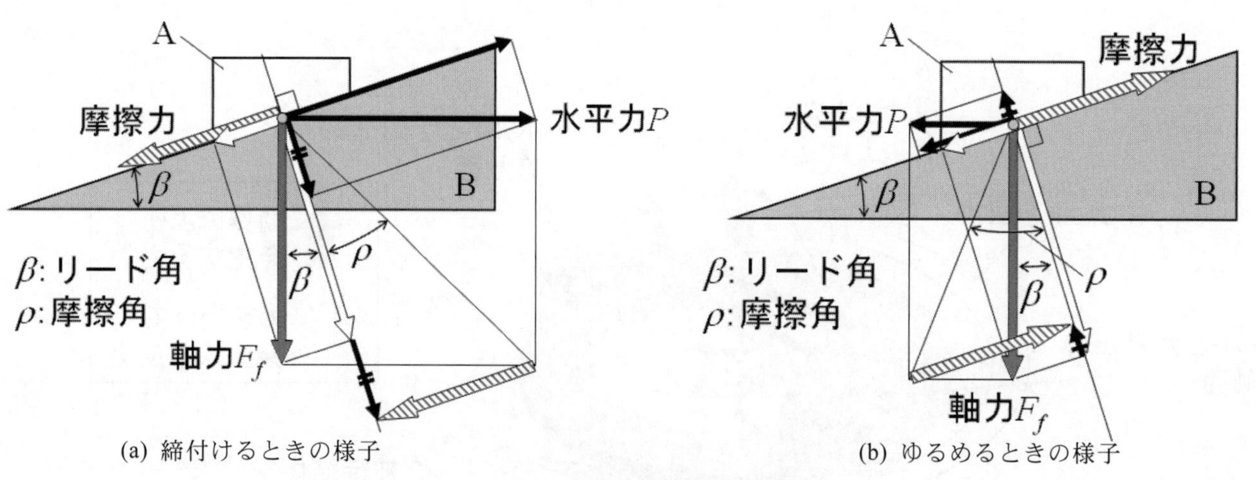

(a) 締付けるときの様子　(b) ゆるめるときの様子

図 3.8　ねじの斜面での力学的関係

$$
\begin{aligned}
T_f &= T_{sf} + T_n \\
&= \frac{d_2}{2} F_f \tan(\rho+\beta) + \frac{d_n}{2} \mu_n F_f \\
&= \frac{F_f}{2} \{d_2 \tan(\rho+\beta) + d_n \mu_n\}
\end{aligned}
\tag{3.5}
$$

また，ゆるめる場合には式(3.3)に対応させて，図 3.8(b)のように，ねじの斜面において F_f により下がろうとする方向に必要なトルクを T_{sl} とすると，

$$T_{sl} = \frac{d_2}{2} F_f \tan(\rho-\beta) \tag{3.6}$$

となるから，ゆるめトルク T_l は次式で表される．

$$T_l = T_{sl} + T_n = \frac{F_f}{2} \{d_2 \tan(\rho-\beta) + d_n \mu_n\} \tag{3.7}$$

b. 三角ねじの場合

三角ねじの場合は，図 3.9, 3.10 のように，ねじ面は四角ねじと同様にリード角βの傾きをもつだけでなく，軸断面ではねじ山半角αの傾きをもっている．また，山直角断面でみたねじ山半角をα'とすると，次式の関係がある．

$$\tan\alpha' = \tan\alpha \cos\beta \tag{3.8}$$

ボルト軸力を受けるねじ面がαだけ傾くと，ねじ面に作用する垂直力は，四角ねじに比べて $1/\cos\alpha'$ だけ増加するだけでなく軸の内側向きに作用する（くさび効果）．したがって，同じ締め付け力であれば，三角ねじの方が締付トルクだけでなくゆるめトルクも大きくなるため，ねじがゆるみにくくなる．これは，締結用ねじとして有利な特性といえる．しかし四角ねじの方がトルクが小さくねじの効率が高くなることから，送りねじには四角ねじを用いる．

三角ねじの締付けトルク T_fは，四角ねじの式の摩擦角ρの代わりに次式で定義されるρ' を用いればよい．

$$T_f = \frac{F_f}{2} \{d_2 \tan(\rho'+\beta) + d_n \mu_n\}, \quad ただし \quad \tan\rho' = \frac{\mu_s}{\cos\alpha'} \tag{3.9}$$

一般に使用される締結用ねじでは，βは小さいので実用上 $\alpha' \approx \alpha$ と近似してもさしつかえない．また，同じ三角ねじでも並目ねじに比べて細目ねじはリード角が小さいので，さらにゆるみにくくなる．

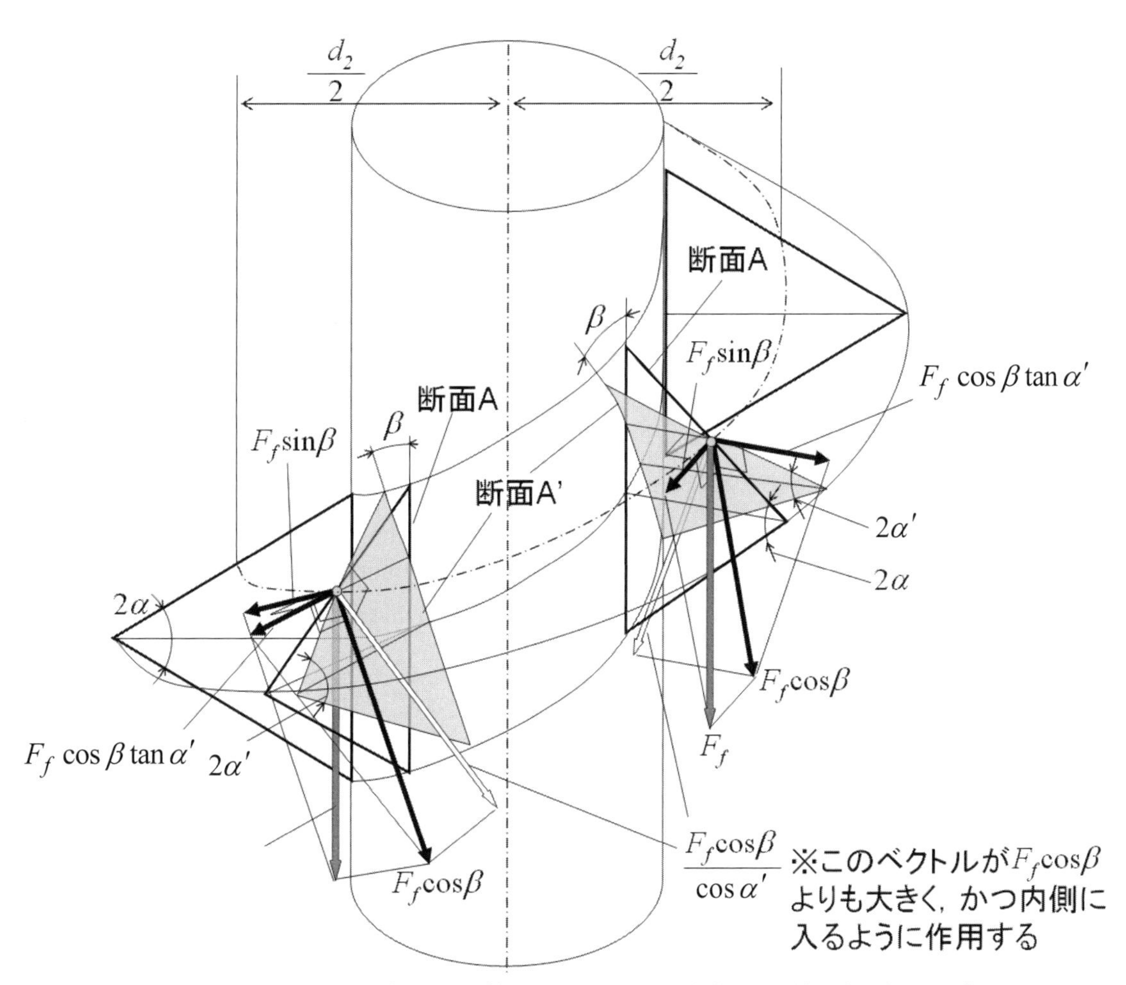

図 3.9　三角ねじの軸力によるねじ面垂直力の増加（3次元モデル）

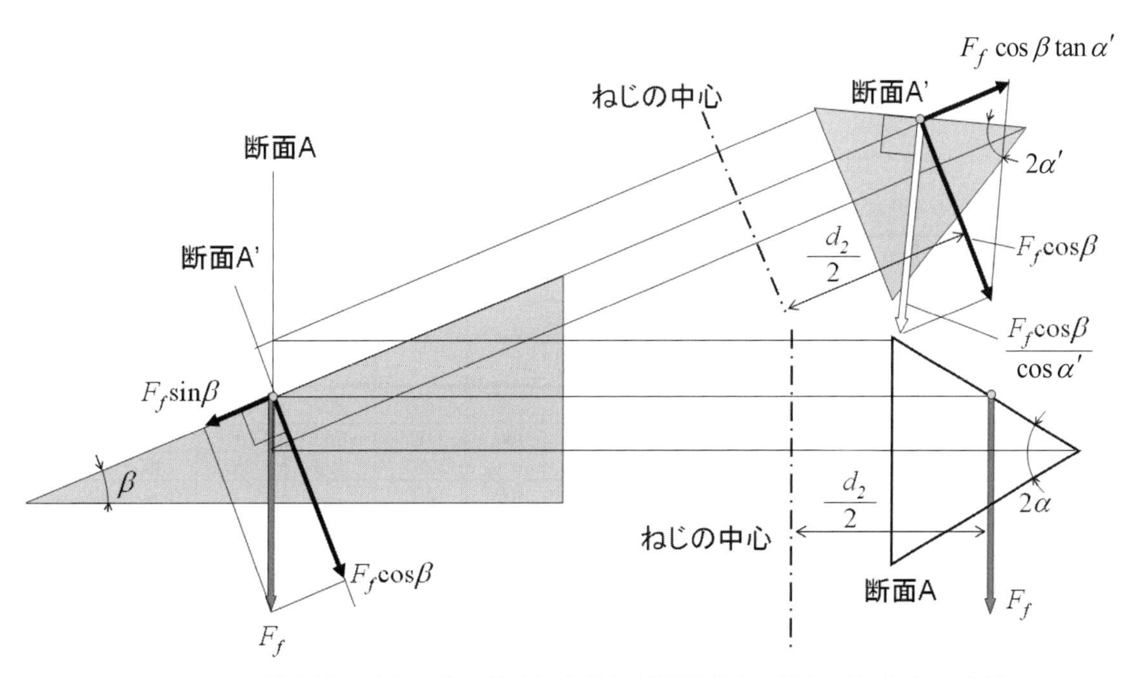

図 3.10　三角ねじの軸力によるねじ面垂直力の増加（2次元モデル）

3・2　ねじの締結 (tightening of the screw)

ねじを用いた結合部をねじ締結体という．ねじ締結体の強度にとってねじそのものの強度が支配的になる場合が多い．つまりねじがその結合部において最弱部になることを意味している．

また，機械部品のねじ締結部では，例えば図 3.11 に示す内燃機関のピストンとクランクを繋ぐ連接棒 (connecting rod) の大端部を結合しているボルトのように，運転中に絶えず繰返し荷重（この場合，爆発のときではなく，吸入のときにボルトがピストンを引きずり下ろす力と，ピストンによって引っ張られる力）が作用する場合も多い．

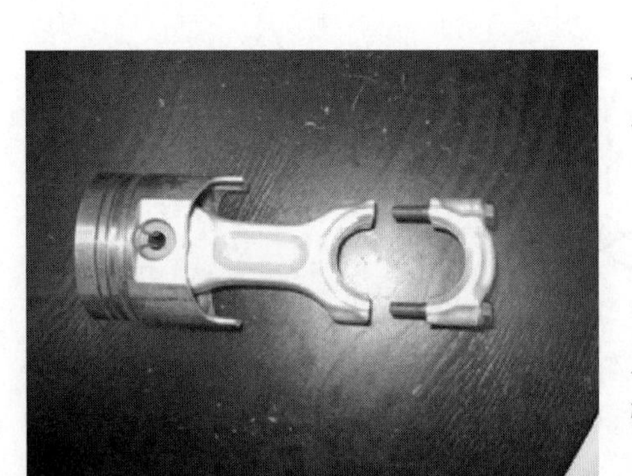

図 3.11　ピストンと連接棒
（ボルト締結部を分解した状態）

以上から，ねじを用いるには，強度について十分に検討する必要がある．

3・2・1　ねじの強度 (strength of the screw)

表 3.4 には，ボルト，ねじおよび植込みボルトの機械的性質および物理的性質の JIS 規格を一部抜粋して示す．

強度区分の数値は小数点ではなくドットで区切られ，第 1 項（ドットの左側）は最小引張強さの最小値を丸めたもの，第 2 項は降伏点もしくは耐力の最小値の引張強さに対する割合をあらわしている．（普通に使うものは 8.8 以上．）4.6 位は六角ボルトとして市販されているもの，12.9 は六角穴付きボルトとしてよく市販されているものである．

ボルトや小ねじの単純引張りにおける引張破断荷重や降伏点(または耐力)に相当する荷重は，表 3.4 のそれぞれの応力値に表 3.5 の有効断面積を乗じて求める．

ねじを締付ける場合には，ねじには締付け力 F_f による引張り応力 σ のほかにトルク T_{sf} によるせん断応力 τ が作用して組合せ応力状態になるため，単純引張りに比べて強度が低下する．

表 3.4　　ボルト，ねじおよび植込みボルトの機械的および物理的性質
（JIS B1051:2000 より抜粋）

<table>
<tr><th colspan="2" rowspan="2">機械的又は物理的性質</th><th colspan="10">強度区分</th></tr>
<tr><th>3.6</th><th>4.6</th><th>4.8</th><th>5.6</th><th>5.8</th><th>6.8</th><th>8.8*</th><th>9.8</th><th>10.9</th><th>12.9</th></tr>
<tr><td colspan="2">最小引張強さ $R_{m,min}$　N/mm^2</td><td>330</td><td>400</td><td>420</td><td>500</td><td>520</td><td>600</td><td>800</td><td>900</td><td>1040</td><td>1220</td></tr>
<tr><td rowspan="2">ビッカース硬さ HV</td><td>最小</td><td>95</td><td>120</td><td>130</td><td>155</td><td>160</td><td>190</td><td>250</td><td>290</td><td>320</td><td>385</td></tr>
<tr><td>最大</td><td colspan="5">220</td><td>250</td><td>320</td><td>360</td><td>380</td><td>435</td></tr>
<tr><td rowspan="2">下降伏点 R_{eL}　N/mm^2</td><td>呼び</td><td>180</td><td>240</td><td>320</td><td>300</td><td>400</td><td>480</td><td>—</td><td>—</td><td>—</td><td>—</td></tr>
<tr><td>最小</td><td>190</td><td>240</td><td>340</td><td>300</td><td>420</td><td>480</td><td>—</td><td>—</td><td>—</td><td>—</td></tr>
<tr><td rowspan="2">0.2%耐力 $R_{p0.2}$　N/mm^2</td><td>呼び</td><td colspan="5">—</td><td>—</td><td>640</td><td>720</td><td>900</td><td>1080</td></tr>
<tr><td>最小</td><td colspan="5">—</td><td>—</td><td>640</td><td>720</td><td>940</td><td>1100</td></tr>
<tr><td rowspan="2">保証荷重応力 S_p</td><td>S_p/R_{eL} 又は $S_p/R_{P0.2}$</td><td>0.94</td><td>0.94</td><td>0.91</td><td>0.93</td><td>0.9</td><td>0.92</td><td>0.91</td><td>0.9</td><td>0.88</td><td>0.88</td></tr>
<tr><td>N/mm^2</td><td>180</td><td>225</td><td>310</td><td>280</td><td>380</td><td>440</td><td>580</td><td>650</td><td>830</td><td>970</td></tr>
<tr><td>破壊トルク M_B　Nm</td><td>最小</td><td colspan="6">—</td><td colspan="4">JIS B 1058による</td></tr>
</table>

表 3.5　メートルねじの有効断面積（JIS B 1082 より抜粋）

単位　mm^2

並目ねじ		細目ねじ	
ねじの呼び	有効断面積 A_S	ねじの呼び	有効断面積 A_S
M2	2.07	—	—
M3	5.03	—	—
M4	8.78	—	—
M5	14.2	—	—
M6	20.1	—	—
M8	36.6	M8×1	39.2
M10	58.0	M10×1.25	61.2
M12	84.3	M12×1.25	92.1
M16	157	M16×1.5	167
M20	245	M20×1.5	272
M24	353	M24×2	384
M30	561	M30×2	621
M36	817	M36×3	865

表 3.6　ねじに作用する力の分類

1．締付力の他には追加力が作用しない場合
2．締付けたあとで追加力が静的に負荷される場合
3．締付けたあとで振動的な追加力が作用する場合
4．締付けたあとで衝撃力が作用する場合

3・2・2　締結用ねじの強度設計 (strength design of the tightening screw)

締結用のねじは一般に締付けた状態で使用され，それに外からのさまざまな力を受けながら使用されることが多い．そのときねじには大きな応力が作用するので，破壊することのないように安全な設計をしなければならない．多くの場合，ねじ締結部の破損では，ねじ（ボルト・ナット）が最弱部となる場合が多い．

外部からの負荷には，表 3.6 に示すようにその性質によって静的，振動的，衝撃的なものなど多様であり，これらの負荷の種類によって許容応力は異なる．例えば，振動的な応力が作用する場合には，静的な許容応力に比較してねじの疲れ強さが問題になり，許容応力は静的な負荷が作用する場合に比べて極端に低くなる．また，締付け力が低すぎると，外力によって被締結体の接合面分離が早い段階で生じるため，ボルトには過大な応力が発生するので，例えば外力が振動荷重の場合には疲労破壊の危険性がある．

3・2・3　締付け線図 (diagram of the tightening screw)

外力は，大抵の場合，直接ボルトに作用することはなく，被締結体を介してボルトに作用する．そこで，締結用ねじの強度設計をするためには，まず，締付けた状態にあるねじ締結体に外力が作用したとき，ボルト締結体の各構成部品に発生する荷重の関係を知る必要がある．

図 3.6 に，ボルト・ナット結合体のボルトとナットの3次元モデルを示したが，このモデルを2次元に簡略化した締結体モデルを図 3.12 に示す．図 3.12(a)は締付前の状態，図 3.12(b)は締付けが終了した状態で，ボルトに作用する引張り荷重と被締結体に作用する圧縮荷重はつりあい状態にあり，締付け力 F_f に等しく，図 3.12(c)はこれに外力 W_a が作用した状態を表している．この締結体にボルトが伸びる方向へ外力 W_a が作用してボルトがδだけ伸びたとすると，被締結体も同じδだけ伸びることになる．ここで，ボルトおよび被締結体を弾性体と考え，ボルトの引張り方向のばね定数を K_t，被締結体の圧縮方向のばね定数を K_c とすれば，ボルトに追加される引張り荷重 F_t は

$$F_t = K_t\,\delta \tag{3.10}$$

であり，被締結体に作用している圧縮力の減少分 F_c は

$$F_c = K_c\,\delta \tag{3.11}$$

となる．したがって，力のつり合いから，$W_a + (F_f - F_c) = F_f + F_t$ となり，これと式(3.10), (3.11)から，

$$W_a = F_t + F_c = (K_t + K_c)\,\delta \tag{3.12}$$

よって，

$$\delta = \frac{1}{K_t + K_c} W_a \tag{3.13}$$

また，式(3.10), (3.11), (3.13)から，

$$F_t = \frac{K_t}{K_t + K_c} W_a \quad (3.14), \qquad F_c = \frac{K_c}{K_t + K_c} W_a \quad (3.15)$$

さらに，外力 W_a に対するボルトに追加される引張り荷重 F_t の割合（比）を

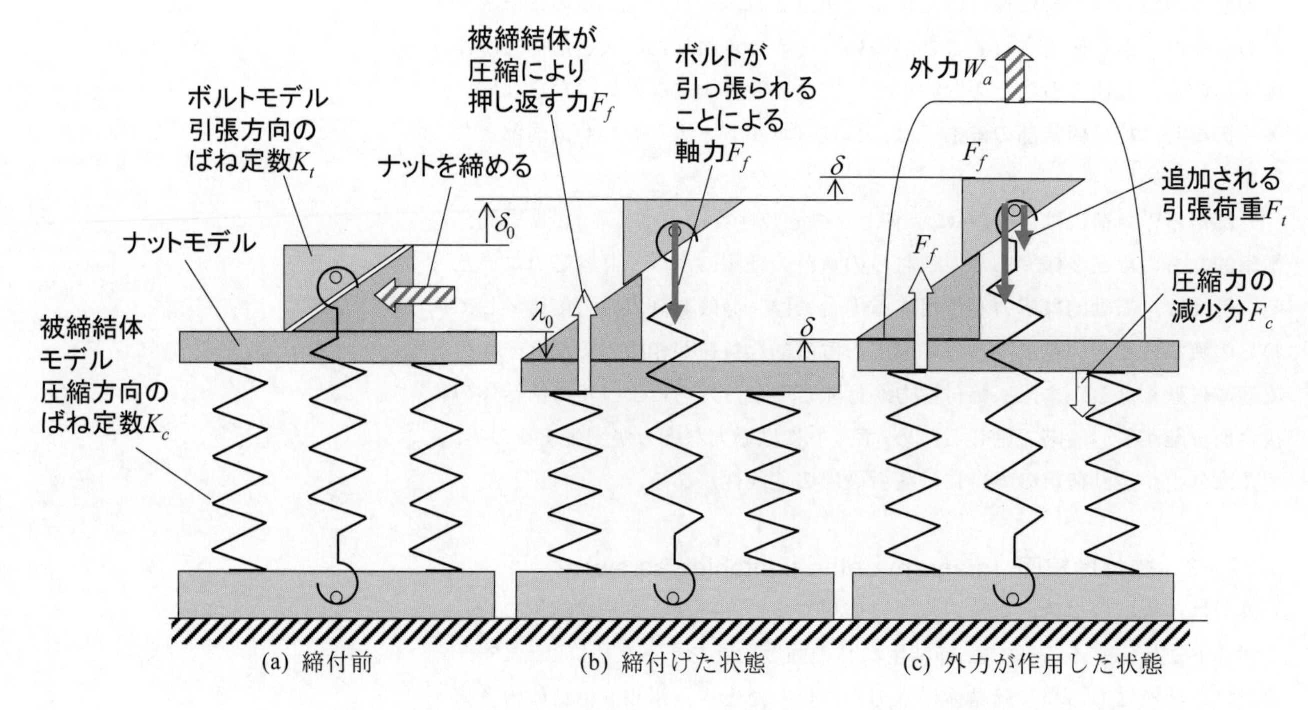

図 3.12　ボルト締結体の外力による変形（リード角を誇張している）

ϕとすると，式(3.14)から，

$$\phi = \frac{F_t}{W_a} = \frac{K_t}{K_t + K_c} = \frac{1}{1 + K_c/K_t} \tag{3.16}$$

このϕを内力係数と呼ぶ（あるいは，内外力比と呼ぶことがある）. 外力のうちボルトに作用する追加力をできるだけ小さくすることが強度設計上重要であるから，ϕを小さくすることが望ましい．そのためには式(3.16)より，K_c/K_tが大きくなるような設計，すなわちK_cを大きく，K_tを小さくすることを考慮する．

ここで計算される内力係数は，外力の着力点を被締結体の両端部と仮定している．そのため，ϕの値は最大になるので設計上安全側になる．実際の締結体の着力点はねじ締結体の形状によって異なり，内力係数も変化する．

以上の挙動は図 3.13 の締付け線図で表すことができる．ねじを締付けた状態（締付け力F_f）では，ボルトは伸びて被締結体は縮む. このときのボルトには引張荷重が作用し，被締結体には圧縮荷重が作用し，これらの荷重は作用と反作用の関係にあるので絶対値は等しい．そこで，荷重の絶対値を縦軸にとり，ボルトの伸びと被締結体の縮みをそれぞれ横軸にとった図を合わせて図 3.13 のように表す．

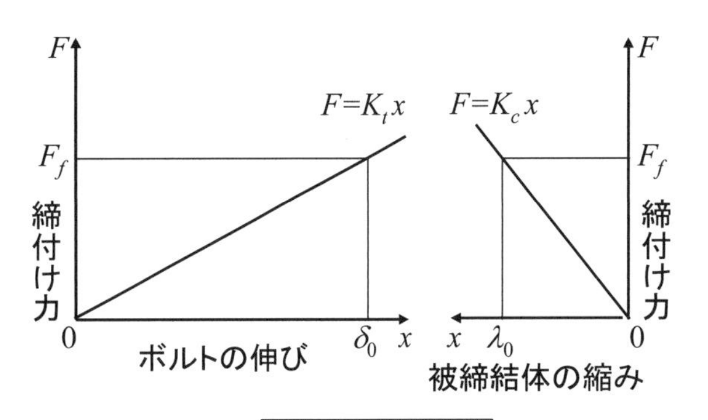

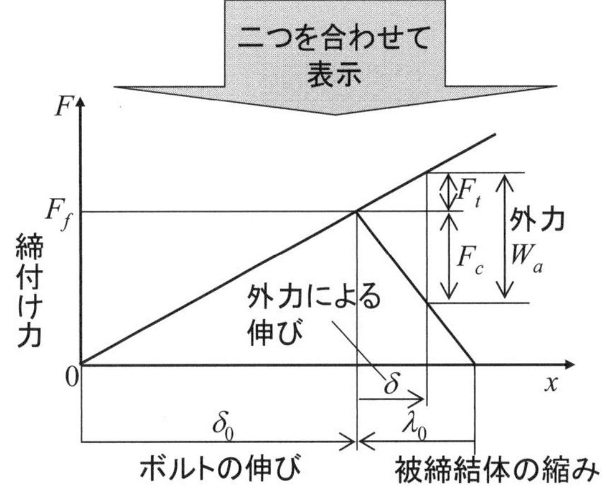

図 3.13　締付け線図（実際の被締結体の勾配は相当急であることに留意する）

この状態から，ねじ締結体に引張の外力 W_a が作用すると，ボルトおよび被締結体が共にδだけ伸びる．これにより，ボルトには追加力 F_tが作用し，被締結体に作用していた圧縮力は F_cだけ減少する．ボルトへの追加力はボルトの引張り破断をもたらす恐れがあり，被締結体の圧縮力の減少は部品同士のずれや密封性能の低下を招く．特に，$\lambda_0-\delta=0$ となるような外力 W_aが作用すると，被圧縮体は全く圧縮されなくなり，容器内の流体などが漏れる危険性があるので，締付け力をよく考えて使わなければならない．

参考１【ガスケットの効果】
ガスケット（7 章参照）は，被締結面の表面粗さを充てんして平滑化する役割がある. ガスケットが弾性体であれば，K_cを下げ，$\lambda_0 > \delta$の荷重範囲を広げる効果がある．一方，ガスケットが使用中に塑性変形して潰れると，軸力が下がる恐れがある．

【例題 3．1】図 3.14 のねじ締結体を例にして，K_t, K_cの計算方法を示せ．

【解答】単純化すればボルトを持つ円柱，被締結体は中空の円筒として考えることができる．

a) K_cの見積もり：円筒のばね定数は以下の式で求まる．

$$K_c = \frac{E_c}{l_f}\frac{\pi}{4}\left(D_m{}^2 - D_i{}^2\right) \quad = \frac{EA}{l} \quad A\text{:ハッチングの断面積}$$

$D \le d_w$の場合：　　$D_m = D$　とすればよい．

一方 $D \le d_w$では，応力の作用する範囲は座面から離れるほど広くなり，究極はそろばん玉のようになる．そこで D について，その遷移領域と，さらに大きい領域に分けて考える．

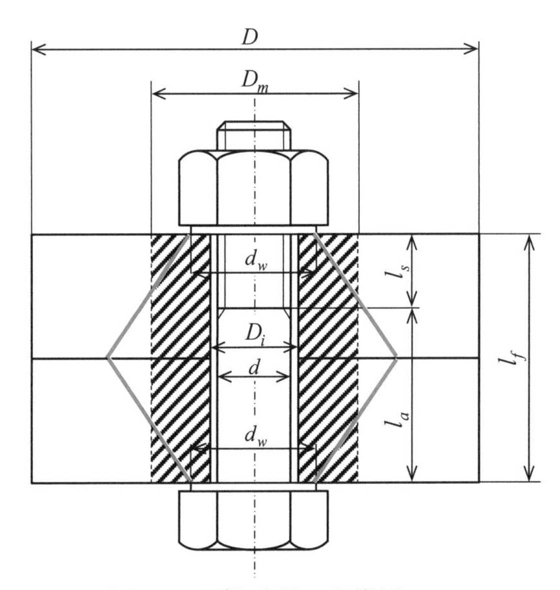

図 3.14　ばね定数の計算例

$d_w \leq D \leq 3d_w$ の場合：遷移領域であり次式で表すのがよい．

$$D_m = \sqrt{{d_w}^2 + \frac{l_f}{10}\left(\frac{D}{d_w} - 1\right)\left(d_w + \frac{l_f}{20}\right)}$$

$D \geq 3d_w$ の場合：D が十分大きいので次式で表す．

$$D_m = d_w + \frac{l_f}{10},$$ $l_f = 10\,d_w$ のとき D_m は d_w の2倍．

b) K_t の見積もり（各部の K の見積もりと総体の K_t との関係）

$$\frac{1}{K_t} = \frac{1}{E_b}\left(\frac{0.4d}{A_a} + \frac{l_a}{A_a} + \frac{l_s}{A_3} + \frac{0.4d}{A_a}\right)$$

E_b ：ボルト・ナット材の縦弾性係数

A_a ：円筒部の断面積

A_3 ：ねじの谷径を直径とする断面積

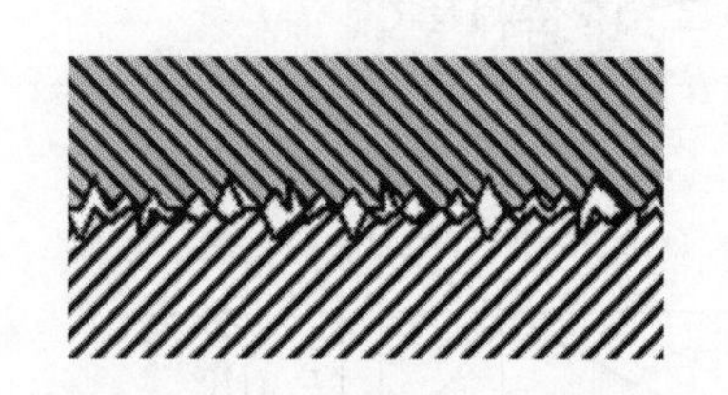

図 3.15　固体表面同士の接触状態

3・2・4　ねじのゆるみ (loosening of threaded fastener)（ゆるみのメカニズム，ゆるみ止めや座金の使い方）

ゆるみとは，ねじの締付け力が低下する現象である．ねじのゆるみには，ボルトとナットが相対回転して生じる場合と，相対回転を伴わないゆるみに分類される．

a. 相対回転して生じるゆるみ

相対回転が発生するのは，軸方向の振動によるねじ面間の摩擦力低下，軸直角の繰り返し外力によるボルト・ナットの微小な傾き，軸回りに作用する繰り返し外力によるものであり，ねじ面でわずかな滑りが生じてゆるむ．いずれの場合も摩擦力が関係するので，油の介在はさらに状況を悪化させる恐れがある．

b. 相対回転を伴わないゆるみ

へたり（塑性変形）による．へたりは締結面において隙間が発生すること．すきまは外力の動的変動により図 3.15 のような接触面がつぶれること（接触面の数ミクロンの凹凸も含む）や，あるいは熱変形，熱によるクリープにより発生する．

以上より，①摩擦力の低下，②荷重変動による姿勢の変化，③へたり，が主な原因といえ，これに油の介在や，動的な挙動が関っている．

そこでゆるみ止め部品には，次のような機能が一つまたは複数必要であるとされている．

① へたりなどの永久変形の影響をばね作用で補償する．
② ねじ部で相対変位に対する抵抗を増して戻り回転を防止する．
③ 座面部で相対変位に対する抵抗を増して戻り回転を防止する．

このような機能を持つゆるみ止め部品の例を図 3.16 に示す．ゆるみ止めの効果は使用条件によるので十分考慮して選択する必要がある．また，例えばダブルナットによるゆるみ止めを行う場合でも，効果を発揮するには適切な作業方法が必要となる．

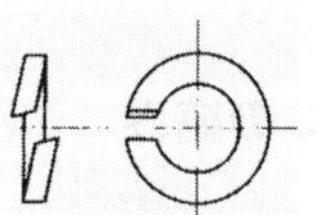

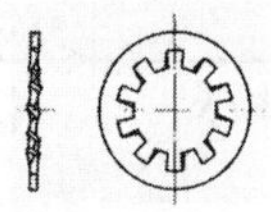

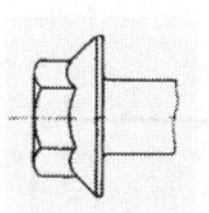

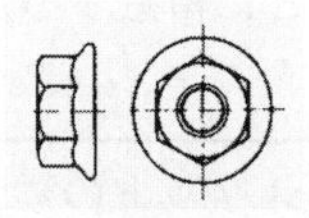

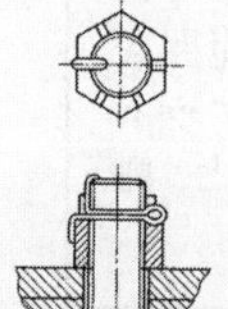

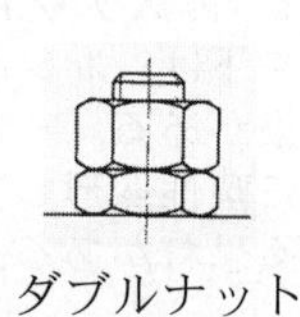

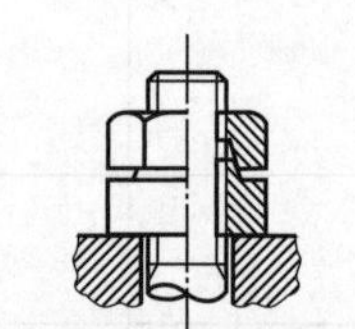
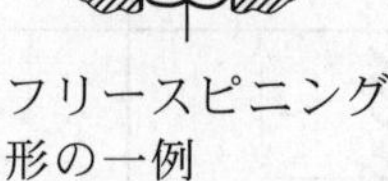

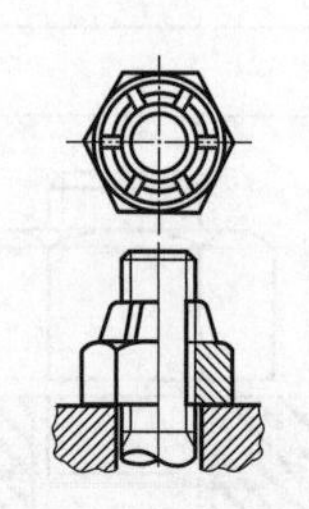

図 3.16　各種のゆるみ止め部品

3・3　運動用ねじ（送りねじ）(feed screw)

送りねじは，回転運動を直線運動に変換して，対象物の位置を移動させる目的から半導体製造用露光装置などの高精度の位置決めを必要とする分野に至るまで，広く用いられている．送りねじは，一般にねじ軸とナットにより構成され，ねじ軸とナットは自由度1の対偶をなしているので回転角が決まればそれに応じた軸方向の変位が決まる．

3・3・1　送りねじの種類と使用法 (kinds of the feed screw and usage)

送りねじには，ねじ軸とナットの接触状態により表3.7のように3種類に分類される．また，各種ねじの断面を図3.17に示す．

表3.7　送りねじの種類

ねじとナットの接触状態	種類
すべり接触 (sliding contact)	四角ねじ，修正角ねじ，のこ歯ねじ 台形ねじ，三角ねじ
転がり接触 (rolling contact)	ボールねじ，ローラねじ
非接触 (non contact)	静圧ねじ（油圧，空気圧） 磁気ねじ

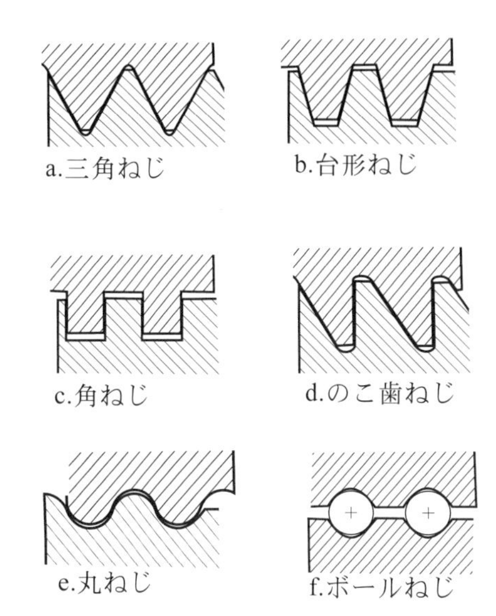

図3.17　各種ねじの断面

送りねじ系を設計するときに考慮しなければならないことを述べる．通常は，ねじ軸を回転させ，ナットは回転せずねじ軸方向へ移動する方式で使用することが多い（これを正作動という）．この場合には，ねじ軸の危険速度と座屈荷重が問題となる．逆にねじ軸を固定しナットを回転させる場合（これを逆作動という）は，ねじ軸の座屈荷重だけが問題となる．これら危険速度や座屈荷重は，ねじ軸の諸寸法や取付け条件などに依存する．その他に以下の設計因子を考慮する．

① ロストモーション (lost motion)：ある位置への正の向きでの位置決めと負の向きでの位置決めによる両停止位置の差が生じる現象であり，遊びや，ねじりトルクによるねじ軸の弾性ねじれと軸方向荷重によるねじ軸の弾性伸縮などが原因となって発生する．

② 熱膨張：ナットがねじ軸のある範囲を繰返し往復することによって摩擦熱が発生し，ねじ軸が軸方向に膨張する．

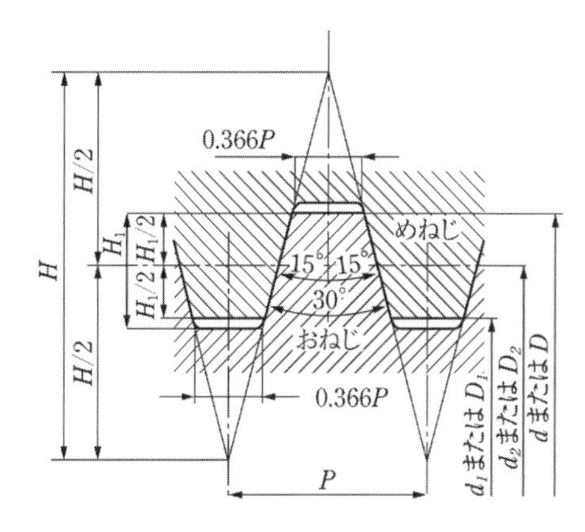

$H = 1.866P$　$d_2 = d - 0.5P$
$H_1 = 0.5P$　$d_1 = d - P$
$D = d$　$D_2 = d_2$　$D_1 = d_1$

図3.18　メートル台形ねじの基準山形（文献(3)より引用，JIS B 0216に基づく）

次に，ねじの効率について説明する．送りねじの仕事の効率は，摩擦によるエネルギー損失によって決まる．ねじに外部から与えたエネルギーE_{in}は，その一部が摩擦によるエネルギーロスとなって消費され，残りが外部になす有効な仕事量E_{out}となる．このとき，次式に示すηをねじの効率という．

$$\eta = \frac{\text{ねじから外部になされる有効仕事}}{\text{ねじに入力されるエネルギー}} = \frac{E_{out}}{E_{in}} = \frac{WP}{W\pi d_p \tan(\rho+\beta)} \tag{3.17}$$

ここで，荷重Wが負荷されたねじを1回転させて，Wを持ち上げることを考える．ねじを1回転させるに必要なエネルギーE_{in}は

$$E_{in} = F\pi d_p = W\tan(\rho+\beta)\pi d_p \tag{3.18}$$

図 3.19　すべりねじの応用例
（旋盤の送りねじ）

図 3.20　ボールねじの構造
（提供：日本精工（株））

図 3.21　ボールねじ

図 3.22　ボールねじの使用例
（たて型フライス盤）

図 3.23　2 条ねじ

また，1 回転によって荷重 W になされた仕事 E_{out}（位置エネルギの増加分）は，ねじのピッチを P とすれば，

$$E_{out} = WP \tag{3.19}$$

よって，ねじの効率 η は，式(3.17)に式(3.18)と(3.19)を代入し $P / \pi d_p = \tan\beta$ であることを考慮すれば，以下のようになる．

$$\eta = \frac{\tan\beta}{\tan(\rho + \beta)} \tag{3.20}$$

a.　滑りねじ（参考 $\eta \leq 0.5$ 程度）

滑りねじ (sliding screw) は，おねじとめねじの滑りによって力を伝達するねじである．ほとんどの場合，ねじ山形は台形ねじが使用される．図 3.18 にメートル台形ねじ (metric trapezoidal screw threads) の基準山形を示す．また図 3.19 には，滑りねじの応用例を示す．（規格 JIS B 0216-1～3 : 2013）

製作は容易であるが，ねじ軸とナットのねじ面のすべり摩擦のため摩擦が大きい．そのため，セルフロック*が可能である反面，磨耗が大きく，ねじの効率は 50％程度でありボールねじに比べてエネルギー損失が大きい．

（＊　ナットに軸方向の負荷が作用しても，おねじとめねじが相対的に回転しないこと．これをねじの自立条件という．）

ねじの効率について：台形ねじや角ねじは，三角ねじに比べて同じ軸力に対するねじ面直角力が小さくなるので，ねじの効率が高い．

b.　ボールねじ（参考 $\eta \geq 0.9$ 程度）

ボールねじ (ball screw) は，図 3.20 と図 3.21 に示すようにおねじのねじ溝とめねじのねじ溝を対向させてできるらせん状の空間に鋼球を入れたねじである．ナットの一端から出た鋼球はナット本体の穴またはナットの外部に取付けた管の中を通ってふたたびナット他端のねじ溝入り口に戻され，ボールが循環する．使用例を図 3.22 に示す．

すべり接触の送りねじに比べて見かけの摩擦係数がきわめて小さく (0.005 以下)，ねじの効率は 90％以上であり，疲れ寿命はころがり軸受と同様に計算によって予測することができる，などの優れた特徴がある．摩擦係数が小さいので，回転運動を直線運動に変換するばかりでなく，逆に直線運動を回転運動に変換する場合にも応用することができる．

ボールねじの規格は，JIS B 1192 に用語の定義，種類および等級，軸径とリードの組合せ，リード精度，ねじ軸とナット各部の取付部精度，基準トルク変動率の許容域などの品質に関わる精度，ねじ軸およびナットなどの材料，製造社名や製造番号表示などが規定されている．

ボールねじの使用環境は，機械の高速化に伴い，小型化，ハイリード化する傾向にある．ボールねじは，精密工作機械，測定器，FA 機器などの精密位置決め用の送りねじとして使用される．ねじの呼び径が 3mm の精密ミニチュアボールねじから，250mm の超大型のボールねじまで，寸法と精度が標準化されたものが量産されている．ボールねじの使用環境は，機械の高速化に伴い，小型化，ハイリード化する傾向にあり，過酷になっている．また，軸方向の移動速度を上げるために，図 3.23 のように 2 条ねじ (double start screw)

を用いることが多い．

ボールねじのねじ軸とナットの間の軸方向すきま（バックラッシ）の低減や軸方向荷重に対する剛性を高めるために，ボールねじに予圧 (preload) を与えることが多い．予圧を与える方法には，一対のナットの間にシム（薄いスペーサ）やばねを挿入して相互に軸方向に変位させる方法（ダブルナット予圧方式）やボールのねじ溝よりわずかに大きい直径の鋼球（オーバーサイズボール）を挿入する方法などがある．

しかし，過大な予圧はボールねじの寿命低下や発熱によるボールねじの膨張により，位置決め精度が低下する原因となるので注意が必要である．

c. 静圧送りねじ

静圧送りねじ (hydrostatic thread) は，図 3.24 のように，おねじとめねじのすきま（リセス recess）に高圧の流体を供給し，そこに形成される流体膜を介してスラスト力を伝達する構造となっている．ねじ面同士の固体接触がないため，摩擦力が小さく長寿命である．

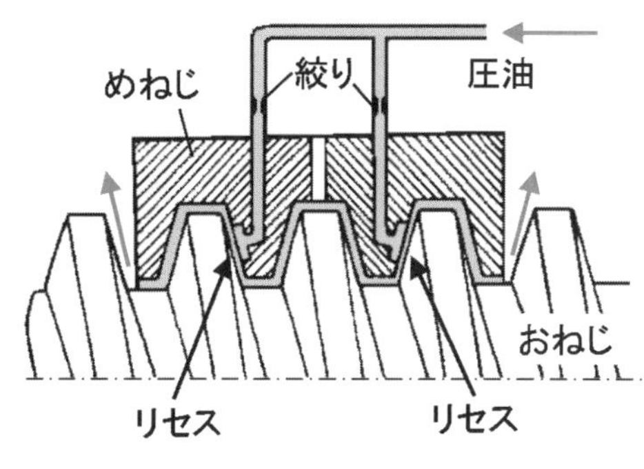

図 3.24　静圧送りねじの構造

作動流体として油を用いたものは高い剛性が得られ，さらに油の粘性による減衰効果がある．一方，空気を用いたものは剛性を得るためにはすきまを小さくする必要があり，油を用いたものよりさらに高い加工精度が要求され，製作も困難であるが，雰囲気を汚染する心配がないという長所から今後の実用化が期待されている．

以下に，油を用いた静圧送りねじについて特徴をまとめる．

① 回転トルクはボールねじに比べても格段に小さい．

② 微細な送りでも高い精度が得られる．

③ ねじ軸とナットが広い面で油膜を介して結合しているため，ねじ精度が平均化され高い送り精度を得ることができる．

④ ねじ軸とナットの間に金属接触がないため，寿命は半永久的である．

静圧送りねじの原理は，静圧スラスト軸受と同じであり，図に示すように静圧スラスト軸受をナットのねじ面にねじ状に配置したものと考えればよい．そこには，ねじ状にポケット（＝リセス）を設け，おねじのねじ面との間に流れる圧油によってスラスト力をうけるものである．

3・3・2　送りねじによる運動変換 (motion converting with the feed screw)

以下にボールねじの応用例を示す．

a. 自動車のステアリング装置

ハンドルに結合されているボールねじの軸を回転させると，ナットが直線運動し，ナットの外周に設けられたラック歯とギヤとがかみ合うことによって自動車を操舵する機構を駆動する（図 3.25）．ボールねじの効率が高いので，ハンドル操作が軽く追従性や復元性に優れている．ただし，近年はラック＆ピニオン式も多く用いられている．

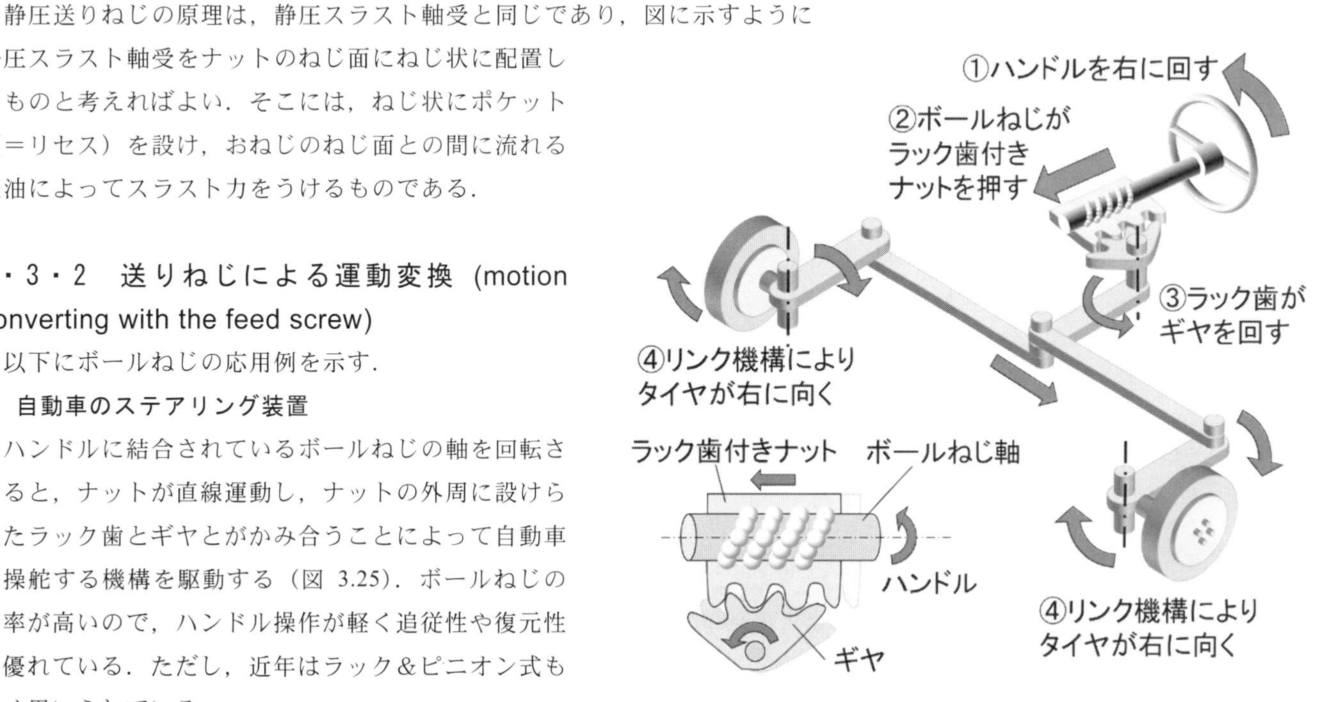

図 3.25　ステアリング装置

b. 組立てロボット

材料の供給や製品の取出し，製品の自動組立て，製品の検査，仕分け，箱詰め工程の自動化などで，直線運動が要求される場合に用いられる．これらの位置決めにはボールねじ軸による送り機構が用いられ，各軸に直結したステッピングモータで駆動することにより，高効率でかつ高い制御性をもつ．

c. 重量物移動用装置

重量物の昇降や左右の移動用に使用され，特に効率面での効果が高い．しかし低摩擦のために，通常の送りねじのようなセルフロック性はないことが多い．

d. X-Y ステージ

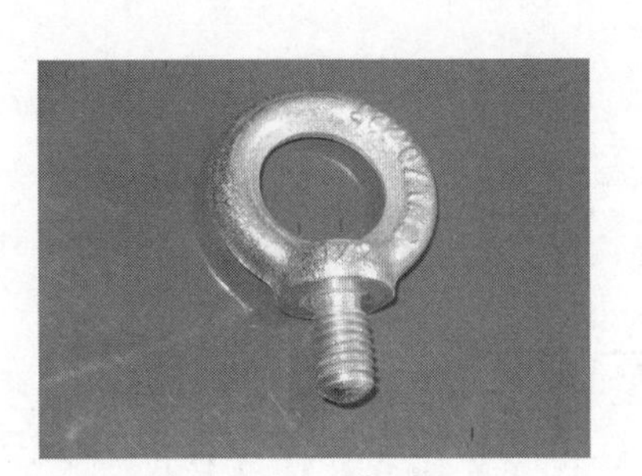

図 3.26　アイボルト

電子ビーム描画装置，縮小投影露光装置のテーブルの高精度位置決めに使用される．送りねじでありながら高速位置決めも可能であり，生産性にも貢献する．

e. 航空機

翼の作動装置（フラップの作動），脚の出し入れ装置などに使用される．転動体を用いるために，効率ばかりではなく，潤滑油の温度に依存する摩擦抵抗の変動が少ないことも用いられる理由である．

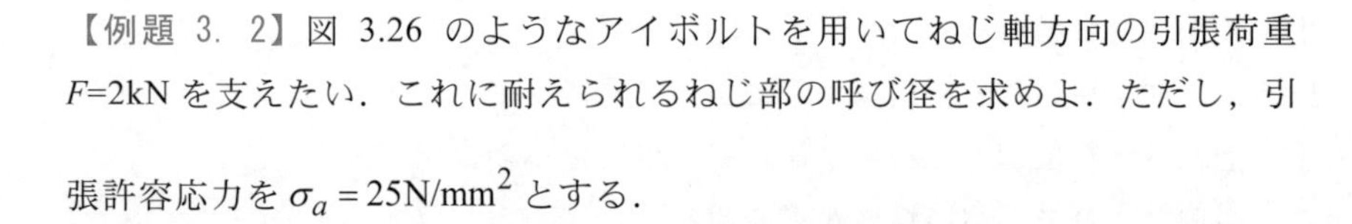

【例題 3. 2】図 3.26 のようなアイボルトを用いてねじ軸方向の引張荷重 F=2kN を支えたい．これに耐えられるねじ部の呼び径を求めよ．ただし，引張許容応力を $\sigma_a = 25\text{N/mm}^2$ とする．

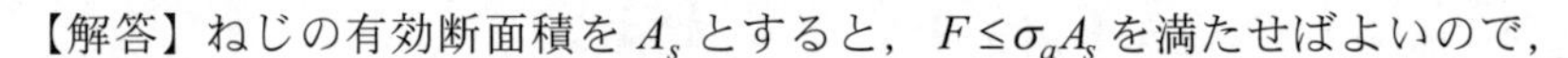

【解答】ねじの有効断面積を A_s とすると，$F \le \sigma_a A_s$ を満たせばよいので，

$$\frac{F}{\sigma_a} \le A_s . \qquad ここで，\frac{F}{\sigma_a} = \frac{2000}{25} = 80\text{mm}^2$$

よって，$80 \le A_s$ を満たす A_s を選べばよい．規格の A_s で近いものから，M12（$A_s = 84.3\text{mm}^2$）と決定する．

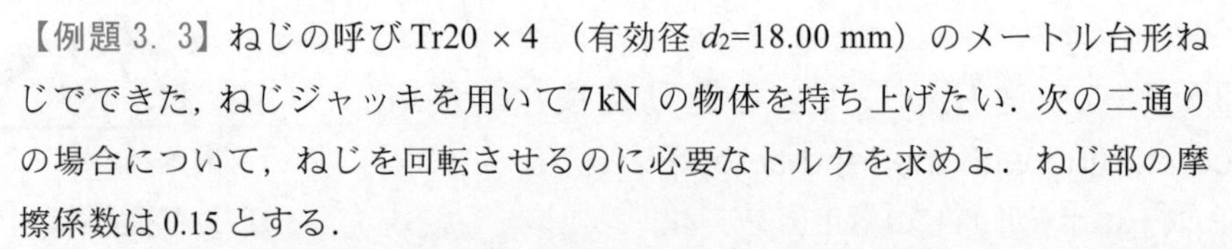

【例題 3. 3】ねじの呼び Tr20 × 4（有効径 d_2=18.00 mm）のメートル台形ねじでできた，ねじジャッキを用いて 7kN の物体を持ち上げたい．次の二通りの場合について，ねじを回転させるのに必要なトルクを求めよ．ねじ部の摩擦係数は 0.15 とする．

a) スラストカラー部の摩擦が無視できる場合

b) スラストカラー部の摩擦が無視できない場合（ここで，スラストカラー部の摩擦係数は 0.20 とし，平均摩擦円直径を 24mm とする．）

【解答】Tr20 × 4 の仕様は $\alpha = 15^\circ$，d_2=18.00 mm，P=4 mm である．

また $W = 7\text{kN}$,　$\mu_s = 0.15$,　$\mu_t = 0.20$,　$\mu_s' = \dfrac{\mu_s}{\cos\alpha}$,　$\rho' = \tan^{-1}\mu_s'$

a) ねじ部のトルク T_s

$$T_s = \frac{d_2}{2} W \tan(\rho' + \beta)$$

ここで，$\rho' = \tan^{-1}\left(\dfrac{\mu_s}{\cos\alpha}\right) = \tan^{-1}\left(\dfrac{0.15}{\cos 15^\circ}\right) = 8.827^\circ$

$$\tan\beta = \frac{P}{\pi d_2} \text{ より，} \beta = \tan^{-1}\left(\frac{P}{\pi d_2}\right) = \tan^{-1}\left(\frac{4}{\pi\times 18}\right) = 4.046^\circ$$

$$\therefore T_s = \frac{18}{2}\times 7\times 10^3 \times \tan(8.827^\circ + 4.046^\circ) = 14.398\,\text{Nm}$$

b) スラストカラー部の摩擦によるトルク T_t は，

$$T_t = \mu_t W \frac{d_t}{2} = 0.20\times 7\times 10^3 \times \frac{24}{2} = 16.800\,\text{Nm}$$

よって，全体のトルク T は，$T = T_s + T_t = 31.198\,\text{Nm}$

【例題 3．4】例題 3. 3 a) b)の場合に，ねじの効率 η はいくらになるか．

【解答】a) スラストカラー部の摩擦が無視できる場合，式(3.20)から η を求める．

$$\tan\beta = \frac{P}{\pi d_2} = \frac{4}{\pi\times 18} = 0.0707\,,\quad \beta = \tan^{-1}\left(\frac{P}{\pi d_2}\right) = 4.046^\circ\,,$$

$\rho = \tan^{-1}\mu = \tan^{-1} 0.15 = 8.531^\circ$　となるので，

$$\therefore \eta = \frac{\tan\beta}{\tan(\rho+\beta)} = \frac{0.0707}{\tan(8.531^\circ + 4.046^\circ)} = 0.317$$

b) スラストカラー部の摩擦を無視できない場合

この場合は，式(3.17)における E_{in} は，$E_{in} = W\tan(\rho+\beta)\pi d_2 + \mu_c W \pi d_c$ となる．ここで，μ_c，d_c はカラーの摩擦係数と平均摩擦円直径を表す．したがって，式(3.20)のかわりに次式が成立つ．

$$\therefore \eta = \frac{WP}{W\tan(\rho+\beta)\pi d_2 + \mu_c W\pi d_c}$$
$$= \frac{P}{\pi\{\tan(\rho+\beta)d_2 + \mu_c d_c\}} = \frac{4}{\pi\{(\tan 12.577^\circ)\times 18 + (0.2\times 24)\}} = 0.144$$

【例題 3．5】ターンバックル（図 3.3）において，張力 F が作用したときに自然にゆるまないための条件（これをねじの自立条件と呼ぶ）を求めよ．ここで，ねじは三角ねじ（ねじ山半角 α）で，リード角を β とする．また，$\beta = 3.5^\circ$，$\alpha = 30^\circ$ のとき，ゆるまないための摩擦係数の条件を求めよ．

【解答】ターンバックルに軸方向の張力 F が作用しているとき，ゆるめるために必要なトルク T_l は，はめあいねじ部が 2 か所あるので，

$$T_l = 2\frac{F}{2} d_2 \tan(\rho' - \beta) \tag{3.21}$$

と表される．ここで，ターンバックルが自然にゆるまないためには，式(3.21)において $T_l \geq 0$ となることだから，

$$\tan\left(\rho' - \beta\right) \geq 0$$

$$\therefore \tan\rho' \geq \tan\beta$$

これより，$\mu \geq \cos\alpha' \tan\beta$　　(3.22)

また，$\alpha' \approx \alpha$ なので実用上は式(3.22)の代わりに

$$\mu \geq \cos\alpha \tan\beta \tag{3.23}$$

を用いてもさしつかえない．

よって，$\beta = 3.5°$，$\alpha = 30°$ のとき，ゆるまないための摩擦係数の条件は，式(3.23)から，$\mu \geq 0.053$ となる．

【例題 3. 6】M12 のねじを用いたターンバックルについて，ゆるまないための摩擦係数の条件を求めよ．

【解答】M12 の並目ねじの場合は，ピッチ P=1.75mm，有効径 d_2=10.863mm なので，リード角 β は，$\tan\beta = \dfrac{P}{\pi d_2} = \dfrac{1.75}{\pi \times 10.863}$

$$\tan\alpha' = \tan\alpha\cos\beta$$

$$\therefore \alpha' = \tan^{-1}\left(\tan\alpha\cos\beta\right) = \tan^{-1}\left(\tan 30°\cos 2.935°\right) = 29.967°$$

よって，式(3.22)から，

$$\tan\beta\cos\alpha' = \frac{1.75}{\pi \times 10.863}\cos 29.967° = 0.0444 < \mu$$

したがって，μ は 0.044 以上であれば自立条件を満たす．

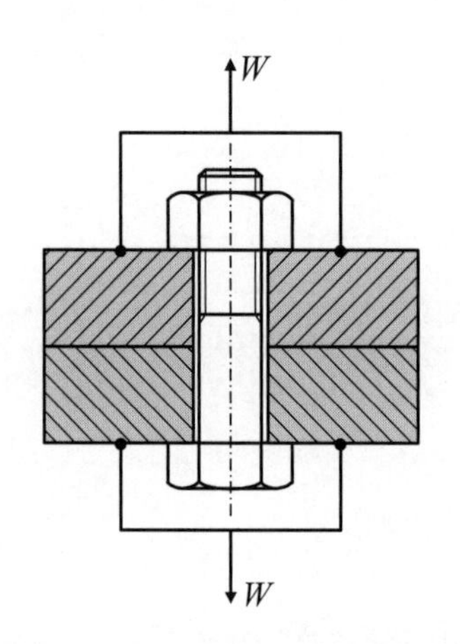

図 3.27　軸方向引張り外力が作用するボルト締結体

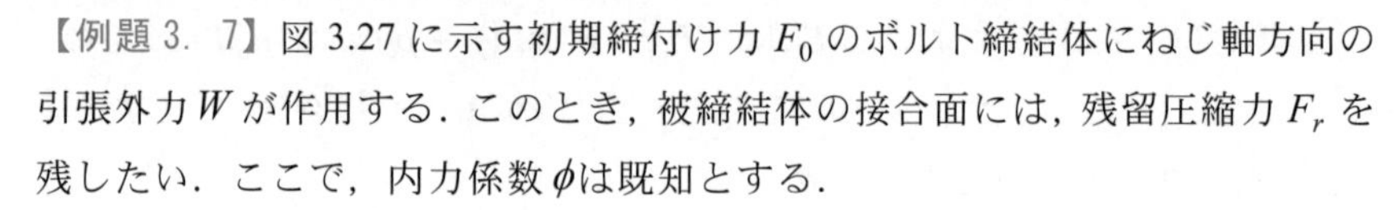

【例題 3. 7】図 3.27 に示す初期締付け力 F_0 のボルト締結体にねじ軸方向の引張外力 W が作用する．このとき，被締結体の接合面には，残留圧縮力 F_r を残したい．ここで，内力係数 ϕ は既知とする．

a) 以上の状態を締付け線図を用いて表せ．

b) 外力 W を求めよ．(ヒント：W は F_0，F_r，ϕ の関数になる)

c) このときボルトに発生する軸力 F_m を求めよ．(ヒント：W は F_0，F_r，ϕ の関数になる)

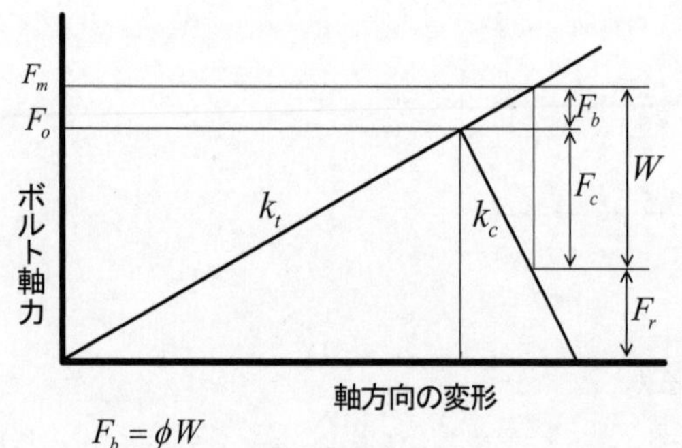

$F_b = \phi W$

$F_c = (1-\phi)W$

図 3.28　締付け線図

【解答】a) 図 3.28 参照．これを参考にして，以下の解 b)と c)を得る．

b) $F_r = F_o - F_c = F_o - (1-\phi)W$

$$\therefore W = \frac{F_o - F_r}{1-\phi}$$

c) $F_m = F_o + F_b = F_o + \phi W = F_o + \dfrac{\phi}{1-\phi}\left(F_o - F_r\right)$

$$\therefore F_m = \frac{F_o - \phi F_r}{1-\phi}$$

【例題 3. 8】M10, 強度区分 10.9 のねじについて, 以下の問いに答えよ．

a) 単純引張りの降伏軸力を求めよ．

b) ねじを締付けるとき，ねじ面の摩擦係数が $\mu = 0.12$ であれば降伏軸力はい

くらになるか．

【解答】a)　$F_{fy}=\sigma_y A_s$ =54.5kN

ここで，$\sigma_y=940\text{N/mm}^2$，$A_s=58\text{mm}^2$

b)　$$\sigma=\frac{4F_f}{\pi d_s^2}=aF_f \tag{3.24}$$

ここで，$a=\dfrac{4}{\pi d_s^2}$

$$\tau=\frac{16T_{sf}}{\pi d_s^3}=bT_{sf}=bcF_f\,, \tag{3.25}$$

ここで，$b=\dfrac{16}{\pi d_s^3}$，　$c=\dfrac{d_2}{2}\tan(\rho'+\beta)$

$$\sigma^2+3\tau^2=\sigma_y^2 \tag{3.26}$$

式(3.24), (3.25)を式(3.26)に代入して，

$$F_f=\frac{\sigma_y}{\sqrt{a^2+\left(\sqrt{3}bc\right)^2}}=44.6\text{kN}$$

ここで，P=1.5mm，$d_2=9.026\text{mm}$，$\alpha=30°$，μ=0.12，また d_s は

$A_s=\dfrac{\pi d_s^2}{4}$ から求めている．

第３章の参考文献

(1)　山本晃，ねじ締結の理論と計算，(1972)，養賢堂．

(2)　山本晃，ねじのおはなし，(1990)，日本規格協会．

(3)　日本機械学会編，機械工学便覧デザイン編β4 機械要素・トライボロジー，(2005)．日本機械学会．

(4)　日本ねじ研究協会編，新版ねじ締結ガイドブック，(2004)．

(5)　酒井智次，ねじ締結概論，(2001)，養賢堂．

(6)　M.F.SPOTTS, Design of Machine Elements, (1960), MARUZEN.

(7)　石川二郎編，機械設計全書１　機械要素設計，(1965)，近代工学出版．

(8)　益子正巳，最新　機械設計，(1966)，養賢堂．

(9)　川田正秋訳，ボッシュ　機械要素，(1943)，コロナ社．

(10)　吉沢武男編，大学演習　機械要素設計，(1988)，裳華房．

(11)　吉本勇，大学講義　機械要素，(1986)，丸善．

(12)　吉本勇，大学講義　機械設計，(1985)，丸善．

(13)　田村修，ねじの知識，(2008)，養賢堂．

(14)　渡辺彬，武田定彦，ねじの基礎，(2000)，パワー社．

(15)　春日井晶子訳，ねじとねじ回し，(2003)，早川書房．

(16) 門田和雄，暮らしを支える「ねじ」のひみつ，(2009)，ソフトバンク クリエイティブ．

(17) J. H. Bickford, An Introduction to The Design and Behavior of Bolted Joints, 1981, Marcel Dekker, Inc. VDI 2230 (1977), Systematische Berechnung hochbeanspruchter Schraubenverbindungen, VDI Verlag, p8（訳：日本ねじ研究協会 (1982) 高強度ねじ結合の体系的計算法，日本ねじ研究協会）

(18) 吉本勇，JIS 使い方シリーズ，ねじ締結体設計のポイント改定版，(2002)，日本規格協会．

(19) JIS B 0101, JIS B1119, JIS B1170, JIS B1189, JIS B1190, JIS B1251

第４章
構造材の締結
Joining of Structural Materials

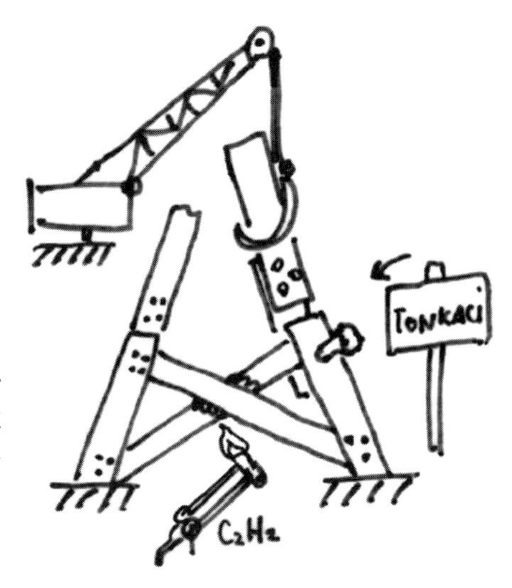

ねじやリベットによる締結は機械的結合(mechanical joining)ともいわれ，点による結合，溶接は冶金的あるいは材質的結合であり線による結合，接着は化学的結合で面による結合ということができる．それぞれの特性を理解して使い分ける必要がある．

4・1　ボルトによる摩擦接合継手 (bolted Joint)

参考１【摩擦接合継手の名称】
摩擦接合継手は継手の種類を指し，橋梁設計等では一般的な名称であるが，機械要素系では摩擦接合は摩擦圧接接合を指す場合が多い．名称が非常に紛らわしいので注意が必要である．

ボルトによる摩擦接合は，橋梁をはじめとする各種構造体の接合やフランジ継手等の軸継手等に多用されている．これはボルトで接合材を締付けた際に生じる圧縮力によって得られる接合材間の摩擦で応力を伝達するものであり応力集中が少ないのが特徴である．また摩擦力を超える力が加わりすべりが発生するまでは，接合面でずれが生じないため，高い剛性が確保される特徴を持っている．これらの圧縮力と摩擦の関係は第３章で述べたように，ねじ締結により発生するボルト軸力の反力と結合部の摩擦に発生する摩擦力により求められる．図 4.1 にボルトにより構造体を接合した例とボルト締付力を利用して摩擦力を発生させトルクを伝達するフランジ軸継手の例を示す．

構造体接合については，第３章の締付線図で述べた被締結体に発生する発生力と被締結体間での摩擦係数より求められる摩擦力で保持されていることから，本章ではこの特性を利用した軸継手について述べる．

フランジ軸継手は各軸端にフランジを固定し，この対向して配置されたフランジをボルトによって締結したものである．フランジ材質は一般的には鋳鉄が用いられるが，荷重の大きいものや衝撃の多い部分には鋳鋼や鍛鋼が用いられる．

このフランジ軸継手にトルク T の伝達トルクが作用した場合，まず摩擦によりトルクが伝達される．このときのボルト締付力 Q，ボルト本数を n，フランジ間の摩擦係数 μ，摩擦面の平均直径 d_2 とした場合，伝達トルクとの関係は式(4.1)で与えられる．なお締付力は第３章で示した式を用いており，また均等に発生するものとしている．

$$T = \mu Q n \frac{d_2}{2} \tag{4.1}$$

摩擦係数は資料によりまちまちであるが 0.1～0.3 で用いることが多い．

更にこの摩擦伝達トルクを超えた場合は，締結しているボルトにせん断力が作用する．このときの超過したトルク T_b，ボルト直径 d_0，ボルト取付ピッチ円直径 d_1，ボルトのせん断応力 τ とすれば，超過したトルクとの関係は式（4.2）で与えられる．

a)　構造体接合の例

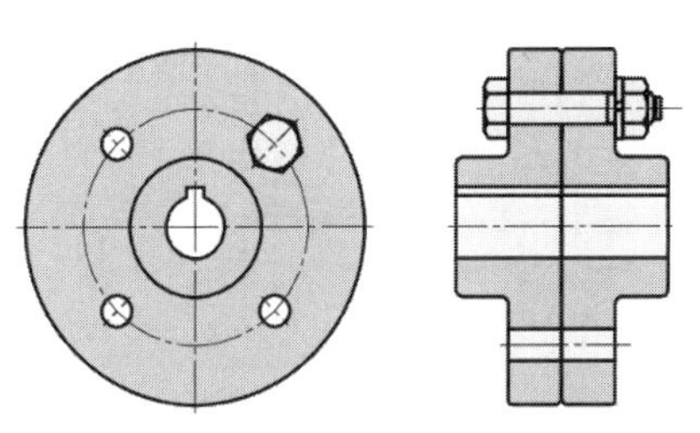

b)　フランジ軸継手
（提供：鍋屋バイテック会社）

図 4.1　ボルトによる摩擦接合継手の例

$$T_b = \frac{\pi}{4} d_0^2 n \frac{d_1}{2} \tau \tag{4.2}$$

4・2　リベット継手 (riveted Joint)

図 4.2　リベット継手の例
（東京タワー）

リベット継手は図 4.2 のように，複数の板を重ね合わせ，あらかじめ加工した穴にリベットを通してリベットに塑性変形を与えて固定する永久的な締結方法である．この固定作業を一般的にかしめ(calking)と呼ぶ．リベット継手は表 4.1 に示すような分野で使用されることが多い．近年はその他の接合技術が発展したことから以前ほど使用されなくなってきているものの，リベット技術の応用であるかしめ加工等は缶ビール等のプルタブ固定をはじめ一般的に用いられている．

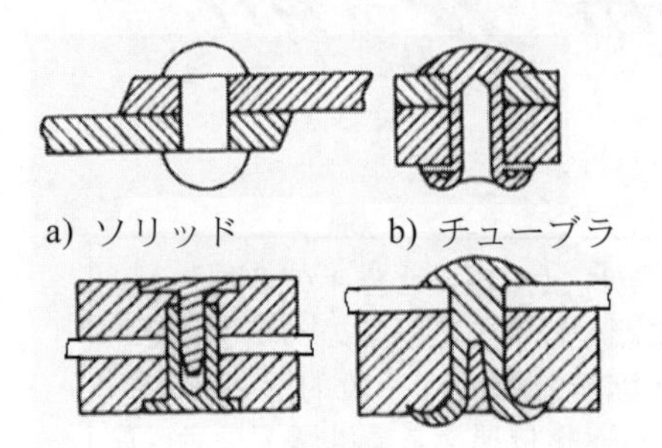

a) ソリッド　b) チューブラ
c) コンプレッション d) スプリット

図 4.3　主なリベットの種類
（文献(1)から引用）

表 4.1　リベット継手の主な使用分野

	要求される機能	具体的な使用例
A	主として力の伝達を目的とする場合	建築構造物，橋梁
B	気密のみ必要な場合	低圧ガスタンク，浅い水槽
C	強さと気密を必要とする場合	ボイラ，圧縮空気タンク
D	薄板の接合	航空機の翼や機体

4・2・1　リベットの種類 (kind of riveted joints)

リベット継手に用いるリベットは主にソリッドリベット(solid rivet)，チューブラリベット(tubular rivet)，スプリットリベット(split rivet)，コンプレッションリベット(compression rivet)，ブラインドリベット(blind rivet)である（図 4.3，4.4 参照）．ソリッドリベットは最も基本的なものであり，固定を確実にするためリベッタという工具を用いて頭をつくることが多い（図 4.5 参照）．またチューブラリベットはソリッドリベットを自動鋲打ち機で用いるために改良されたものであり，リベット中央にガイド穴が設けられている．穴の深さでフルチューブラとセミチューブラに分類されている．一方，コンプレッションリベットは異種材料を挟み込む用途に用いられることが多い．更にスプリットリベットは先端が２つに割れており，自分自身で穴を開けながら締結できるため，木材に薄板を締結するのに用いられる．なおスプリットリベットとブラインドリベットは一方からしか作業ができない場合に用いることができる．ブラインドリベットは図 4.4 にも示すようにプルステム式とドライブピン式がある．

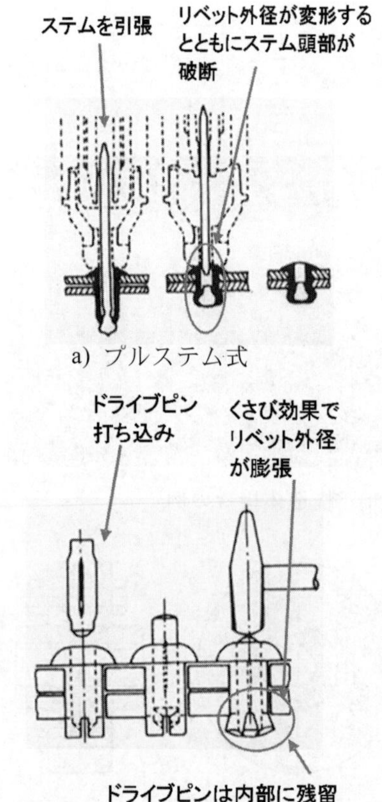

a) プルステム式
b) ドライブピン式

図 4.4 ブラインドリベットによる締結（文献(1)から引用）

これらのリベット締結では，リベットを高温に加熱して行う場合と常温のまま行う場合があるが，加熱リベット締めではリベットが冷却して収縮するのでリベットに初期引張応力が発生し，ねじ締結と似た内力が生じる．そのため継手の設計にあたってはリベットの長さにも注意を要する．またリベット材料は母材と同種のものを使用するのを原則とし，鋼，黄銅，アルミニウムを用いることが一般的である．またかしめ加工やプレス突起かしめ加工といった金属の塑性変形加工も，ソリッドリベット締結とほぼ同じ加工形態を持っている．

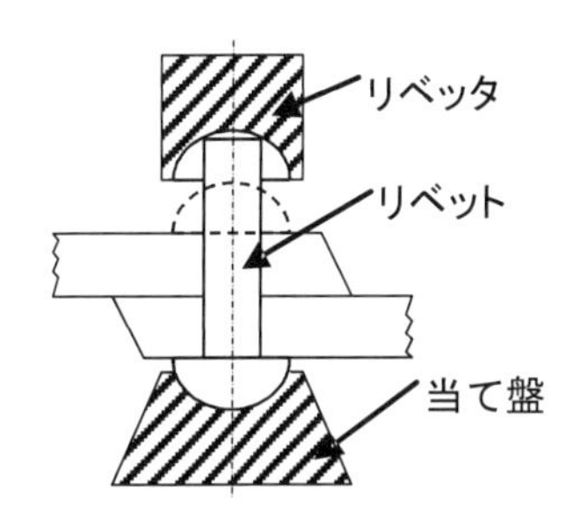

図 4.5　ソリッドリベット打ち作業（文献（1）より引用）

4・2・2　リベット継手の形式 (type of riveted joints)

リベット継手の形式は接続する板の配置から，板を重ねた重ね継手 (lap joint) と，片側もしくは両側に目板を板にあてた突合せ継手 (butt joint) に 2 種類に大別できる（図 4.6 参照）．一方，リベットの配置からみた場合，一列リベット継手と複列リベット継手の分類できる．この複列リベットには千鳥型と平行型がある．

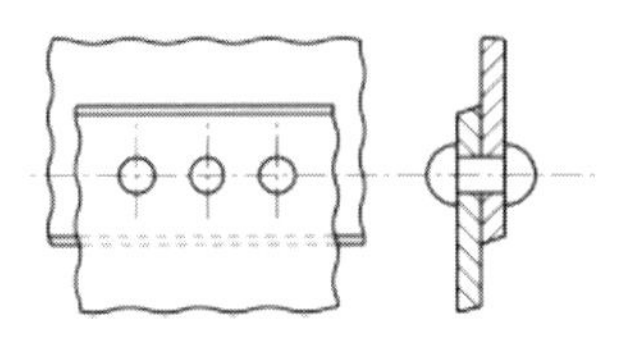

a) 重ね継手（一列配置）

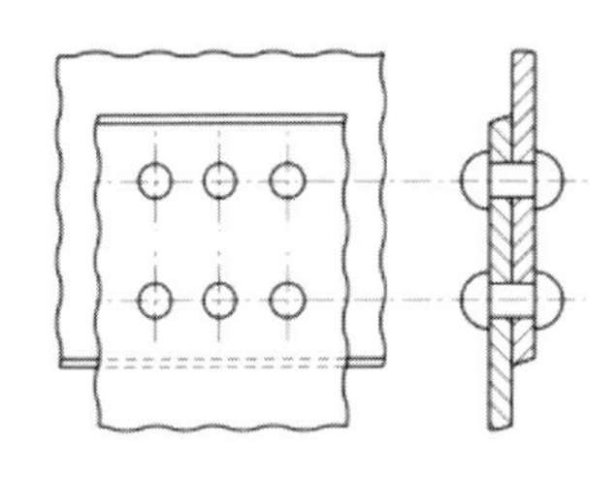

b) 重ね継手 (二列平行配置)

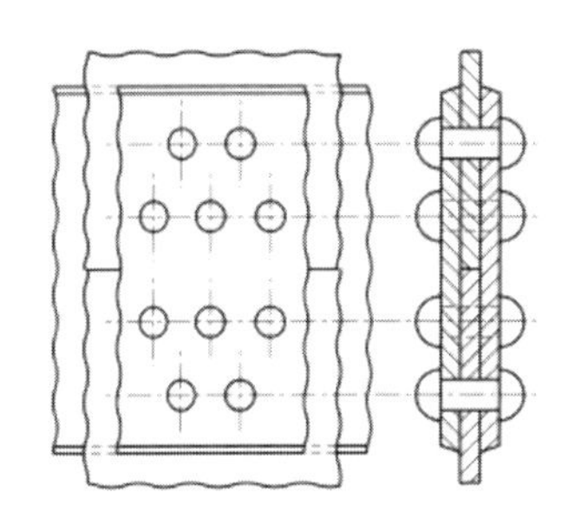

c) 両側目板突合せ継手（二列千鳥配置）

図 4.6　継手の基本形式（文献（1）より引用）

4・2・3　リベット継手の強度設計 (strength design of riveted joints)

一般にはリベット軸部のせん断抵抗で外力を受けるように設計することが多い．一方，リベット継手が破壊に至る過程には次のように考えられ，各種の要因が関わっている．

まずリベットを打ち終えたときの冷却によるリベット胴の引張応力が発生し，板と板の接触面の圧縮力として作用する．このためリベットの軸に直角方向の引張力に対する摩擦抵抗が発生していることになる．次にリベット継手に引張外力が作用した際に，板間のすべり摩擦が外力に負ければ，次には穴とリベット胴とが接触し始める．外力がさらに増加するとリベットと継手に外力が作用し破壊を起こす．その際，主に以下の 5 つの破壊形態(図 4.7 参照)が考えられることから，荷重 P と各許容応力の関係は式(4.3)～(4.9)で与えられる．

(1) リベットのせん断破壊時

$$P=\tau_r \frac{\pi}{4} d^2 \qquad \tau_r \text{：リベットのせん断破壊力} \qquad (4.3)$$

(2) リベットと板の縁との間のせん断破壊時

$$P=2\left(e-\frac{d}{2}\right)t\tau_t \qquad \tau_t \text{：板のせん断破壊力} \qquad (4.4)$$

(3) リベット穴間の板の引張破壊時

$$P=(a-d)t\sigma_t \qquad \sigma_t \text{：板の引張破壊応力} \qquad (4.5)$$

(4) リベット胴あるいは穴の円筒面の圧縮破壊（圧壊）時

$$P=tdp_m \qquad p_m \text{：圧縮破壊応力} \qquad (4.6)$$

(5) 板端の亀裂破壊時

$$P=\frac{\sigma_b'(2e-d)^2 t}{3d} \qquad \sigma_b \text{：板の曲げ強さ} \qquad (4.7)$$

ここで，リベット穴間の板の引張破壊を考えた場合，穴のあいた板の強度と穴のない板の強度の比をリベット継手の効率 η_1 と呼び，図中の諸値を用いて式(4.8)のように表される．

参考２【強度設計におけるリベットの直径とリベット穴径】
リベット継手の強度設計の際にはリベット直径が塑性変形により径方向にも大きくなることを想定して，リベット穴径を用いることが多い．しかし厳密にはリベット穴径まで大きくなるかどうかは不明であるので，リベット自身が破断する場合には加工前のリベット直径を用いて計算するのがより安全側になる．

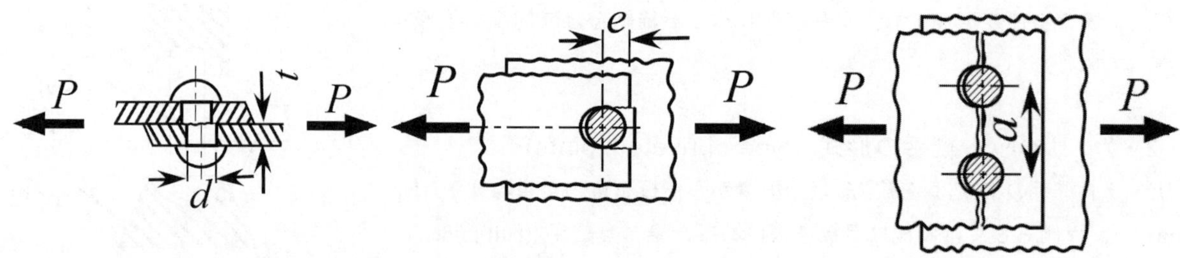

a)　リベットのせん断　　b)　板のせん断　　c)　リベット穴間の切断

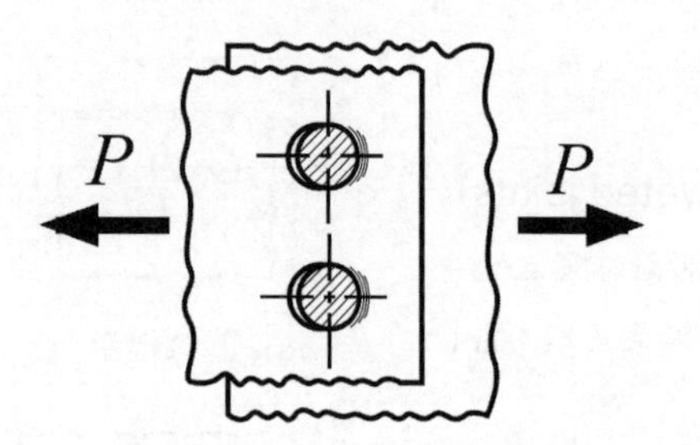

d)　リベット軸又は穴の圧壊

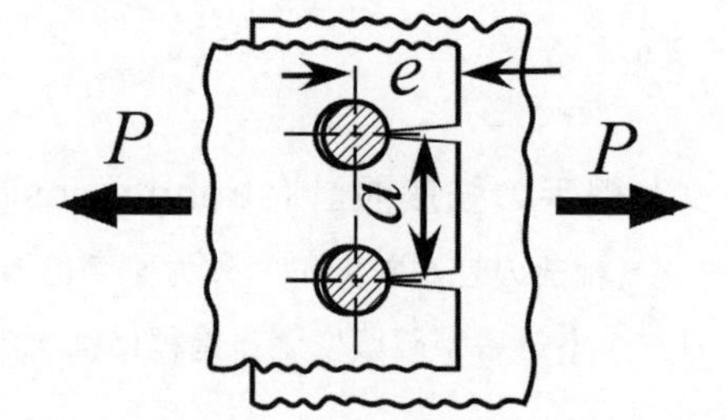

e)　リベットと板端との間の亀裂

図 4.7　継手の主な破壊形態

$$\eta_1 = \frac{(a-d)t\sigma}{at\sigma} = 1 - \frac{d}{a} \tag{4.8}$$

一方，リベットのせん断強さと穴のない板の強度の比をリベットの効率 η_2 と呼び次式のように表される．

$$\eta_2 = \frac{n\frac{\pi}{4}d^2\tau}{at\sigma} \tag{4.9}$$

ここで，n は 1 ピッチ内のリベットのせん断面の数を表す．

> 参考３【板端の亀裂破壊の発生】
> リベットと板端までの最短部に曲げ応力が発生すると亀裂破壊をおこす．このとき板端まで距離を e，P/d の分布荷重が長さ d の両端支持にかかるとすると，板の断面係数 Z，板の曲げモーメント M，はそれぞれ
> $Z = \frac{1}{6}t\left(e - \frac{d}{2}\right)^2$
> $M = \frac{1}{2}\frac{P}{d}\frac{d}{2}\left(d - \frac{d}{2}\right) = \frac{Pd}{8}$
> と表わせることから，亀裂発生時の曲げ強さ σ_b との関係は
> $\sigma_b = \frac{M}{Z}$
> であることから変形することにより式(4.7)を導くことができる．

【例題 4. 1】一列重ね継手において，リベットのせん断破壊と板材の引張り破壊がバランスするようにリベットのピッチを求めよ．ここで，板材の厚さを t，リベットの直径を d，リベット穴径を d_1，リベットのせん断破壊応力を τ，板材の引張破壊応力を σ とする．

【解答】リベットの許容せん断荷重 W_r は

$W_r = \tau \cdot \frac{\pi d^2}{4}$ で表わされ，また板材の許容引張荷重 W_m は

$W_m = \sigma \cdot (p - d_1) \cdot t$ で表わすことができることから，

$W_r = W_m$ とおき，ピッチ p について解くと，

$p = \frac{\tau}{\sigma} \cdot \frac{\pi d^2}{4t} + d_1$ となる．

4・3　溶接継手 (welded Joint)

溶接とは, 2 個以上の母材を接合される母材間に連続性があるように, 熱, 圧力またはその両方によって溶着して一体にする締結方法であり, 近年の接合技術の主力となっている. 応用範囲は, 大は大型タンカー, 深海艇, 長大橋, 超高層ビル, 大型タンク, 原子炉, 宇宙ロケットなどから (図 4.8 参照), 小は集積回路のリードワイヤの接合に至るまで, 広範囲にわたる.

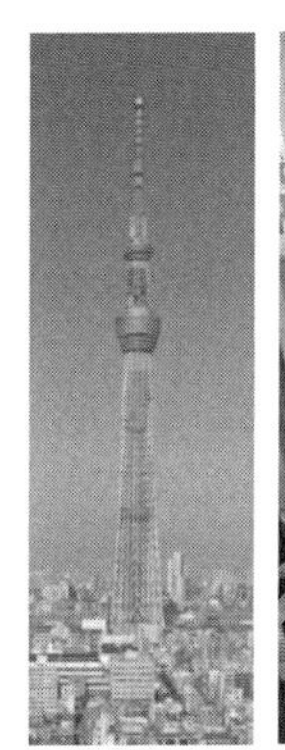

図 4.8　溶接継手の例
（東京スカイツリー）
（提供：(株)日建設計）

溶接を他の接合方法と比べると次のような特徴がある.
長所としては,
(1)　前準備が比較的容易で, しかも接合に要する時間が短い.
(2)　工作物の材質や形状に制限（制約）が少ない.
(3)　気密性がよい.
(4)　結合部（継手）の構造が単純なので構造物全体を軽量化できる.
(5)　継手効率が高い（継手効率：母材の強度に対する結合部の強さの比).
などが挙げられ, 一方短所としては,
(1)　溶接作業の熟練度によって出来上がりに強度のばらつきがある.
(2)　局部的な急加熱, 急冷による残留応力（ひずみ）が割れや変形を起こす.
(3)　母材の性質が溶接熱の熱影響によって変化することがある.
などが挙げられる.

溶接の対象となる母材は炭素鋼のほか, ステンレス鋼やアルミニウム合金など多岐にわたる. また, 溶接方法には, 加圧の有無, 溶加材(filler metal, 溶接中に付加される材料)の有無, 母材を溶融するかしないか, などによって融接(fusion welding), 圧接(welding with pressure), ろう接(brazing and soldering) の 3 種類に分類される. なお溶加材が一体化した部分を溶着部と呼ぶ (図 4 .9 参照).

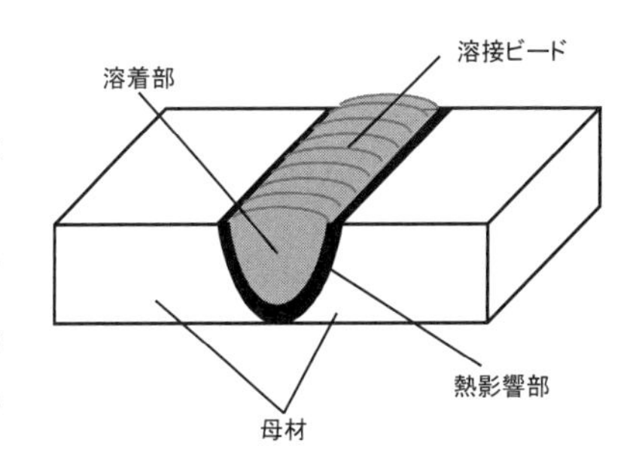

図 4.9　溶接部の基本名称

4・3・1　融接 (fusion welding)

融接は母材の接合部分を溶融して機械的圧力を加えずに接合する方法で, 通常, 溶加材を使用する. 熱源にはアーク, ガス, ジュール熱, レーザ, 電子ビームなどがあり, 用途や材質により様々な方法が開発されている.

a.　アーク溶接 (arc welding)

母材と金属電極との間にアーク放電(electric arc)を発生させその際の高熱によって母材の一部が溶けると同時に溶接棒自身も先端より溶け落ちて母材と融合し接合する方法である. この方法は古くから発達したもので, 設備費が少なく, 容易な接合方法として, 構造用鋼をはじめ各種の金属に用いられている. 特に 60° V 字開先（後述）の JIS 規格は被覆棒直径 4mm のものの溶け込み状態から決定されている.

(1)　被覆アーク溶接 (manual metal-arc welding)

被覆アーク溶接棒を用いて行う溶接. 単に手溶接ともいう. 被覆アーク溶接は鋼材に用いられ, 溶接棒は電極であると同時に溶け落ちて母材と融合する. この溶接棒(metal-arc welding rod) は心線とその周囲に塗布された被覆材 (flux) とで構成されている (図 4.10 参照). またアーク放電を発生させるた

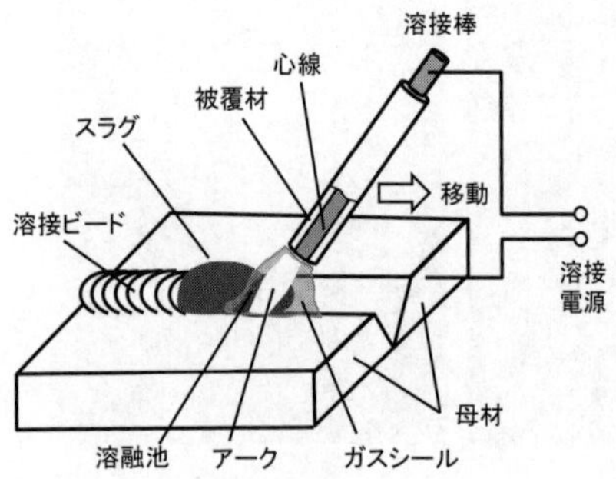

めには高電圧直流電源を用意すれば良い.

(2) ガスシールドアーク溶接 (gas-shielded metal-arc welding)

外部から供給されるシールドガスによって，アーク及び溶融部を大気から遮へいすることにより放電を安定させ，溶融金属を酸化させないようにする溶接方式である（図 4.11 参照）. 溶接トーチ（ガス供給先端部と溶接棒供給先端を含む工具）から自動で送り出される溶接ワイヤと母材の間でアークを発生させる溶極式と電極が非消耗の非溶極式がある.

溶接棒
心線
被覆材
スラグ
移動
溶接ビード
溶接電源
母材
溶融池
アーク
ガスシール

図 4.10 被覆アーク溶接

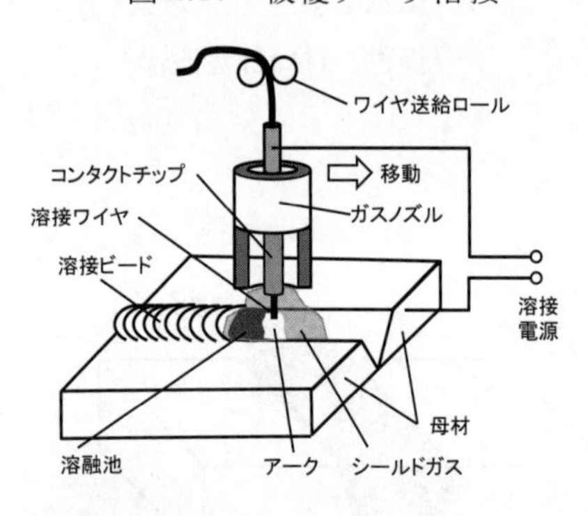

図 4.11 ガスシールドアーク溶接

(a) マグ溶接 (MAG welding, Metal active gas welding)

炭酸ガス，アルゴンと炭酸ガスとの混合ガスなどの活性のシールドガスを用いる溶極式溶接方法で，安価であり一般構造用圧延鋼材やステンレス鋼に用いられる.

(b) ミグ溶接 (MIG welding, Metal inert gas welding)

アルゴン，ヘリウムなどの不活性ガス(inert gas)でシールドする溶極式溶接方法であり，チタン合金，アルミニウム，銅等に用いられる.

(c) ティグ溶接(TIG welding, Tungsten inert gas welding)

電極に非消耗のタングステン(tungsten)を用い，シールドガスに不活性ガスを用いて行う非溶極式溶接方法である（図 4.12 参照）. アークに供給する溶加材（溶接ワイヤ）を母材と合わせることにより，各種金属に適用できる. 特に高品質のものや極薄板溶接に用いられることが多い.

これらの溶接方法の選択は，溶加材の溶け方の違いによる強度，溶接部分の信頼性，コスト，仕上がりの外観等により決定される.

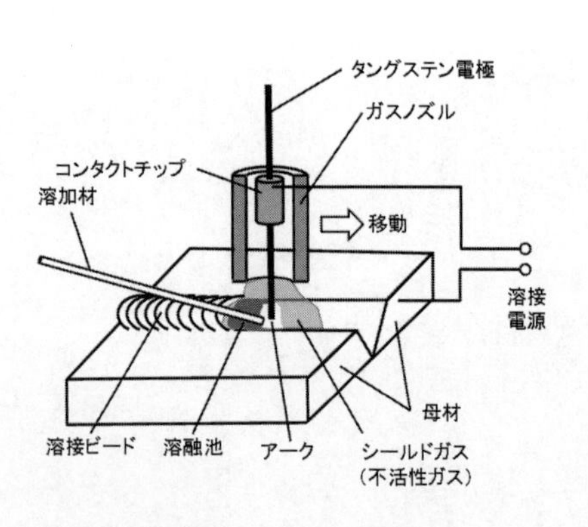

図 4.12 TIG 溶接

b. ガス溶接 (oxy-fuel welding)

ガスの燃焼によって発生する熱を利用して金属の接合を行う溶接方法である. 最も一般的なガス溶接はアセチレンガスと酸素を使用する.

利点として

(1) 溶接速度が遅く，溶接部が見やすいので溶接不良などの失敗が少ない.

(2) 薄板の溶接がしやすい.

(3) 電源の確保できない場所での作業には有効.

欠点として

(1) アーク溶接に比べて溶接速度が遅い.

(2) 母材への熱影響が大きい.

(3) アセチレンガスの取り扱いが厄介.

がある. またトーチを交換することによりガス溶断に使用可能であり，比較的広く用いられている.

c. 摩擦攪拌接合 (Friction Stir Welding)

近年開発された接合方法であり，溶融をともなわないといわれている. 工具先端に突起のある円筒状の工具端面を回転させながら接合する部材表面に強い力で押し付けることにより，工具突起部（probe）を接合する母材の接合部に貫入させ，回転によって摩擦熱を発生させて母材を軟化させるとともに，工具の回転力により接合部周辺を塑性流動させ，ふたつの接合材料の接合面の領域を均質化して接合する.（図 4.13 参照）. 基本的に軟化温度の低い軽金属に用いられることが多いが，最近では異種金属間の接合にも活用されつつある．

d.　その他の融接方法

近年は電子ビーム溶接 (electro beam welding)やレーザビーム溶接 (laser beam welding)といった融接方法も用いられるようになってきている．
電子ビーム溶接は真空中で，陰極フィラメントから出た熱電子を100kV程度の高電圧で加速・集束させて素材に照射して溶接するものであり，熱変形の少ない精密溶接が可能である．例えば加工済歯車と軸を精度良く溶接することが可能である．ただし設備が大型・高価であり，製品単価が高いものの製造に用いられることが多い．

またレーザビーム溶接はエネルギー密度の高いレーザ光を素材表面に集光して溶接するものであり，主に極薄板用のYAGレーザ，板厚6mm以下の炭酸ガスレーザがある．なお大気溶接のため溶接部に欠陥を発生する場合あるが，設備は電子ビームに比べると安価である．

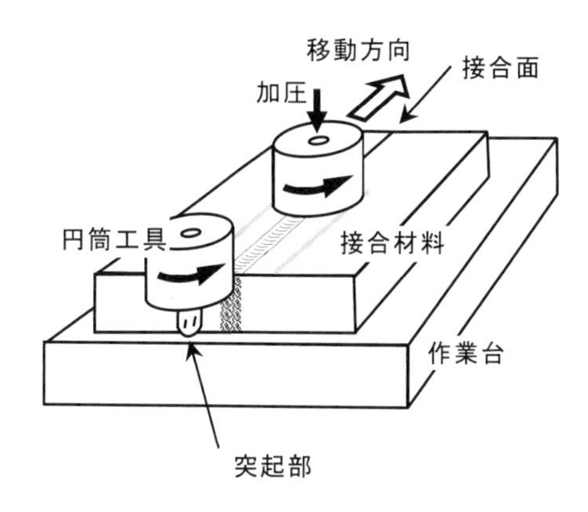

図 4.13　摩擦攪拌接合

4・3・2　圧接 (welding with pressure)

接合部へ大きな機械的圧力を加えて行う溶接方法であり，加圧と同時に接合面に熱を加える.その場合,加圧部直下の接合部のみを溶融させ接合する．

a．電気抵抗溶接 (electric resistance welding)

接合部に大電流を流し，金属の電気抵抗によって発生するジュール熱によって加熱して局部的に溶融させ，圧力を加えて接合するものである．この接合方法は溶融部が小さいため溶接後の変形や残留応力等の熱影響が少ない．このため精度の高い溶接が可能であり薄板等の重ね溶接に適している．またこの溶接方式は溶接棒やフラックスが不要であり，またアーク溶接より大電流を流すため溶融速度が速く自動化が容易であることから，自動車ボディ溶接や鋼管製造など多方面に使用されている．

主な電気抵抗溶接法には，スポット溶接(Spot welding) フラッシュ溶接(Flash welding)やシーム溶接(Seam welding)，アプセット溶接(Upset welding)等がある．このうち代表的なスポット溶接は，接合するために重ね合わせた素材を通電用の2つの丸棒電極で挟み，加圧しながら大電流を短時間流す．これにより電極直下の加圧部にナゲット（Nugget）と呼ぶ溶着部が形成され接合するものである（図 4.14 参照）．またシーム溶接は円板電極を回転し，短い周期で間欠的に通電し溶接するものであり，縫い目（シーム）のような溶着部が形成される．

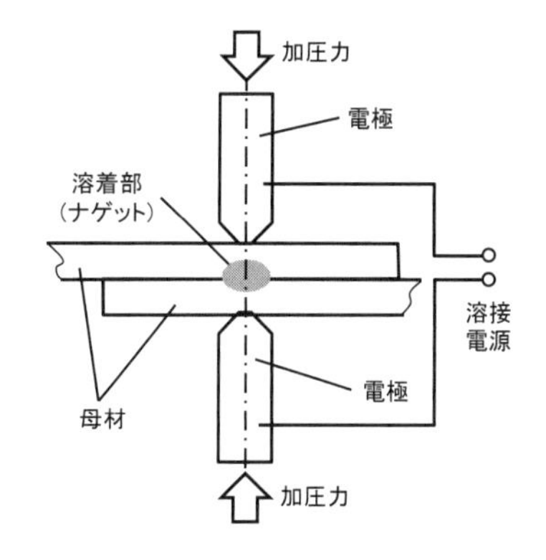

図 4.14　抵抗溶接の例
（スポット溶接）

b．摩擦圧接(friction welding)

母材同士の接触面を加圧しながら相対運動させることによって，短時間に摩擦熱により軟化させ接合する方法である．加工が比較的簡単であり接合面の表面性状の影響が少ない，異種金属接合にも使用可能等の利点が多い．一般に軸同士の接合に用いられる．

摩擦熱の代わりに母材の接合部を加熱し，加圧することにより接合する熱間圧接(heated element welding)や接合部に熱を加えることなく，母材を室温で強く圧縮して局部的に塑性変形させて接合する常温圧接(cold welding with pressure)もある．

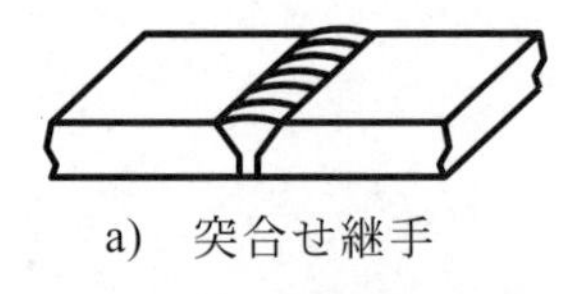
a)　突合せ継手

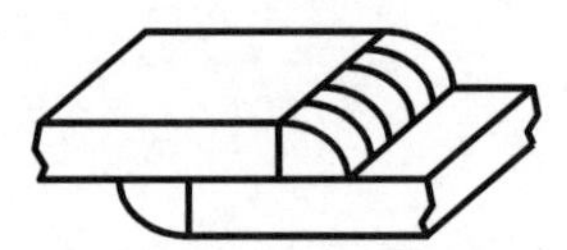
b) 重ね継手

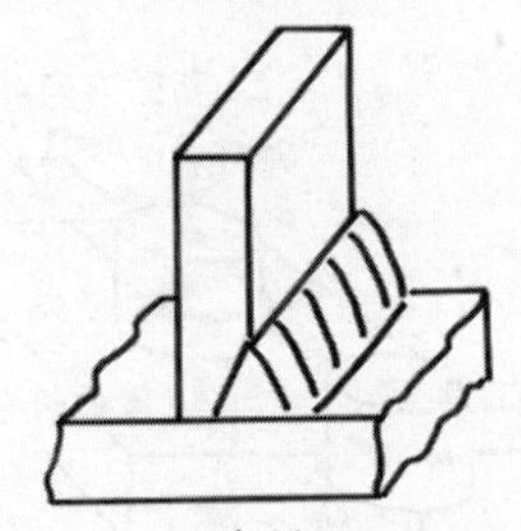
c) T 字継手

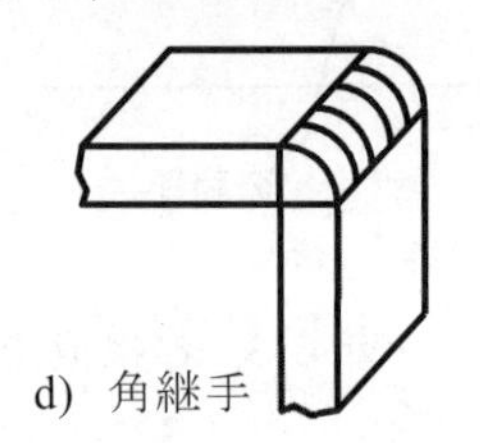
d) 角継手

図 4.15　溶接継手の種類

4・3・3　ろう接 (brazing and soldering)

接合しようとする母材より融点の低い非鉄金属またはその合金を溶加材として用いる．これをろう材という．ろう材を溶融させ，接合面のすき間の毛管現象を利用して行き渡らせる接合する方法で，ろう付(brazing)とはんだ付(soldering)があり，両者をあわせてろう接と呼ぶ．この接合は母材を溶融させずに接合するため接合強度は低い．

ここでろう付とは，450℃以上の融点をもつ黄銅ろう，銀ろう，金ろう，洋白ろう等の硬ろう(hard solder)を用いる．またはんだ付は溶加材に 450℃未満の低い融点をもつ軟ろう(soft solder)を用いる接合方法である．この溶加材は鉛とすずの合金が代表的であったが，現在は鉛フリーはんだが開発され主流になっている．いずれも母材とろう材とのぬれ性が重要であり，松やに等のフラックス剤を併用することが多い．また，ろう付けの熱源には高温火炎を用いる．

【参考４】金属材料の溶接性

ステンレス鋼は耐食性が高いことから LNG 貯蔵タンク等に用いられることが多い．この材料は溶接時に高温割れが発生あるいは溶接によって延性が低下することがある．例えばオーステナイト系ステンレス鋼は炭素鋼と同様に溶接できるが，熱膨張係数が炭素鋼に比べ大きいため変形しやすい．そのため金属組織を調整もしくは溶接前後の熱処理が重要になる．また溶接時の高温割れや使用環境による腐食に注意が必要である．

一方，アルミニウムは軽量であり耐食性もあることから車両，船舶，航空宇宙機器に使用されることが多くなっている．しかし加熱中に酸化しやすいため，アルゴンやヘリウム等の不活性ガス中で溶接する必要がある．また炭素鋼に比べて伝導率が約 3 倍で熱が逃げやすく局部加熱が難しいため，割れや融合不良が発生しやすい．また膨張係数が大きいので溶接によるひずみが大きい．更に融点が低いので溶け落ちしやすい．

図 4.16　すみ肉溶接継手

4・3・4　溶接継手の形式と開先形状 (type of welded joints and groove shape)

溶接継手は図 4.15 に示すような種類に大別できる．また T 字継手の一種として，直交する２つの面の片側もしくは両側に三角形状の断面をもつ溶着部を盛り上げるように溶接する継手としてすみ肉継手がある（図 4.16 参照）．母材と溶加材とを一体化させ，継手部分の強度を確保しなければならない．そのために接合部分に十分な配慮が必要である．具体的には溶加材と母材との接合部の面積を確保すること，対称性を考慮すること，応力集中を避けることが重要である．この配慮の例としては接合部分を溝形状とする開先（groove）の工夫，これが困難な場合にはすみ肉溶接による強度の確保といった方法が取られる．

JIS では突き合わせ溶接継手ついてのみ開先形状についての規定がある．母材の端部（溶接する部分）を所定の形状に加工する他，母材と母材の間に適切なすきま（ルート間隔という）を設ける必要がある（図 4.17 参照）．これらの開先形状を選択する際には，主に板厚より決めることが多い．

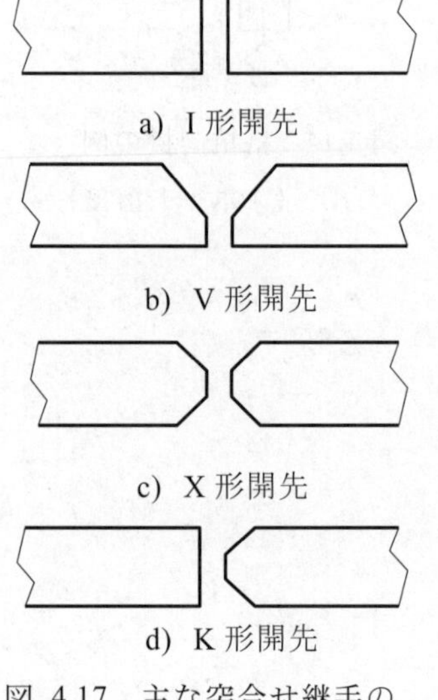
a) I 形開先

b) V 形開先

c) X 形開先

d) K 形開先

図 4.17　主な突合せ継手の開先形状

【例題 4. 2】図 4.18 のような側面隅肉溶接継手において，120 kN の引張荷重を負荷できるように，すみ肉の溶接長さ L を決めよ．ここで，隅肉のサイズは 10mm，許容せん断応力は 80N/mm^2 とする．

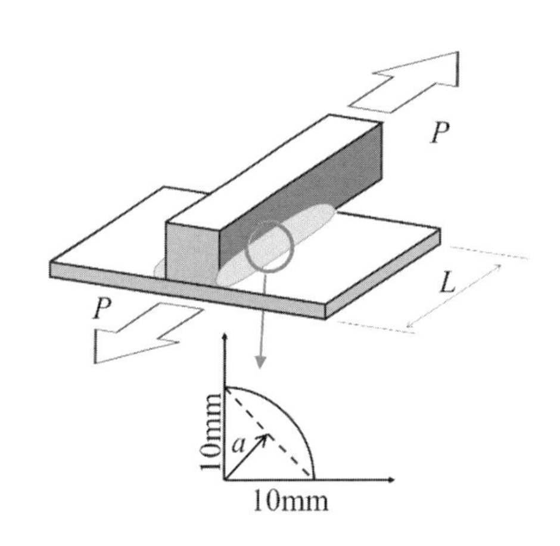

図 4.18　側面隅肉溶接継手

【解答】 のど厚 $a=\dfrac{t}{\sqrt{2}}$ ，のど部の断面積の総和 $A=2aL$ であるから，

発生するせん断応力 τ は，$\tau=\dfrac{P}{A}=\dfrac{P}{2aL}\leq\tau_a$ であればよい．

これを計算すると，$106\leq L$ となるので，$L=106\text{mm}$ となる．

4・4　接着継手 (adhesive Joint)

接着とは，接着剤を媒介とし，化学的あるいは物理的な力またはその両者によって 2 つの面が結合した状態であり，接着剤とは，物体の間に介在することによって物体を結合することのできる物質をいう．

接着剤を分類する場合，接着強度の特性による分類（構造用接着，非構造用接着など），機能性による分類（電気的特性，熱的特性など），主成分による分類，硬化方法による分類などがある．

接着継手の設計にあたっては，せん断強さや剥離などの機械的強度(mechanical strength)のほか，温度・紫外線などの環境強さ(environmental strength)を考慮することも重要である．また，接着剤は結合の機能ばかりではなく，密封や防振などの機能を合わせもたせる使い方も多い．自動車を例にあげれば，内装材料の接着や断熱材としての利用，車室内の防水や防塵，防振効果など，複数の機能をあわせもった使い方がされている．（耐振動性，耐衝撃性，耐寒性，耐熱性，耐候性など）．また被着体(adherend)の種類も鋼板，アルミニウム，ガラス，プラスチック，ゴム，フェルト，不織布と多岐にわたる．

【参考５】接着剤の歴史
古代エジプトやメソポタミアにおいて，天然に産するカゼイン（にかわの一種）や瀝青（アスファルトの一種）が接着剤(adhesive)として用いられていた．日本でも縄文時代の遺跡から，やじりなどの石の刃物を木製の柄に固定する接着剤として瀝青が使用されたことが明らかになっている．このように古来から接着技術は日常生活と密接に関わっていた．これは，強力な接着剤の開発と，関連する高分子化学の発展に負うところが大きい．特に，第二次世界大戦後の発展が著しい．

4・4・1　接着剤の種類 (kind of adhesives)

接着剤を主成分によって分類すれば，デンプン，タンパク，瀝青などの天然系接着剤 (natural product adhesive) と図 4.19 に示す合成系接着剤があるが，高分子材料をベースとした合成系接着剤が主流になっている．

これらの合成系接着剤のうち樹脂系は一般に強い接着力を有し，エラストマー系接着剤 (elastomeric adhesive) は高いじん性（ゴム状弾性）を有している．一方，混合系接着剤 (two polymer adhesive) は両方の特性を併せ持つという特徴を持っている．

また樹脂系接着剤は熱影響により特性が大きく異なるため，熱可塑性樹脂系接着剤 (thermoplastic adhesive) と熱硬化性樹脂系接着剤 (thermosetting resin adhesive) に分類することができる．

更に用途から分類すると荷重のかからない部分に使われる非構造用接着剤と，長期間大きな荷重に耐える信頼性が要求される構造用接着剤に大別される．この構造用接着剤が用いられる例として，ブレーキシューとライニングの接合（1960 年頃～）が挙げられる．このような構造用接着剤はエンジニア

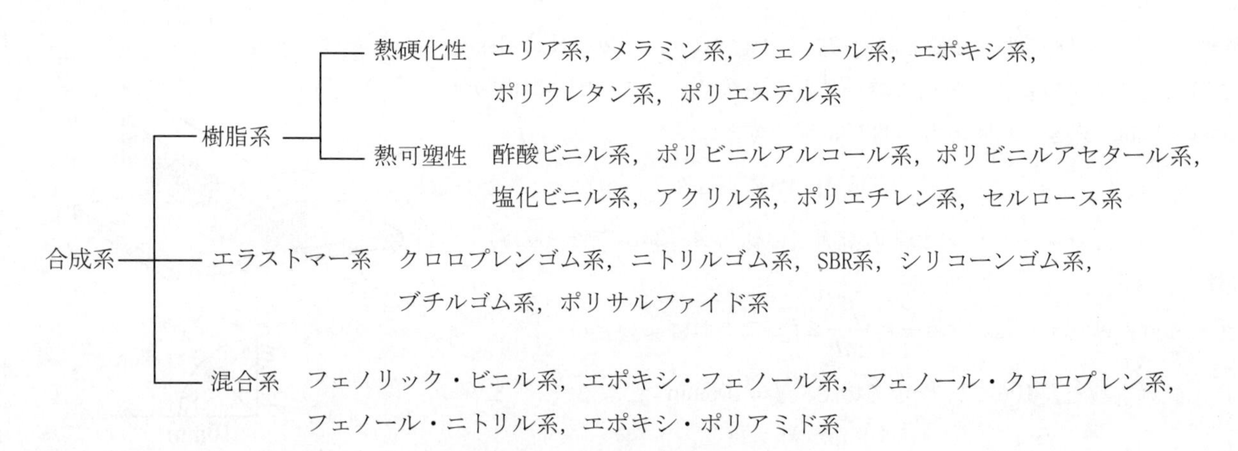

図 4.19　合成系接着剤の分類

リング接着剤とも呼ばれる，常温硬化で無溶剤液状反応型接着剤が含まれており，工業的には，エポキシ，変性アクリル，嫌気性剤，シアノアクリレート，ウレタン，シリコーンの 6 種類が良く用いられる．要求性能と信頼性を確保するため，接着剤を使用する際には以下のことに注意する必要がある．

(1)　接着剤の硬化に時間を必要とする．
(2)　加圧や加熱のための設備が必要な場合がある．
(3)　真空中での脱泡処理が必要な場合がある．

4・4・2　接着継手の特徴 (characteristics of adhesive joints)

今日，接着継手は，ねじ継手や溶接継手と並んで重要な結合技術の一つとして広範囲に利用されている．接着継手の主な特徴は以下のとおりである．

【長所】

(1)　溶接と異なり，異種材料同士の結合が可能である．
(2)　結合部の重量が増大しない．
(3)　振動エネルギー吸収による防振や防音効果，防水や防塵のためのシール効果，防錆効果など，多機能を接着剤に付加することが可能である．
(4)　ねじ継手やリベット継手における穴あけ加工や溶接継手の開先加工のような前加工が不要である．

【短所】

(1)　せん断には強いが，はく離や割裂には弱い．
(2)　耐久性や耐候性など，使用環境についての注意が必要である．
(3)　ねじ継手やリベット継ぎ手に比べて使用温度範囲が限定される．
(4)　ボルト結合のように，分解点検は不可である．

4・4・3　接着継手の種類 (kind of adhesive joints)

接着継手は,単純重ね継手(single lap joint)，きりそぎ継手(scarf joint)，突合せ継手(butt joint)に代表される 3 種類の種類が一般的に用いられる（図 4.20 参照）．図で継手部分を左右に引っ張ると，重ね継手では曲げモーメントが生じて接着面がはがれやすくなる．また，突合せ継手では接着面積が小さいので，十分な接着力が得られないことがあるので，継手部分の応力分布にも十

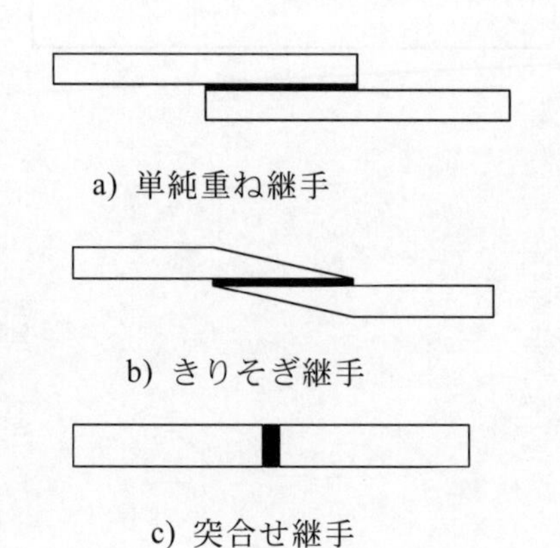

図 4.20　接着継手の基本形式

分に配慮が必要である．また表 4.2 に主な工業分野別にみた接着継手の適用例を示すが，多岐に亘って接着が活用されている．

表 4.2　接着継手の適用例

自動車	非構造用接着剤（内装材料の接着，断熱材・防水・防塵として） 準構造用接着剤（ウインドシール，アウターパネルと補強材の接着） 構造用接着剤（ブレーキライニングやクラッチフェーシングの接着） ヘミング用接着剤：アウターパネルとインナパネルの結合（機械的接合と接着剤の併用） ダイレクトグレイジング：窓ガラスを直接ボディフランジに接着する方法 マスチック接着剤：アウターパネルとインナパネル接着（接着強さ，シール性，防振効果） ウェルドボンディング法：接着剤とスポット溶接を併用した接合方法 鋼板補強用接着：強化に加えて制振と遮熱効果をあわせもつ発泡タイプの接着剤 ブレーキライニングの接着：衝撃強度と耐熱性の要求される接合
航空宇宙	翼のハニカム構造（FRP ハニカム，アルミニウムハニカム） 機体の組立て（気密性，水密性） 航空機の構造用接着（サンドイッチ構造の床材，ドア，フラップ，スポイラー翼前縁，尾翼など） 航空機用シーリング材
鉄道	断熱材や防音材の接着　窓の接着（気密性，水密性） 床板の軽量化（サンドイッチ構造，構造用接着剤） 屋根，窓周り（準構造用接着剤，非構造用接着剤）
船舶	断熱材，防音材の接着，　FRP 船の組立て
建築	コンクリート，タイル，プラスチック，金属など，異種材料間の接着
電気・電子	電気絶縁性接着，電気伝導性接着
生体	歯科用（充填物の接着，ブリッジの接着） 医科用（人工関節の固定，血管の接合など）

第 4 章の参考文献

(1) 日本機械学会編，機械工学便覧デザイン編 β4 機械要素・トライボロジー，(2005)，日本機械学会．
(2) 吉沢武男編，大学演習　機械要素設計　改訂版，(1988)，裳華房．
(3) 井澤實，機械工学基礎講座　機械設計工学　第 2 版，(2000)，理工学社．
(4) 溶接学会編，溶接・接合技術入門，(2000)，産報出版．
(5) 手塚敬三，溶接のおはなし，(2001)，日本規格協会．
(6) 小野昌孝編，JIS 使い方シリーズ　新版　接着と接着剤，(1994)，日本規格協会．
(7) 宮入裕夫，機械技術者のための接着設計入門，(2000)，日刊工業新聞社．
(8) 本山卓彦，接着の秘密，(1981)，ダイヤモンド社．
(9) 大西清，機械設計製図便覧（第 8 版），(1993)，理工学社．
(10) 吉沢武男，大学演習機械要素設計改訂版，(1966)，裳華房．
(11) 特願 2012-217911．

軸と軸系の要素

ここでは，軸と軸径に関わる要素について，第５章　軸，第６章　軸受，第７章　軸系を構成するその他の要素に分けて説明する.

軸系を模式化して示すと，図のようになり，軸受の周辺には固定のためにいくつか付随する要素部品が取り付けられている

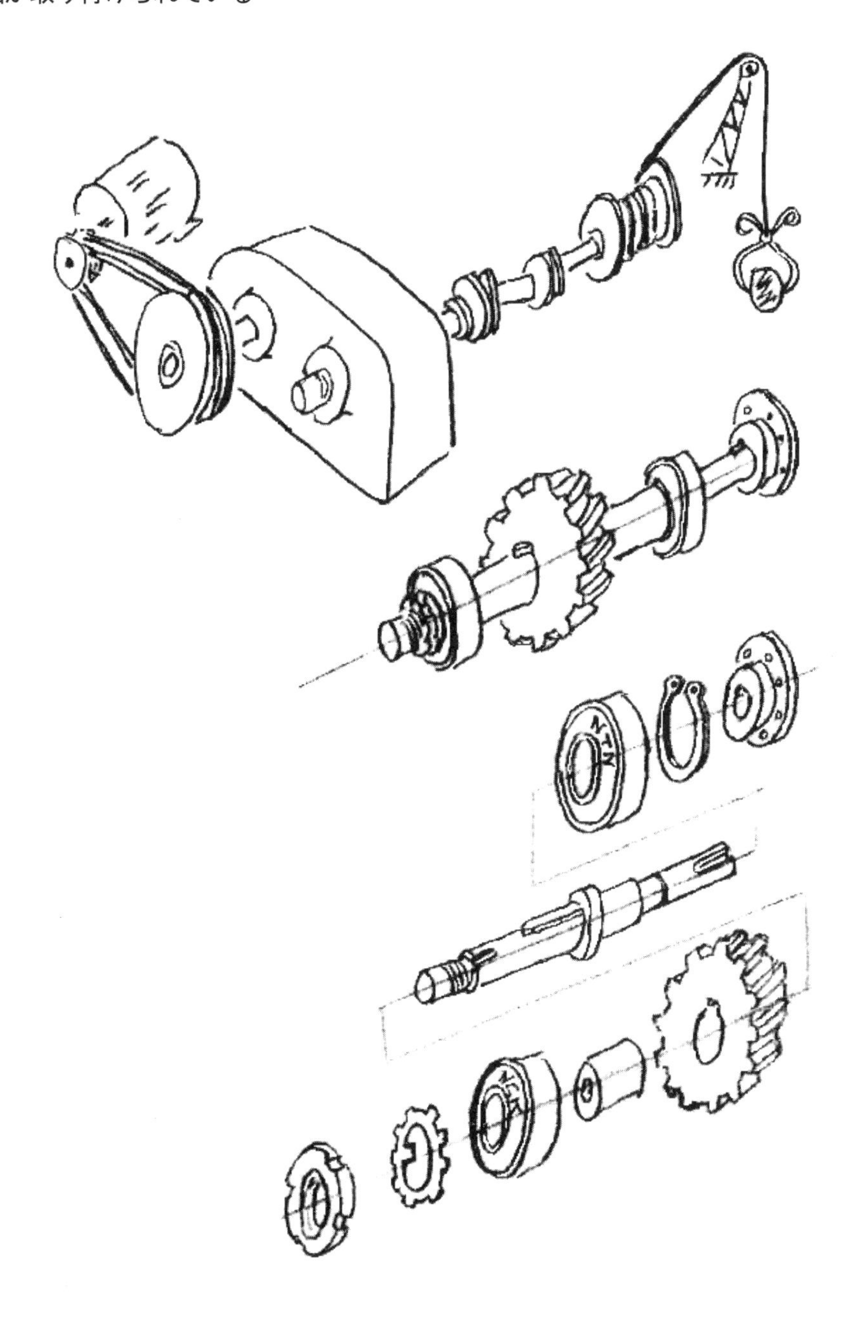

第 5 章
軸
Shafts

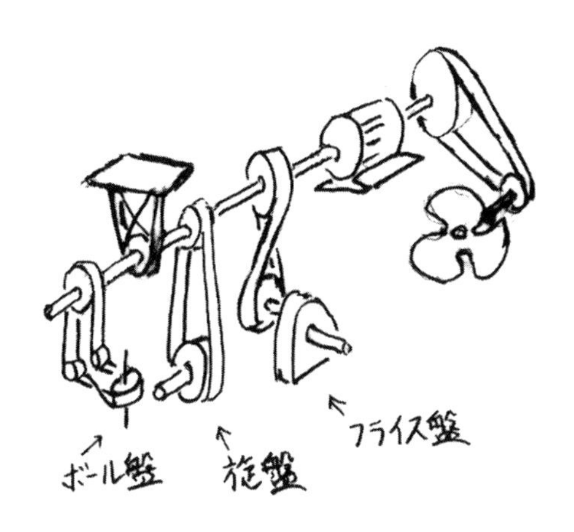

一般に，回転によって動力を伝達するための機械要素を軸と呼ぶ．ほとんどの軸の断面形状は中実円であるが，重量を軽減する目的から中空円のものもある．中空軸の利点は後に示すが，このような軸の採用不採用は製造方法とコストパフォーマンスによって決定される．

5・1　軸の種類　(kinds of shafts)

軸は，その使い方によって名前を変え，用途ごとに作用する力（曲げ，ねじり，引張，圧縮）および支持方法（片持ち，両持ち）が異なる．例えば，伝動軸 (transmission shaft) は主としてねじりモーメントを伝え（図 5.1 参照），車軸 (axle) は両端の重量を支える（図 5.2 参照）．この他，プロペラ軸 (propeller shaft) はトルクから軸端のプロペラにより推力を発生するが，このときに推力の方向に依存して曲げ応力が生じる．また，クランク軸 (crank shaft) は，中心軸が段階的に折れ曲がった軸で，往復直線運動と回転運動との相互変換に用いられる．衝撃的なねじりモーメントと曲げモーメントを繰返し受ける（図 5.3 参照）．

一方，たわみ軸 (flexible shaft) は，密巻きコイルを数層に重ねた構造をもち，ねじり剛性に比べて曲げ剛性が著しく小さいため，回転軸の方向を自由に変えながら小さな動力を伝達するのに用いられる（図 5.4 参照）．

図 5.1　伝動軸の例（トヨタ産産業技術記念館）

図 5.2　電車の車軸

5・2　軸の材料　(shaft materials)

機械要素としての軸の適用分野は広範囲に及ぶことから，要求性能も多岐にわたるが，一般には延性と同時に曲げ・ねじりに対する疲労強度，耐衝撃性が重要視される．使用目的によっては，耐摩耗性，耐食性，耐熱性なども要求される．

安価な軸用材料として最もよく用いられるのは，SS400，SS490 などの一般構造用圧延鋼材と，S10C～S30C などの一般構造用炭素鋼材であり，中径～大径軸に対しては SF540，SF590 材などの炭素鋼鍛鋼品が用いられる．車軸やタービン軸のような高荷重，高速回転軸に対しては，機械的性質を向上させる目的から，S40C～S45C の一般構造用炭素鋼材や SCr, SCM, SNC, SNCM などの構造用合金鋼材の調質（焼入・焼戻し）品が用いられる．また，軸が破断しにくいような母材として合金鋼を用い，軸受や軸継手などの部材とはまりあう部位の耐摩耗性や耐疲労性を向上させるため，浸炭焼入れ，高周波焼入れ，窒化等によって表面硬化させて用いることも多い．おもな軸用鉄鋼材料の種類と用途を表 5.1 にまとめて示す．

図 5.3　クランクシャフト

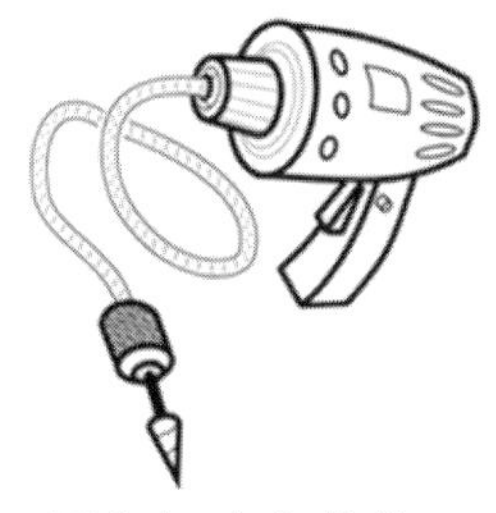

図 5.4　たわみ軸

表5.1 軸用鉄鋼材料の種類と用途

鋼種	記号	引張り強さ (MPa)	用途
一般構造用鋼	SS330	333～341	強度が必要でない軸 溶接して用いる軸
	SS400	402～510	
構造用炭素鋼 (炭素含有量 0.1～0.6%)	S15C	373 以上	一般的な強度を持つ軸： 車軸，モータ軸など
	S25C	441 以上	
	S35C(焼入れ焼戻し)	569 以上	
	S45C(焼入れ焼戻し)	686 以上	
	S55C(焼入れ焼戻し)	785 以上	
構造用合金鋼	SNC236～836	735～931	高い強度が必要な軸： クランク軸，カム軸，ピストン軸，スプライン軸など（熱処理による硬化処理を行う）
	SNCM220～815	931～1078	
	SCr415～445	882～980	
	SCM415～445	784～1029	

5・3 軸の強度 (strength of shafts)

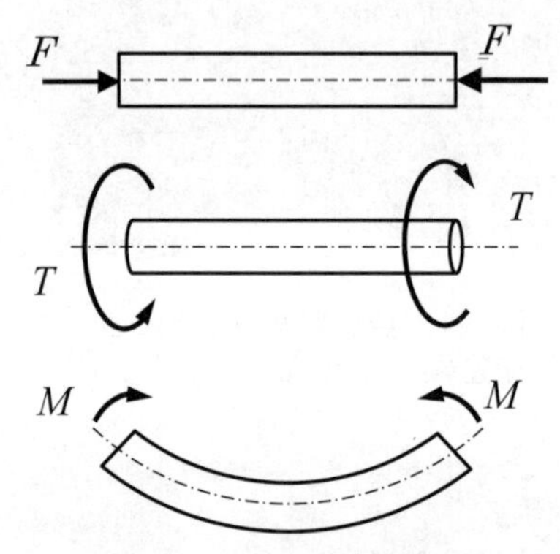

図5.5 軸に作用する負荷

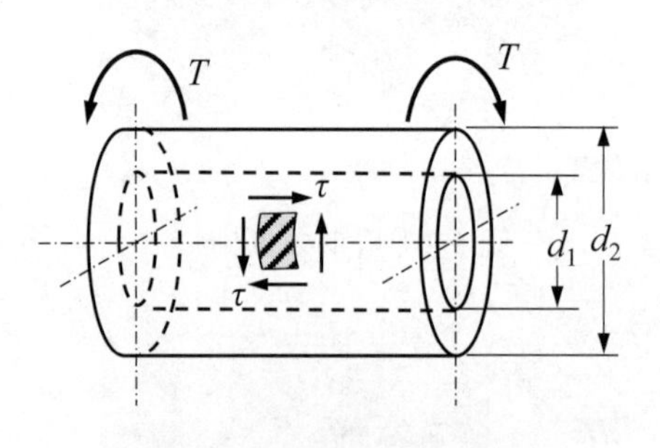

図5.6 せん断応力

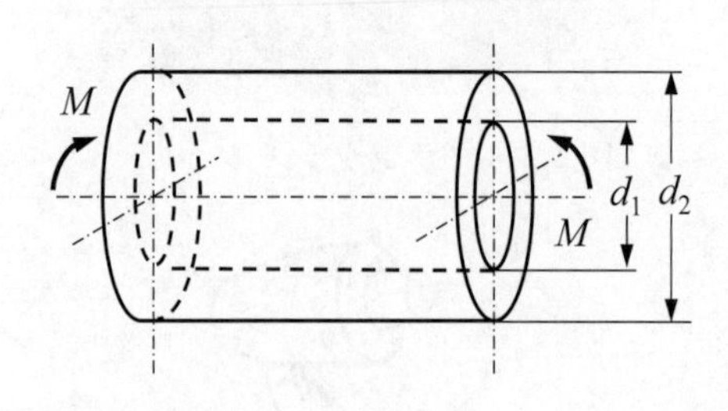

図5.7 曲げ応力

軸に対しては図5.5に示すように，曲げモーメントM，トルク（ねじりモーメント）T，軸力Fのいずれかの負荷，もしくはそれらを組合せた負荷が作用する．軸の強度設計に際しては，これらの負荷を受けたとき，材料の破壊に対し決定的要因となる応力の最大値を見積もる必要がある．ここでは問題を一般化するため，対象とする軸の形状は内直径d_1，外直径d_2，内外径比μ（$=d_1/d_2$）の中空軸とする．なお，中実軸に対しては$\mu=0$とすればよい．

軸の回転速度をn [s^{-1}]とすれば,軸に伝達されるトルクT [N·m]と動力H [W]の関係は，

$$T=\frac{H}{2\pi n} \tag{5.1}$$

このようなトルクを受けている軸の表面に働くせん断応力τは，図5.6より

$$\tau=\frac{T}{Z_p}=\frac{16T}{\pi(1-\mu^4)d_2^{\,3}} \tag{5.2}$$

ここで，Z_pは軸のねじりに対する断面係数（極断面係数）である．次に，中心軸を含む平面内に曲げモーメントMを受ける曲げ応力σは，図5.7より

$$\sigma=\frac{M}{Z}=\frac{32M}{\pi(1-\mu^4)d_2^{\,3}} \tag{5.3}$$

ここで，Zは軸の曲げに対する断面係数である．一方，軸力Fを受ける軸の応力σ_fは

$$\sigma_f=\frac{4F}{\pi(1-\mu^2)d_2^{\,2}} \tag{5.4}$$

軸力が圧縮荷重の場合には，座屈を考慮してσ_fに係数をかけることがある．これらの荷重が同時に作用する場合を想定すると，表面における最大垂直応力σ_{max}と最大せん断応力τ_{max}は，それぞれ次式のように表すことができる．なお，式の導出方法の詳細はJSMEテキストシリーズの材料力学（pp. 131-138）で示されているので省略する．

$$\sigma_{\max} = \frac{1}{2}(\sigma + \sigma_f) + \sqrt{\left(\frac{\sigma + \sigma_f}{2}\right)^2 + \tau^2} \tag{5.5}$$

$$\tau_{\max} = \sqrt{\left(\frac{\sigma + \sigma_f}{2}\right)^2 + \tau^2} \tag{5.6}$$

式(5.5), (5.6)に式(5.2), (5.3)および(5.4)を代入すると，軸に曲げモーメント，トルクおよび軸力が同時に作用するときの最大垂直応力と最大せん断応力は以下のように導くことができる．

$$\sigma_{\max} = \frac{16}{\pi(1-\mu^4)d_2^{\,3}}\left[M + \frac{F(1+\mu^2)d_2}{8} + \sqrt{\left\{M + \frac{F(1+\mu^2)d_2}{8}\right\}^2 + T^2}\right] \tag{5.7}$$

$$\tau_{\max} = \frac{16}{\pi(1-\mu^4)d_2^{\,3}}\sqrt{\left\{M + \frac{F(1+\mu^2)d_2}{8}\right\}^2 + T^2} \tag{5.8}$$

したがって，軸の強度設計に際しては，使用する材料の許容応力が式(5.7)および式(5.8)のいずれかの最大応力より小さくなるように d_2, μ を決定すればよい．

一般に，軸の材料には延性が十分にあるものとして，最大せん断応力説に従って破壊するものと仮定して，式(5.8)を用いる．一方，特別な目的のためにぜい性材料を用いる場合には，最大主応力説に従って，式(5.7)を用いればよい．なお，$F \neq 0$ の場合，式(5.7), (5.8)から d_2 の代数解を求めることはできない．一般的にニュートンラプソン法 (Newton-Raphson method) 等を用いて数値的に求める．

ちなみに，軸にトルクのみが加わるとして，式(5.2)に基づく最大せん断応力が中実軸のそれに等しくなる場合の軸の諸元を，中実軸の寸法を基準にして示したのが図 5.8 である．中実軸（μ=0）の直径 d_0 に対する外直径の比が

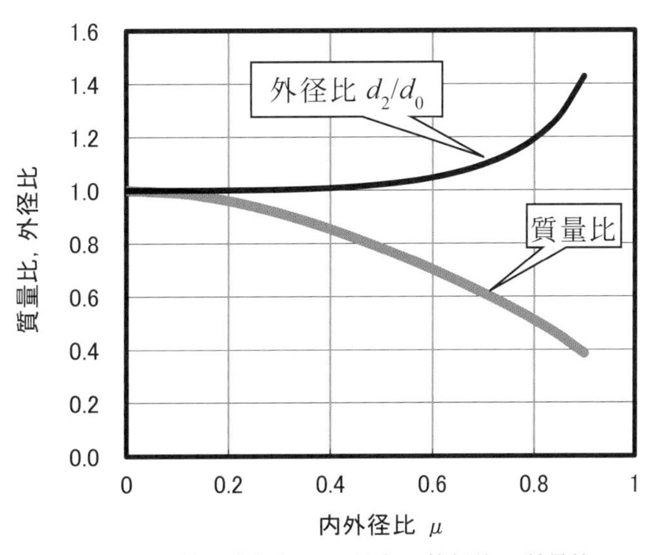

図 5.8　軸の内外径比に対する外径比，質量比

外径比であり，単位長さ当たりの質量の比が質量比である．図からわかるように，軸を中空にすれば，外径をほとんど大きくせずに軸の軽量化が図れることが分かる．

なお，円筒軸のはめあい部分や回転軸の伝動用軸端の直径についてはJISB0901, B0903に規格化されているので，軸径は規格値に合わせておくと便利である．

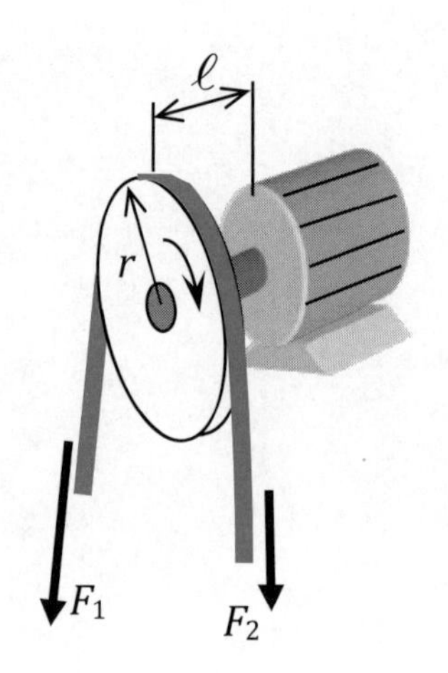

図 5.9 モータ軸に取り付けたベルト車とベルトによる伝動

【例題 5. 1】中実軸に曲げモーメントとトルクが同時に作用するときの最大応力を導け．また，許容曲げ応力および許容せん断応力をそれぞれσ_aおよびτ_aとしたときの軸径を導け．

【解答】題意より，式 5.7 および 5.8 に$\mu=0$，$F=0$を代入すれば，

$$\sigma_{\max}=\frac{16}{\pi d_2^{\,3}}(M+\sqrt{M^2+T^2})$$

$$\tau_{\max}=\frac{16}{\pi d_2^{\,3}}\sqrt{M^2+T^2}$$

上式で，$\sigma_{\max}=\sigma_a$ならびに$\tau_{\max}=\tau_a$とおいて整理すれば

$$d_2=\sqrt[3]{\frac{16}{\pi\sigma_a}(M+\sqrt{M^2+T^2})}$$

$$d_2=\sqrt[3]{\frac{16}{\pi\tau_a}\sqrt{M^2+T^2}}$$

図 5.9 は，本例題に対応する実物の一例であり，モータに取り付けたプーリがベルトによる動力伝達をしている場合である．F_1とF_2とは，運転時にベルトに加わる張力であり，近似的にはこれらが平行であるとみなせる．軸の曲げモーメントを生じさせるせん断力は$F=F_1+F_2$であるから，モータ軸の根元に作用する曲げモーメントは，

$$M=(F_1+F_2)\cdot\ell$$

軸に作用するトルクは，ベルト張力の差により生じるから，

$$T=(F_1-F_2)\cdot r$$

となるので，数値が与えられれば容易に解ける．

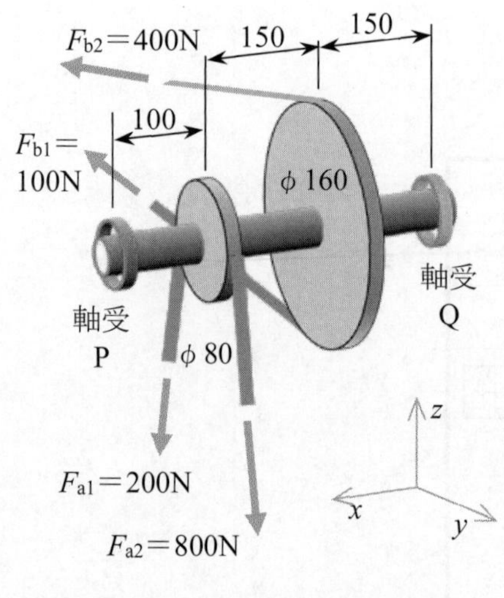

図 5.10 プーリの位置とベルトの条件

【例題 5. 2】両端を軸受で支持された回転軸に，直径 80mm と 160mm の2つのプーリが取付けられている．プーリの位置とベルトの張力を図 5.10 のように定め，材料の許容せん断応力を 60Mpa としたときの軸径を求めよ．

【解答】与えられた条件から，軸に働く荷重を求め，モーメントとトルクを求める．ベルトの巻き付き角が不明であるが，ベルトは垂直あるいは，水平方向を向いているものと近似できる．例題 5. 1 と同様に考えて，*x-z*，*x-y* 面内のモーメントと，トルクを求めることができる．詳細は力学のテキストを参考にすること．

図 5.11 は *x-z* 面，*z-y* 面内の力と，モーメント線図を表している．図には，

それぞれの面内での荷重，最大曲げモーメントを記している．これら二つの面内の曲げモーメントの合成をすると，A 点での合成が最大となる．

$$M=\sqrt{M_z^2+M_y^2}=\sqrt{75^2+18.75^2}=77.3$$

一方トルクは $T=(F_{a2}-F_{a1})\cdot r_a=(F_{b2}-F_{b1})\cdot r_b=24\text{Nm}$ となる．

以上の曲げモーメントとトルクの検討から，軸の強度に関しては，A 点の最大応力に着目すればよいことがわかる．

題意より，$F=0$，$\mu=0$ とおけるので，式(5.8)は次のようになる．

$$\tau_{\max}=\frac{16}{\pi d_2^3}\sqrt{M^2+T^2}$$

式より，最小軸径は次のように計算することができる．

$$d_2\geq\sqrt[3]{\frac{16}{\pi\tau_a}\sqrt{M^2+T^2}}$$

$$=\sqrt[3]{\frac{16}{\pi\times 60\times 10^6}\sqrt{(77.3)^2+(24)^2}}=18.15\text{mm}$$

したがって，標準の寸法から選べば 20mm となる．

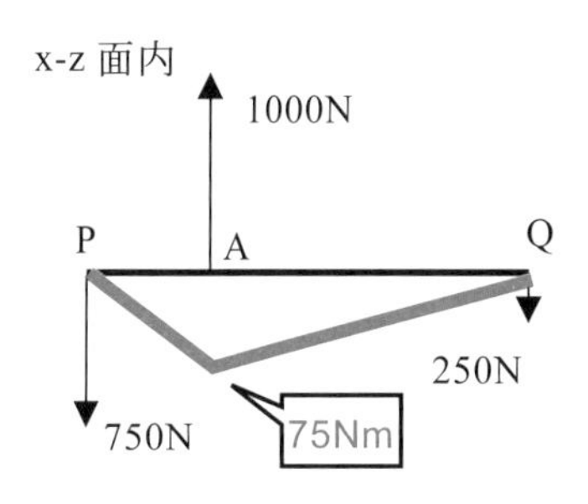

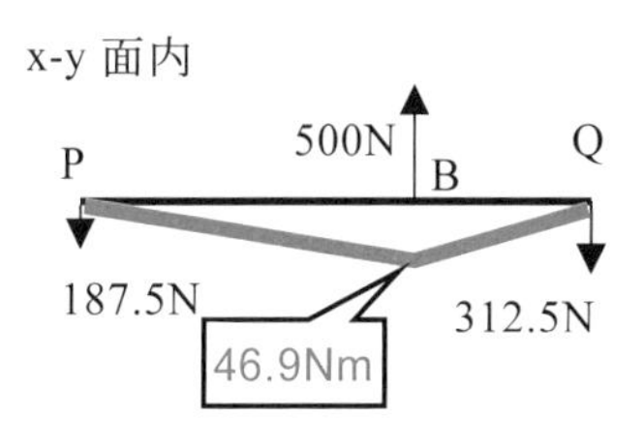

図 5.11 軸に作用する荷重と曲げモーメント線図（青字は最大曲げモーメント）

5・4 動荷重の影響 (influence of fluctuating load)

機械の軸に作用する荷重が変化することなく，一定に保たれたまま運転を続けることはごくまれで，荷重は複雑に変動したり衝撃的に作用したりすることが多い．軸が曲げやねじりの繰返し荷重を受けるとき，静的な許容応力よりも低い応力で破損することが知られている．また，設計段階において機械に作用する衝撃荷重を正確に見積もることも困難である．そこで，動荷重の影響を設計に反映させる簡便な方法として，表 5.2 に示すような使用形態に応じた動的効果の係数が用いられる．ここでは軸に作用する曲げモーメントに対する係数 k_b，ねじりモーメントに対する係数 k_t と定義している．

表 5.2 軸の使用形態に応じた動的効果の係数

荷重の性質	k_b	k_t
静止軸の場合		
静荷重またはごくゆるやかな変動荷重	1.0	1.0
変動荷重，軽い衝撃荷重	1.5～2.0	1.5～2.0
激しい衝撃荷重	1.5～2.0	1.5～2.0
回転軸の場合		
静荷重またはごくゆるやかな変動荷重	1.5	1.0
変動荷重，軽い衝撃荷重	1.5～2.0	1.0～1.5
激しい衝撃荷重	2.0～3.0	1.5～3.0

このため変動的もしくは衝撃的なねじりモーメントと曲げモーメントを同時に受ける軸に働く最大応力は以下のように計算できる．

$$\sigma_{\max}=\frac{16}{\pi d_2^3}\left(k_b M+\sqrt{(k_b M)^2+(k_t T)^2}\right) \tag{5.9}$$

$$\tau_{\max}=\frac{16}{\pi d_2^3}\sqrt{(k_b M)^2+(k_t T)^2} \tag{5.10}$$

表において，曲げを受ける回転軸の係数が静止軸の場合より大きく設定されているのは，回転軸においては，曲げモーメントの原因となる横荷重の作用方向が一定であるのに対し，材料は1回転ごとに引張りと圧縮の繰返し応力を受けるからである．

5・5　軸の剛性　(influence of fluctuating load)

軸径に比べて長い軸にモーメントが作用すると，応力が許容値以下で強度上の問題がなくても，大きな変形が生じるばねの作用，すなわち剛性が問題となる．これがねじりモーメントの場合，駆動側の回転が負荷側に正しく伝達されなかったり，ねじり振動の発生原因にもなる．また，曲げモーメントが作用した場合には，横方向のたわみが過大になると，軸と軸受間あるいは歯車間に片当たりが生じたりする．特に工作機械のスピンドルにおいては，加工力やその変動による軸の変形が加工物の工作精度に直接影響を及ぼすので，剛性への配慮は極めて重要な項目となる．一方では，この変形を積極的に利用した，ねじりばね（トーションバー）が用いられることもある．ここでは，ねじりあるいは曲げによる軸の剛性を基準としたときの軸径の決め方について述べる．

5・5・1　軸のねじり剛性 (torsional stiffness of shaft)

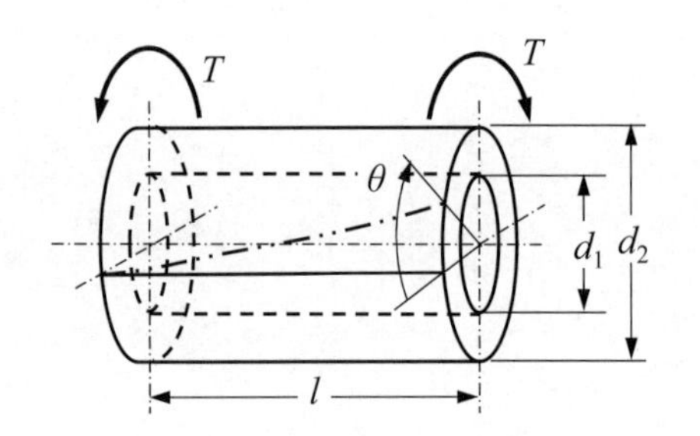

図 5.12　ねじれ角とねじりモーメントとの関係

図 5.12 に示すように，長さ l，横弾性係数が G の軸において，ねじりモーメント T と，ねじれ角 θ の関係は，

$$T = K_t \theta \tag{5.11}$$

と表せる．ただし，

$$K_t = \frac{\pi G d_2^{\,4}(1-\mu^4)}{32l} \tag{5.12}$$

ここで，K_t は軸のねじり剛性である．

これより，許容ねじれ角を θ として与えれば，最小軸径は次の不等式から計算できる．

$$d_2 \geq \sqrt[4]{\frac{32Tl}{\pi G\theta(1-\mu^4)}} \tag{5.13}$$

一方，ねじり剛性は，長さに反比例するので特に長い軸を用いる時には十分な注意を要する．

5・5・2　軸の曲げ剛性 (bending stiffness of shaft)

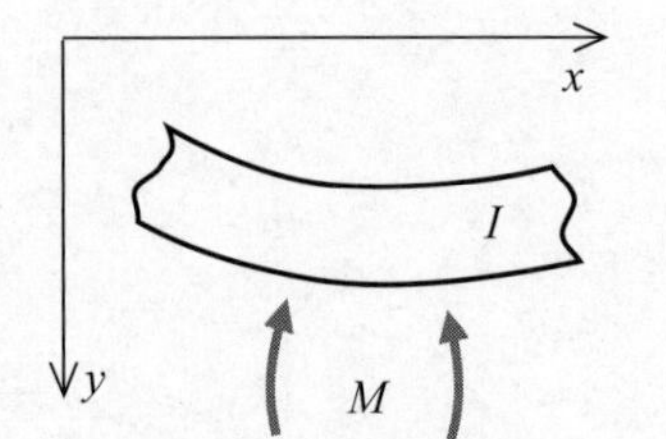

図 5.13 軸の曲げモーメントと変形

軸の縦方向と横方向の座標を，図 5.13 に示すようにそれぞれ x，y とし，軸に作用する曲げモーメントを M としたとき，軸のたわみ曲線の曲率は

$$\frac{d^2 y}{dx^2} = -\frac{M}{EI} \tag{5.14}$$

ただし，

$$I=\frac{\pi(1-\mu^4)d_2{}^4}{64} \tag{5.15}$$

ここで，E は軸の縦弾性係数で，I は軸の断面二次モーメントである．

軸の断面形状が x 方向に一様であると仮定すれば，軸のたわみは式(5.14)を2回積分して次のように導ける．

$$y=-\frac{1}{EI}\left(\iint Mdxdx+C_1x+C_2\right) \tag{5.16}$$

ここで，C_1,C_2 は軸の端末条件により決まる積分定数

式(5.16)に式(5.15)を代入し，y の代わりに許容たわみ量 δ を用いれば，以下の式となる．

$$d\geq\sqrt[4]{\frac{64}{\pi(1-\mu^4)\delta E}\left(\iint Mdxdx+C_1x+C_2\right)} \tag{5.17}$$

なお軸のたわみは，軸の支持条件，すなわち軸受の選択等により依存するので，個別の取り扱いはテキストシリーズ材料工学に委ねることとする．また，軸受部については，軸のたわみ角も重要となる．

5・5・3　段付き軸の曲げ (bending of stepped shaft)

実際の機械や機器に用いられている回転軸をみると，ほとんどの軸には何らかの段付き部分がある．例えば，軸受とはめ合う部分の直径は，軸の中央部の直径よりも小さく設計されるのが普通である．すなわち図5.14が典型的な例となる．

この図に示すように、両端を単純支持した長さ l の段付き軸の中央に集中荷重 P が働いている場合を考える．このような段付き軸において，曲げモーメント線図は両端の支持点でゼロ，中央の荷重点で最大となる．また断面2次モーメントの違いにより,曲げ応力は段の部分で階段状に変化する(図5.15参照)．この軸の変形は，断面2次モーメントが異なる部分ごとにたわみ曲線を求め，それらを接続する．仮に，$l_1=l_2=l_3=l_4$ とし，両端の太さも等しいとする．このとき，具体的には①支持点（A，E）で変位がゼロ，②中央の荷重点（C）で傾きがゼロ，③段差の位置（B，D）で傾きが連続かつ変位が一致，の順でたわみの式の積分定数を決定していく．ただし，AC 間と CE 間で左右対称となるので，AB 間と BC 間だけを考え，BC 間の断面2次モーメントは AB 間のそれの2倍とする．

A，E 点の反力は，

$$R_{\mathrm{A}}=R_{\mathrm{E}}=\frac{F}{2} \tag{5.18}$$

したがって、AC 間の曲げモーメントは，

$$M=\frac{F}{2}x \tag{5.19}$$

AB 間の断面2次モーメントを I_1 とすれば，たわみ曲線の微分方程式は，

$$\frac{d^2y_1}{dx^2}=-\frac{F}{2EI_1}x \tag{5.20}$$

上式を2回積分するとたわみは，

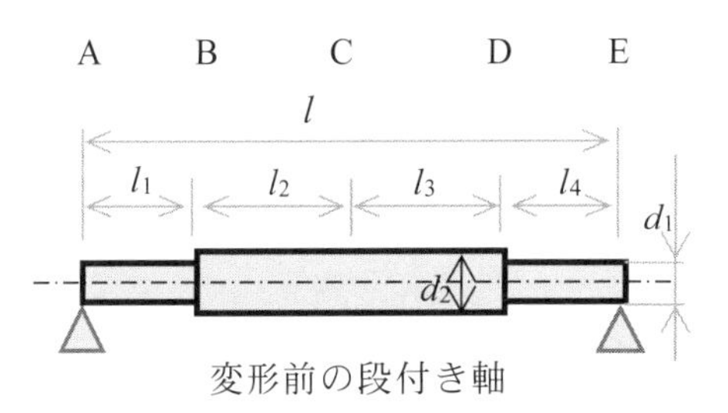

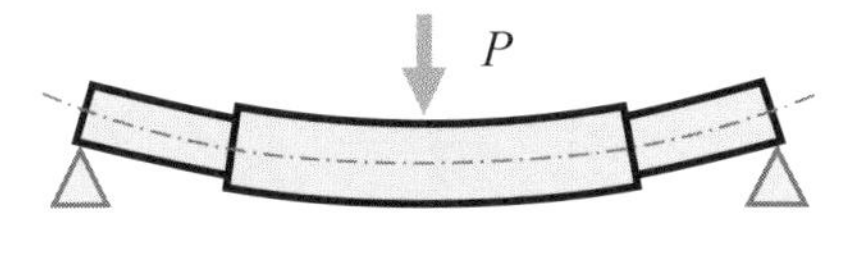

図 5.14　両端単純支持でその中央で集中荷重を受ける段付き軸

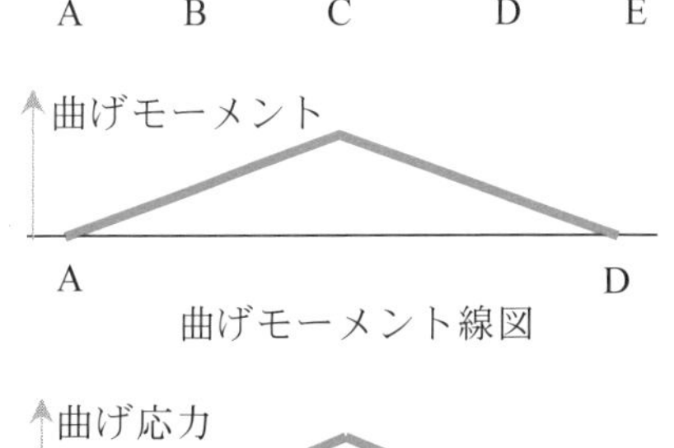

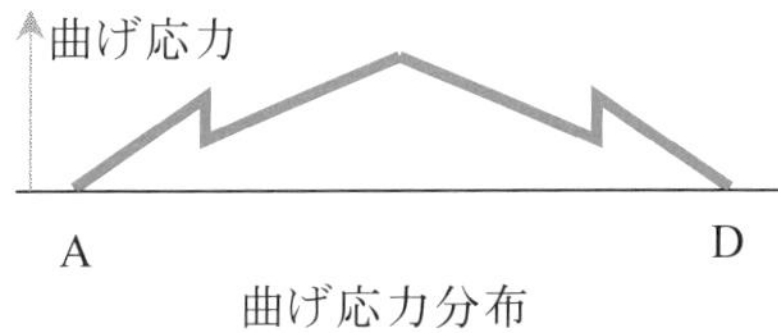

図 5.15　段付き軸における曲げモーメント線図と，曲げ応力分布

$$y_1 = -\frac{F}{12EI_1}x^3 + C_1x + C_2 \tag{5.21}$$

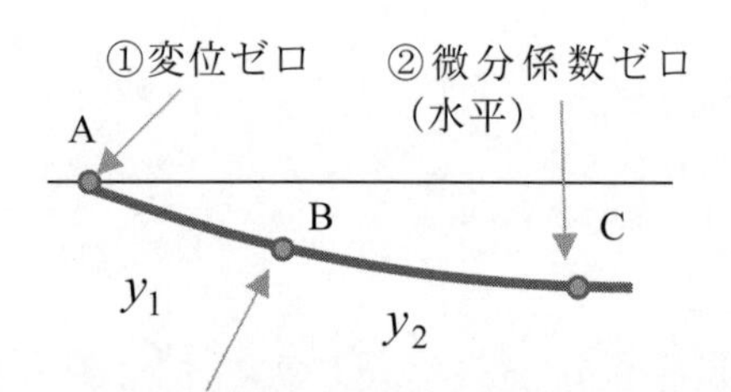

図 5.16 たわみ曲線の接続

となる．ここでこのたわみ曲線は図 5.16 のように表すことができ，①により $x = 0$ のとき $y_1 = 0$ であるから $C_2 = 0$ となる．

次に，BC 間の断面 2 次モーメントを I_2 とすれば，同様にして，たわみは

$$y_2 = -\frac{F}{12EI_2}x^3 + C_3x + C_4 \tag{5.22}$$

②により $x = l/2$ のとき $dy_2/dx = 0$ であるから C_3 が求まり，

$$y_2 = -\frac{F}{12EI_2}x^3 + \frac{Fl^2}{16EI_2}x + C_4 \tag{5.23}$$

となる．さらに③により $x = l/4$ のとき $dy_1/dx = dy_2/dx$ であるから C_1 が求まり，y_1 が次式のように表現できる．

$$y_1 = -\frac{F}{12EI_1}x^3 + \frac{5Fl^2}{128EI_1}x \tag{5.24}$$

$x = l/4$ のとき $y_1 = y_2$ であるから，式（5.23）と式（5.23）を連立させて，$I_2 = 2I_1$ の関係を用いて解けば C_4 は以下のように求まる．

$$C_4 = \frac{Fl^3}{768EI_1} \tag{5.25}$$

結局

$$y_2 = -\frac{F}{24EI_1}x^3 + \frac{Fl^2}{32EI_1}x + \frac{Fl^3}{768EI_1} \tag{5.26}$$

となる．$x = l/2$ のとき y_2 は最大となるので

$$\therefore \delta = y_{2(x=l/2)} = -\frac{F}{24EI_1}\left(\frac{l}{2}\right)^3 + \frac{Fl^2}{32EI_1}\frac{l}{2} + \frac{Fl^3}{768EI_1}$$

$$= \frac{-4Fl^3 + 12Fl^3 + Fl^3}{768EI_1} = \frac{9Fl^3}{768EI_1} \tag{5.27}$$

軸中央部の曲げ剛性 K_δ は単位変位を与える力で定義できるから，

$$K_\delta = \frac{F}{\delta} = \frac{768EI_1}{9l^3} \tag{5.28}$$

となる．この解析では，式の誘導を簡単にするために，$l_1 = l_2 = l_3 = l_4$ とし，断面 2 次モーメントも 2 倍と限定しているが，それぞれが互いに異なる値をもつときは，AB，BC，CD，DE の 4 区間のたわみ曲線を別々に求めなければならない．

さて，図 5.15 の曲げ応力の分布図では，軸の中央（C）で応力が最大となっている．これを点 B と点 C で比較してみることにしよう．曲げ応力は，

$$\sigma_M = \frac{M}{Z} \tag{5.29}$$

となる．ただし Z は断面係数である．

中実軸の断面 2 次モーメントは軸の直径の 4 乗に比例する一方，断面係数は直径の 3 乗に比例する．すなわち計算例に基づいて，

$$2 \cdot I_1 = I_2 \qquad \text{または,} \quad 2 \cdot d_1^{\ 4} = d_2^{\ 4} \tag{5.30}$$

したがって，$2^{3/4} \cdot d_1^3 = d_2^3$．すなわち $2^{3/4} \cdot Z_1 = Z_2$

の関係がある．一方曲げモーメントは，図 5.15 からも明らかなように，中央から支持点に向かって直線状に変化するから，

$$2 \cdot M_B = M_C \tag{5.31}$$

よって，

$$\sigma_C = \frac{M_C}{Z_2} = \frac{2 \cdot M_B}{2^{3/4} \cdot Z_1} = 2^{1/4} \cdot \frac{M_B}{Z_1} = 2^{1/4} \cdot \sigma_B \tag{5.32}$$

結局，与えられた条件では，段の部位の曲げ応力は軸中央の曲げ応力のおよそ 0.84 倍となるので，段の部位の応力は気にしなくてよいように思われる．しかし，実際には段付き部には応力集中が生じるため，応力で強度評価を行う場合には，応力集中係数を考慮に入れないといけないので十分に注意する必要がある．応力集中係数は，一般的には図 5.17 のようにグラフ化されている．また，疲労強度に対しては，切り欠き係数も定義されているので，所定の参考図書を参照するのがよい．

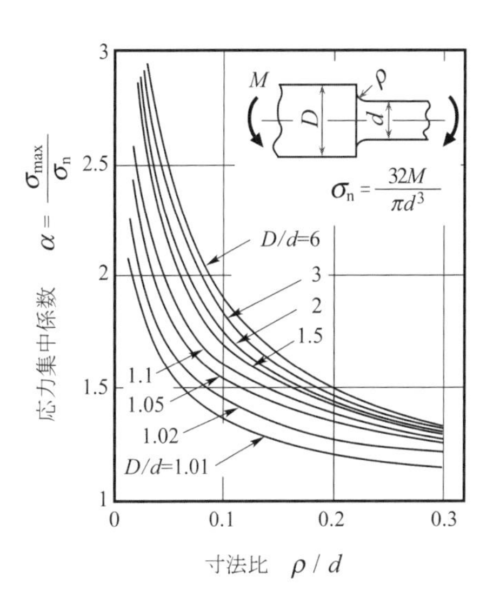

図 5.17 段付き軸の曲げによる応力集中係数

5・6 回転軸の危険速度 (critical speed of rotating shafts)

回転軸は，外部からの荷重に応じて変形するし，軸や軸に付属する部品は，それ自身が質量を有することから，軸の寸法・形状や材質・質量によって決まる固有の振動数を有している．もし軸の固有振動数が外荷重の変動振動数と一致すると，軸は共振を起こし，図 5.18 に示すような激しい振れ回り振動を発生する．このような変動振動数を危険速度と称し，回転軸の設計に際しては，必ず考慮しておく必要がある．通常の軸では，径方向の危険速度は極めて高く，特別の場合を除き考慮する必要はない．

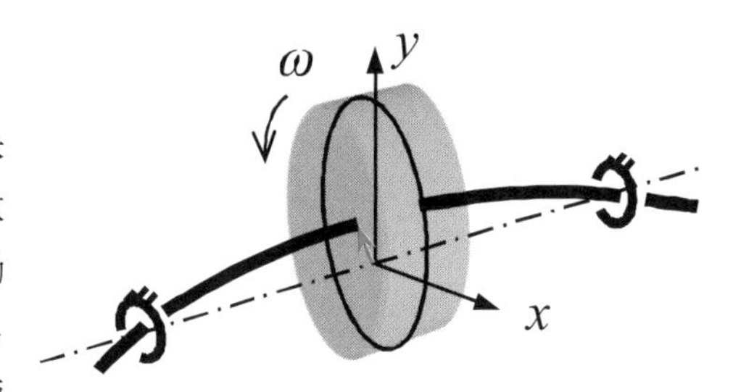

図 5.18 回転する軸，円板の振動の様子

まず，長さ l ，断面積 A の一様断面を有する回転軸を考える．その軸直角方向の，すなわち軸の曲げ固有振動数は，

$$\omega_n = \frac{\alpha_n^{\ 2}}{l^2}\sqrt{\frac{EI}{\rho A}}, \quad (n = 1, 2, 3, \cdots\cdots) \tag{5.33}$$

ここで，n は次数であり，α_n は振動数係数とよび，軸支持の境界条件（端末条件）に依存する定数である．$n = 1 \sim 3$ の範囲では軸の端末条件に応じて表 5.3 のような値をとり，軸に何らかの不釣り合いがあった場合には，その回転の周波数と一致すると共振し，振動の振幅が大きくなると，ケーシングに衝突して破壊したり，曲げ応力が許容値を超えて破断したりすることがある．また，軸受部は軸角が過大となって，機械的な障害となり得る．

表 5.3 軸の端末条件による振動数係数

端末条件	α_1	α_2	α_3
支持―支持	π	2π	3π
固定―固定	4.730	7.853	10.966
固定―支持	3.972	7.069	10.210
固定―自由	1.875	4.694	7.855

式(5.33)から明らかなように，回転軸には無数の危険速度が存在するが，設計者が考慮しなければならないのは，最も振動数の低い 1 次の危険速度であり，考慮するとしてもせいぜい 2 次までである．発電用のタービンなど，大形の機器においては，この危険速度を超えた回転速度で運転せざるを得ない

ことが多い．このため，不釣り合いを十分に小さくする必要がある．また，運転を開始して，回転速度の上昇率を高く設定すれば，共振振幅が大きくならないうちに危険速度域を通過することができる．さらには，運転中に軸のパラメータを変えて共振周波数を変えるといった能動的な工夫も可能である．

ここでは，軸の1次危険速度の簡単な推定方法について述べる．なお，軸を支持する軸受や軸受周り部品の変形を考慮したり，高次の危険速度を精密に推定したりするには有限要素法などを用いた数値計算が必要とされる．ここで1質点系と見なせる場合において，図5.18に示すように回転軸に比較的大きな質量mが1個だけ取り付けられ，軸の自重を無視した場合には，図5.19のようにモデルを描くことができ，危険速度ω_c (rad/s)は以下の式で与えられる．

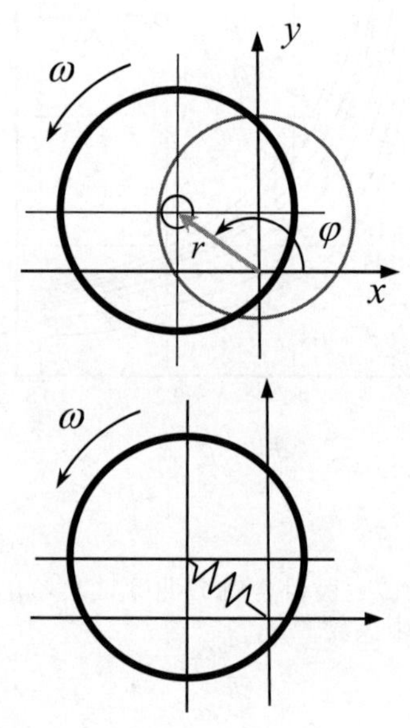

図5.19　円板の運動のモデル

$$\omega_c = \sqrt{\frac{k}{m}} = \sqrt{\frac{W/\delta}{W/g}} = \sqrt{\frac{g}{\delta}} \tag{5.34}$$

ここで，δは荷重W（$=mg$）による静たわみであり，k（$=W/\delta$）は軸の横方向ばね定数（横方向剛性）である．

以上，回転軸の固有振動数と危険速度について述べたが，実際の設計に際しては，以下の点に留意しておく必要がある．

① 軸受を支持する軸受や軸受周りの変形により，危険速度は10～30％程度低下する場合がある．

② 常用回転数は，最大でも1次危険速度の80％以下に設定する．

③ 常用回転数が，1次と2次危険速度の間にある場合は，両者から少なくとも20％以上離れた回転数に設定する．

④ 加減速時に1次危険速度を通過するような場合には，危険速度を速やかに通過させる．

第5章の参考文献

(1) 日本機械学会編，機械工学便覧デザイン編β4 機械要素・トライボロジー，(2005)．日本機械学会．

【参考１】ジェットエンジンの軸

下の図は，日本の会社が開発している小形ジェット機搭載のターボジェットエンジンにおける軸系の断面図である．中空軸が用いられ，低圧側軸と高圧側軸の２本に分けられており，これにファンやタービンが取り付けられている．下側の図は，そのうち低圧側軸の振動に関して，横軸を軸の回転速度（回転周波数）をとり，回転の不釣合いが固有振動数を励振しない設計指針を示している．１次の曲げモードと２次の曲げモード（モードとは固有振動数と，その周波数における振動の振幅分布を表す）の周波数は回転速度とともに変化するが，回転周波数の直線と交差する共進点が，運転速度の範囲の外にあるように設計されていることを示している．回転数による固有モードの周波数の推移については，前向きと後ろ向きのつれ回り振動があるので，合計４本の線が表示されている．そのうち前向き（上側の線）が不安定な振動を誘発する．(出典：野田悦夫，HF210ターボファンエンジンの開発，Honda R&D Technical Review Vo.26, No.2, P4, 2014)

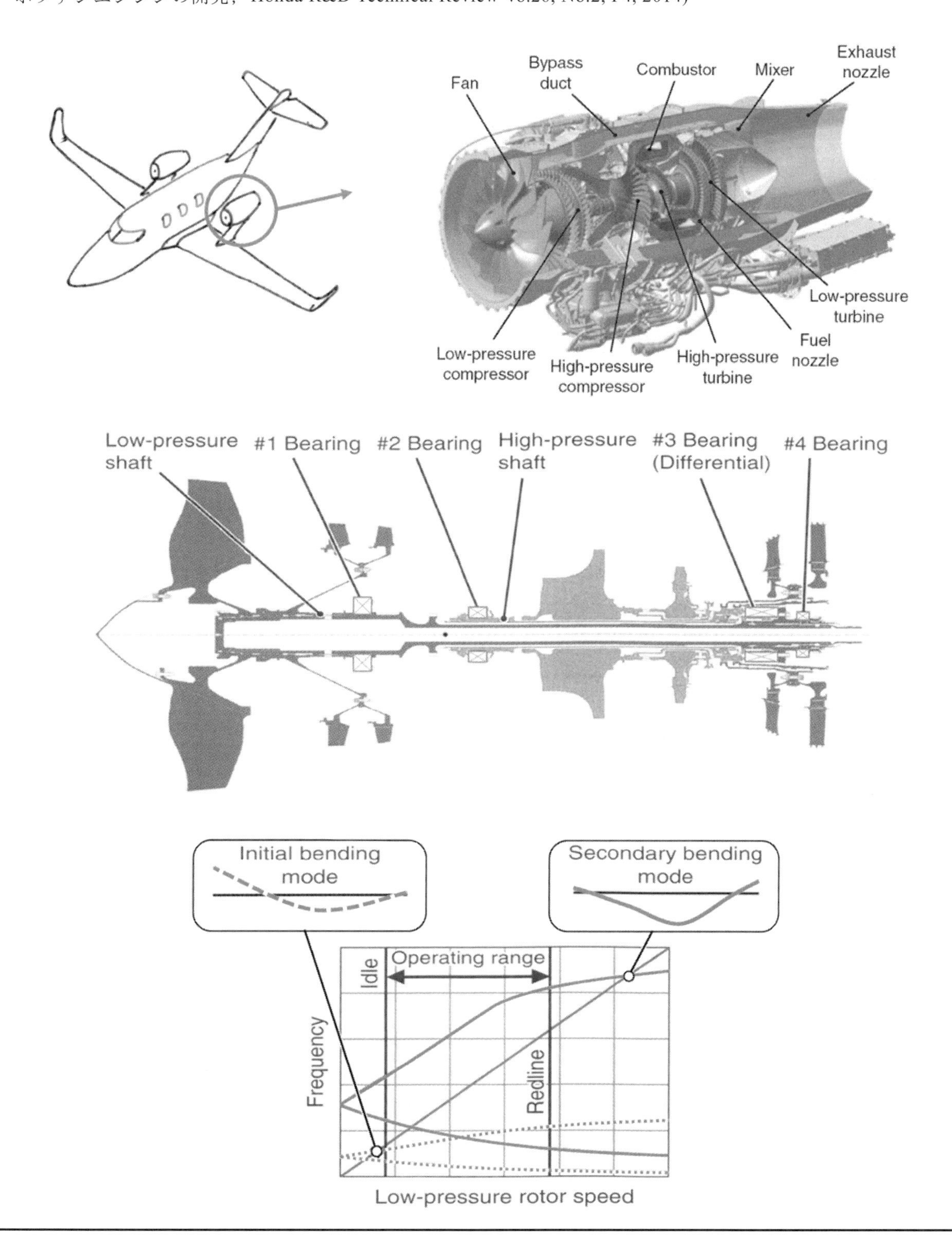

第6章

軸受と案内

Bearing and Guide

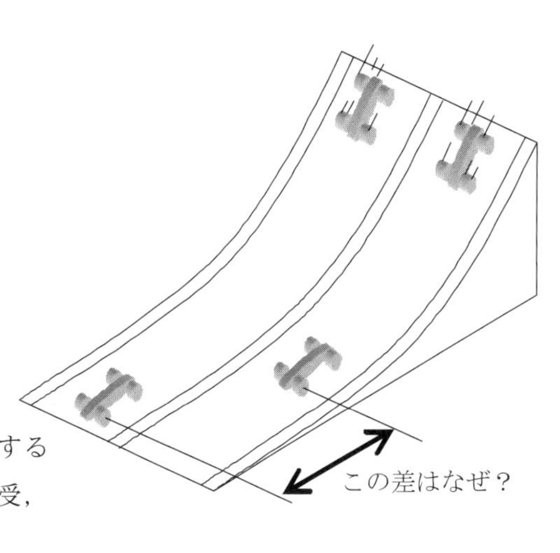

相対運動する物体間を用途に合わせた動きに拘束しつつ荷重を支持する機械要素を軸受 (bearing) というが，特に回転運動を支持する場合を軸受，直線的運動を支持する場合を案内 (guide) と呼ぶことが多い．

軸受は，図 6.1 に示すように，半径方向荷重を支えるラジアル軸受 (radial bearing)と軸方向荷重を支えるスラスト軸受 (thrust bearing, axial bearing)がある．これらは動きを伴う機械には不可欠な要素であり，紀元前 25 世紀の古代エジプトのレリーフには，巨像を運ぶすべりそりを描いたものがあり，すべり軸受のはじまりと考えられる．また，紀元前 1 世紀頃西ヨーロッパのケルト人が使用した馬車の車輪には，木製の転がり軸受 (rolling bearing) が備わっていた．古代においても労働負担を劇的に軽減したであろう．

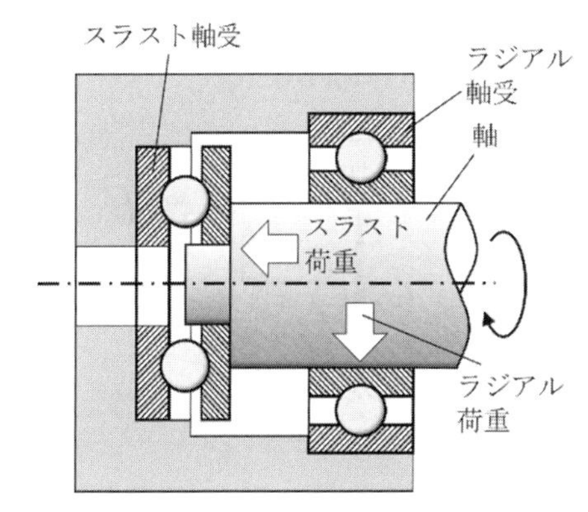

図 6.1　転がり軸受による回転運動支持

すべり軸受は，発電所のタービンなどの非常に重い軸の高速回転を受ける時などに用いられ，専用に設計することが多い．一方，転がり軸受は規格化され，用途に応じて選定する．一方直線運動の支持は，図 6.2 に示すように案内面とスライダの組合せで構成される．例えば CD プレイヤーの光ヘッドを動かすときや，工作機械のテーブルを直線状に動かすのにも用いられる．本章では，すべり軸受，転がり軸受，直動案内の基本的設計概念を学ぶ．なお，家電用各種モータの軸受などには，含油のメタルなどを用いたドライベアリングと呼ばれるものが用いられたりする．また，情報社会を支えるハードディスクの軸受としてもすべり軸受が多用されるが，詳細を理解したい方は他の専門書を参照してもらいたい．

いずれの要素にしても，運動に対する抵抗（見かけの摩擦力）を十分に小さくすることが求められる．

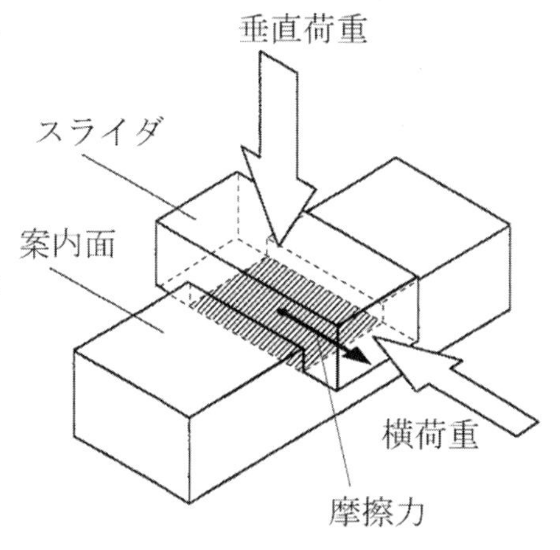

図 6.2　すべり軸受による直線運動支持

6・1　抵抗の低減方法 (how to reduce the friction)

運動に対する抵抗を小さくするには様々な方法があるが，大別すると以下のようになる．(図 6.3)

6・1・1　固体表面間の摩擦力低減（固体接触による自己潤滑）(self lubrication)

摩擦係数を小さくすれば，表面間の摩擦力を低減することができる．このためには，接触面の材質を選択すること，あるいは摩擦係数の小さい微細片（例えば，滑石粉や鉛筆粉）を接触面の間に挿入すること，接触面から油剤をしみ出させることが行われる．

プラスチック材料の PTFE (PolyTetraFluorEthylene) のように分子構造的に

低摩擦な材料があり，またグラファイト，二硫化モリブデンは固体潤滑剤としてよく知られている．

> 参考１【摩擦力とは】
> 摩擦力は，物理学的には面と面とが接触して滑るときに生ずる抵抗であるが，機械工学では，接触しない場合でも発生する抵抗を見かけ上，摩擦力の用語で取り扱うことが多い．

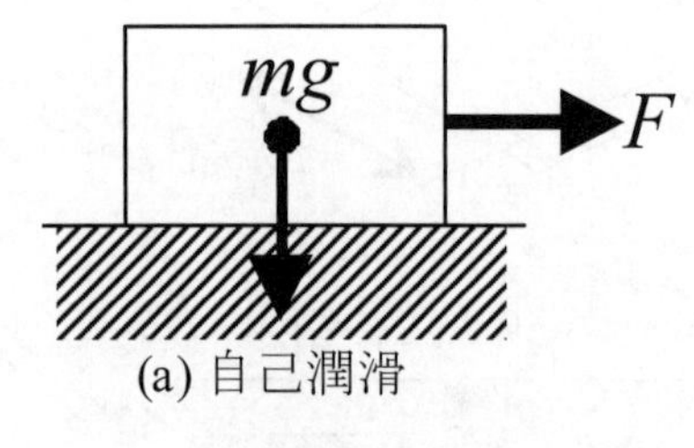

(a) 自己潤滑

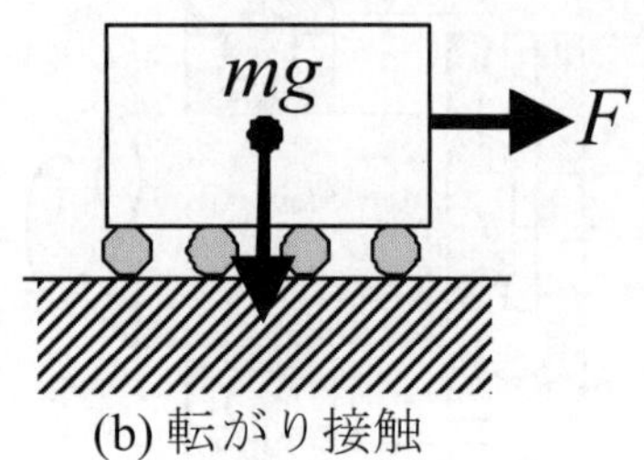

(b) 転がり接触

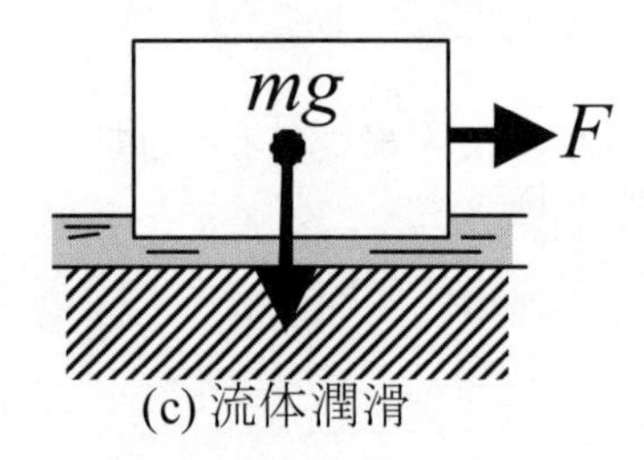

(c) 流体潤滑

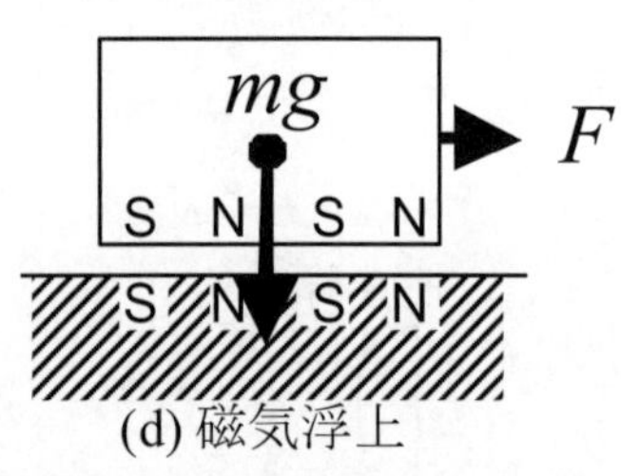

(d) 磁気浮上

引っ張る力は，
磁気浮上 ＜ 流体 ＜ 転がり ＜ 固体・自己潤滑・境界
の順に小さい．
図 6.3　抵抗の低減方法

6・1・2　転動体の転がりによる抵抗の低減 (rolling contact)

玉やころを物体間に挿入すればその間は転がり接触 (rolling contact) となり抵抗が小さくなる．これを利用したのが転がり軸受 (rolling bearing) であり様々な形態の規格品が利用可能である。ただし，接触面積が小さいことから極めて大きい荷重や衝撃荷重の加わる所での使用には注意が必要である．（玉と平面では点接触，円筒と平面では線接触となることを思い浮かべると良いが，実際には，接触による弾性変形により，面接触となる.）

6・1・3　流体の潤滑による抵抗の低減 (fluid lubrication)

油で代表される液体や，気体を物体間に介在させ，固体接触のない状態を作ることにより，抵抗を減らすことができる．物体間の流体に圧力を生じさせて荷重を支える必要がある.この観点から流体の運動を利用する動圧軸受，静圧軸受という区別がある．

> 参考２【固定潤滑剤】
> 黒鉛や二硫化モリブデンは層状の結晶構造を持ち，層間の結合力が低いことから減摩作用がある．これをすべり面に介在させるのが固体潤滑 (solid lubrication) であり，軸受としたのが固体潤滑軸受 (solid lubricated bearing) もしくはドライベアリング (dry bearing) である．真空環境や放射線下，高温など油剤の使用が困難な場所で使われる．

6・2　すべり軸受 (sliding bearing)

6・2・1　すべり軸受の概要 (outline of sliding bearing)

すべり軸受は，前節の 6.1.1 および 6.1.3 (図 6.3(a)(c)) により構成されるものである．固体潤滑皮膜などで構成される軸受もあるが，一般には潤滑油を介在させて軸と軸受が直接接触しないようにする．このため軸受内の流体に圧力を発生させる必要がある．潤滑油膜の界面の形状と軸の回転速度を利用して，くさびの効果などにより流体をすきまに押し込むようにすることが考えられる．この原理による軸受を動圧軸受 (hydrodynamic bearing)と呼ぶ．特に回転軸の表面を，コロなどを使わずに直接支持する軸受をジャーナル軸受 (journal bearing) と呼んでいる．一方外部のポンプを用いて軸受内の圧力を上昇させ，浮き上がらせるものを静圧軸受 (hydrostatic bearing) と呼ぶ．

流体として液体（油剤）を用いた場合は流体が非圧縮とみなされるため，高い負荷能力が得られるが，液体の粘性により高速運転では発熱に注意する必要がある。今日では流体に気体を用いた場合も多く，高速かつ高精度で回転する軸に用いられる．例えば微細加工用の工作機械の主軸や，ハードディスクの軸受に用いられる．これらでは，粘性が低いために発熱は少ないが，気体の圧縮性のため剛性が低いことに留意する必要がある．

6・2・2　軸受特性数 (bearing characteristic number)

油剤を用いるすべり軸受では，潤滑油膜の厚さを確保する観点から，潤滑状態を軸受特性数 G という指標で評価する．潤滑状態は，潤滑油の物性である粘度と，物体間の荷重，すべり速度で評価できるとして，軸受特性数 G は次式で与えられる．

$$G = \frac{v\eta}{p_m L} \qquad (6.1)$$

ただし，すべり速度 v [m/s]，油剤の粘度 η [Pa・s]，接触面圧 p_m [Pa]，及び代表長さ L [m] (スライダの長さなど)とする．この値は，一般的には無次元の速度と見ることができ，長いと小さくなり，面圧が高くなっても低速度と等価とみなせるパラメータである． $p_m L$ は単位幅あたりの荷重と表現される場合もある．軸受特性数 G の値によりすべり面の摩擦係数は図 6.4 に示すような変化をし，この曲線をストライベック曲線とよぶ．

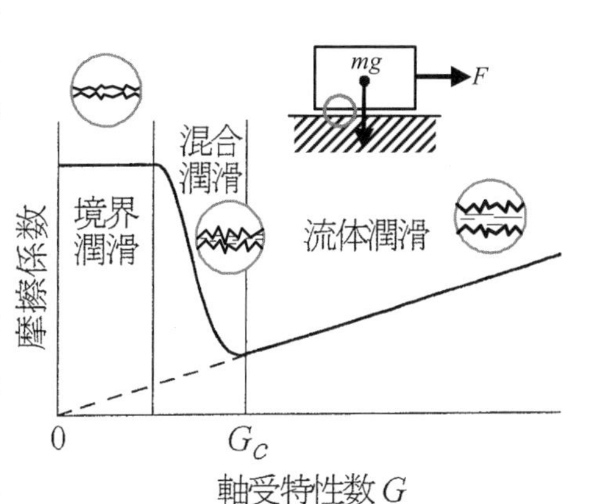

右下がり特性はスティックスリップ（自励振動）が発生する．

図 6.4　ストライベック曲線

G の値が小さいとき（すべり速度が低いとき、油剤の粘度が低いとき、面圧が高いときなど）は油膜が十分に形成されず，個体同士の接触が中心の境界潤滑 (boundary lubrication) 状態となる．動圧軸受では機械の起動・停止時にはこの状態となる．したがって頻繁に起動停止を繰り返す軸受においては，すべり面の損傷を防ぐために軸受材料，油剤・添加剤の選定が重要となる．

G の値が大きくなると，油膜に発生する圧力が十分に大きな値となり固体接触の無い流体潤滑 (fluid lubrication) 状態となる．

境界潤滑と流体潤滑の間には遷移領域として混合潤滑 (mixed lubrication) 状態がある．すべり速度の増加に対して摩擦係数(抵抗)が低下する右下がり特性のため，振動的な動きとなるスティックスリップ (stick slip) が発生しやすい．

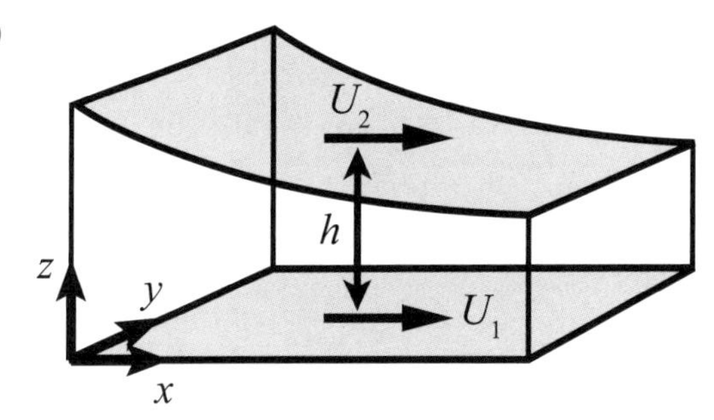

図 6.5 すべり軸受模式図

6・2・3　流体潤滑理論 (theory of hydrodynamic lubrication)

2 面間に介在する潤滑油の機能を理解するには，流体力学に基づき，圧力と流体内のせん断応力を関係付ける理論展開が必要となる．詳細は末尾に示すこととするが，図 6.5 に示すように，上下の境界面の間における相対運動で隙間を維持するような力が作用する．ここではジャーナル軸受の流体潤滑を想定して，下面と上面の x 方向速度を U_1, U_2 とする．また流体の圧力を p, すきまを h とし，密度 ρ, 粘度 η の流体ですきまが満たされているとする．

流れを層流とすれば，すきまがせまい事から流体の持つ速度は z 方向にのみ変化が大きいと仮定できる．さらに体積力，慣性力を無視して，座標系を考慮すると上下の壁面での速度は $U_1 = 0$, $U_2 = -U$ と考えればよい．また非圧縮性だから密度を一定，図 6.6 のように y 方向（奥行き方向）には速度などの変化が無く 2 次元で考えるとすると，

$$\frac{d}{dx}\left(h^3 \frac{dp}{dx}\right) = 6\eta U \frac{dh}{dx} \qquad (6.2)$$

のように全微分で表すことができる．（参考 3 および JSME テキストシリーズ流体力学 P143 練習問題 8・5 参照）

x で積分すると

$$h^3 \frac{dp}{dx} = 6\eta U h + A \tag{6.3}$$

ここで，p が最大となるところ（$dp/dx = 0$）での h の値を h_m とおいて積分定数を与えれば，

$$\frac{dp}{dx} = 6\eta U \frac{h - h_m}{h^3} \tag{6.4}$$

と表現できる．ここで油膜厚さ h は幾何学的に，

$$h = h_0 + S_h\left(1 - \frac{x}{l}\right) \tag{6.5}$$

であり，これにより，p などを次のように無次元化して解けば，

$$P = \frac{6X(1-X)}{(H_0 + 1 - X)^2(1 + 2H_0)} \tag{6.6}$$

となり，図 6.6 に示すように圧力分布が求められる．ただし，

$$P = \frac{pS_h^2}{\eta U l},\ H = \frac{h}{S_h},\ H_m = \frac{h_m}{S_h},\ H_0 = \frac{h_0}{S_h},\ X = \frac{x}{l} \tag{6.7}$$

である．

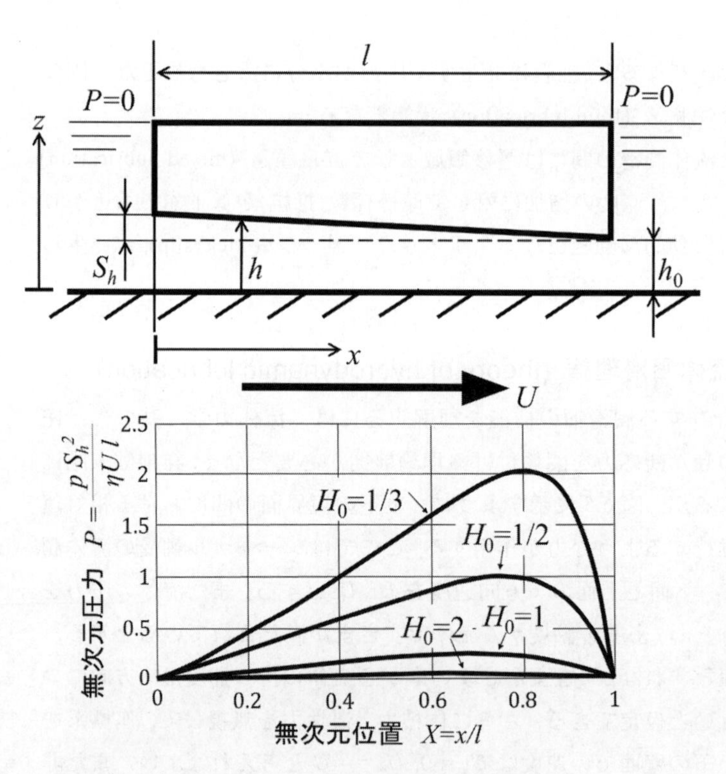

図 6.6　2 次元傾斜スライダとその油膜圧力計算結果

【例題 6．1】無次元化した圧力 P の方程式（式 6.6）を解いてみよう．

【解答】 式 6.4 に式 6.7 を代入すると，$\frac{\eta U l}{S_h^2}\frac{dP}{dX} = 6\eta U \frac{S_h H - S_h H_m}{S_h^3 H^3}$ より

$$\frac{dP}{dX} = 6\left(\frac{H - H_m}{H^3}\right).$$

また，　$H=\dfrac{h}{S_k}=H_0+1-X$　であるから，　$\dfrac{dH}{dX}=-1$．

$$P=6\int\left(\frac{1}{H^2}-\frac{H_m}{H^3}\right)dX=-6\int\left(\frac{1}{H^2}-\frac{H_m}{H^3}\right)dH=-6\left(\frac{1}{H}-\frac{H_m}{2H^2}\right)+B$$

境界条件より，$X=0$ つまり $H=H_0+1$ のとき $P=0$．

また，$X=1$ つまり $H=H_0$ のとき $P=0$ であるから，

$$H_m=\frac{2H_0(H_0+1)}{1+2H_0},\ B=-\frac{6}{1+2H_0}$$

よって，無次元圧力 P は，次のようにあらわすことができる．

$$P=6\left\{\frac{1}{H_0+1-X}-\frac{2H_0(H_0+1)}{2(H_0+1-X)^2(1+2H_0)}-\frac{1}{1+2H_0}\right\}$$

$$=\frac{6X(1-X)}{(H_0+1-X)^2(1+2H_0)}$$

無次元圧力 P の計算結果について，H_0 をパラメータとして表すと図 6.6 となる．スライダの傾きを一定として浮き上がり量を小さく（H_0 を小さく）すると大きな圧力が発生し，最大圧力の位置は出口側に偏る．

6・2・4　動圧ジャーナル軸受 (hydrodynamic journal bearing)

前項で説明したように，平面と斜面の相対運動により，そのくさび形のすきまに発生する油膜圧力を利用して流体潤滑状態とするのが動圧軸受である．このうち，工作機械のしゅう動面や内燃機関に使用し，平面あるいは円筒面のみ，あるいはそれに油溝を付けたものを平軸受 (plain bearing) という．これを回転軸に応用した一例として，最も簡潔な構造であるジャーナル平軸受の計算結果を紹介する．

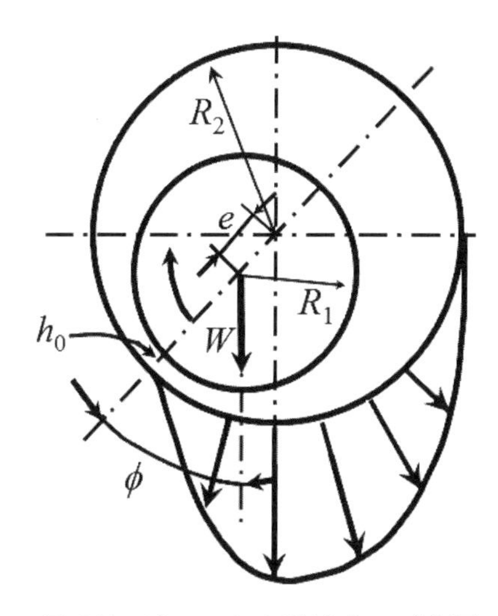

図 6.7　ジャーナル平軸受モデル図

図 6.7 のように内半径 R_2 の軸受に外半径 R_1 の軸が入って回転している際に，荷重 W が作用していると，これに見合って偏心が発生する．このとき，最大すきまから最小すきま h_0（最小油膜厚さ）にかけて、流体くさびが形成され、図 6.6 と同様に油膜圧力が発生する。この分布する圧力は，荷重 W および流体からの見かけの摩擦力とつりあう．このために，軸の中心が図のように偏心量 e，傾斜角 ϕ の位置にずれる．ここで，軸受特性数に相当するパラメータとして，次式のように表されるゾンマーフェルト数 (Sommerfeld number) S を横軸にとって評価する．

$$S=\frac{\eta N}{\psi^2 p_m} \quad (6.8)$$

N は軸回転速度 [r/s]，$\psi=c/R_1$，$c=R_2-R_1$, $p_m=W/LD$ である．D は直径に関する代表長さであり，通常はジャーナル部分の直径($2R_1$)を用いる．このパラメータを使って，以下の無次元化した諸量（最小油膜厚さ h_0/c，偏心率 $\varepsilon=e/c$，見かけの摩擦係数 $\eta R_1/c$，温度上昇 $\rho c_p \Delta\theta/p_m$）が推定できる．

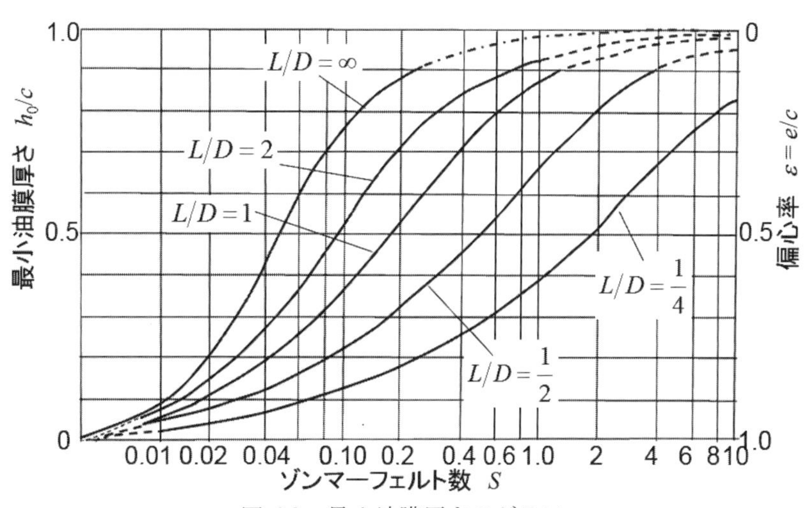

図 6.8　最小油膜厚さのグラフ

$\Delta\theta$は油剤の温度上昇，c_pは比熱である．軸受の最小油膜厚さのグラフを一例として図 6.8 に示す．

実際に最小油膜厚さ h_0 を設定するには，実際の軸、軸受の表面のあらさを考慮する必要がある．油膜厚さ以下ではあらさの先端で固体接触が発生するので，接触の有無を判断する指標として膜厚比Λが使われる．

$$\Lambda = \frac{h_0}{\sqrt{\sigma_1^2 + \sigma_2^2}} \tag{6.9}$$

【例題 6. 2】軸直径 D=60mm，軸受幅 L=30mm，すきま c=0.03mm のジャーナル平軸受に荷重 W=18 kN が作用し，2400 r/min で回転している．潤滑油を VG32，入力油温 50℃のときη=0.02Pa･s として，最小油膜厚さを計算せよ．ただし，軸受内の油膜温度上昇は考慮しない．また，軸および軸受の表面粗さ（自乗平均平方根粗さ R_q）をσ_1=0.5μm，σ_2=1.0μm として膜厚比Λを計算せよ．

【解答】 N=2400/60=40r/sec^{-1}，$p_m = \frac{W}{LD} = \frac{18000}{0.06 \times 0.03} = 10\text{MPa}$，

すきま比 $\frac{c}{R} = \frac{0.03}{30} = 0.001$ となる．

得られた係数を用い，ゾンマーフェルト数 S は式 6.8 より，

$$S = \frac{\eta \cdot N}{p_m (c/R)^2} = \frac{0.02 \times 40}{10 \times 10^6 \times (0.001)^2} = 0.08$$

図 6.8 において $L/D = \frac{1}{2}$ であるから，$h_0/c = 0.19$

よって，h_0=0.0057mm=5.7μm，式 6.9 より，$\Lambda = 5.7/\sqrt{0.5^2 + 1^2} \cong 5.1$

6・2・5　静圧軸受 (hydrostatic bearing)

気体や液体の噴出しで物体を浮き上がらせることを利用したのが静圧軸受である。流体は常時外部へ流出するので，これに見合うよう，流体に圧力を与えて送り込むポンプを必要とする．すべり面の運動とは無関係に安定した軸受特性が得られるという特徴がある。工作機械のスピンドルに使われることが多い．なお高い剛性の軸受とするには浮き上がり量の変化に対し高感度高応答で圧力を制御できる工夫が必要である

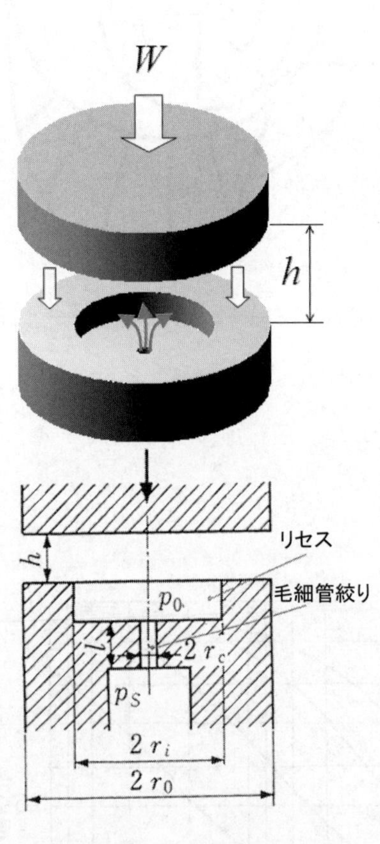

図 6.9　静圧パッド軸受
エアーホッケーを連想してみてみよう．また，平滑なテーブルに置かれた椀に，熱い味噌汁を注いでみよう．

図 6.9 には，その基本構造として静圧パッドと呼ばれる平面で浮上する静圧軸受の例を示す．リセス (recess，くぼみ) と絞り (constriction) は流量や浮上量に関わる．流体の流れを制限する絞りには毛細管絞り，オリフィス絞り，多孔質絞りがある．

静圧軸受の特性の計算は，流体の基礎式から出発すればよいが，その本質は，流体の供給量と，漏出量のバランスであり（連続性），入り口と出口には流れに抵抗するすきまや絞りがある（力のつりあい）と考えればよい．詳細は省略するが，以下の式で負荷容量を求めることができる．

$$W = \frac{A_e p_s}{1 + K_b h^3 / K_c} \tag{6.10}$$

この式より，h が大きくなると急激に負荷容量が減ることがわかる．ここで，

A_eは有効面積でありリセス部面積に出口絞り部を考慮して

$$A_e = \frac{\pi\left(r_o^2 - r_i^2\right)}{2\ln\left(r_o/r_i\right)},$$

K_bは出口部の内外径から決まる係数であり，K_cは細管絞りの径と長さによる圧力損失から求まるパラメータで，それぞれ以下のように表せる．

$$K_b = \frac{\pi}{6\ln\left(r_o/r_i\right)},\quad K_c = \frac{\pi r_c^4}{8\eta l}$$

式 6.10 は，供給圧力 p_s 一定の下で h のわずかな減少に対応して W が著しく増加することを示しているので，大きな荷重をわずかな浮上量で受けることが理解できる．軸受としての最適条件は剛性 $(k = -\partial W / \partial h)$ が最も高くなることであり，$\partial^2 W / \partial h^2 = 0$ から，

$$p_0/p_s = 2/3,\quad h^3 = 0.5K_c/K_B$$

とすればよい．ジャーナル軸受に対しても，同様と理解すればよい（詳細は機械工学便覧β4-44 参照）．

参考３【式６．２を導出してみよう】

図 6.5 のすべり軸受において，下面と上面の x 方向速度を U_1, U_2 とする．また流体の圧力を p，すきまを h とし，密度ρ，粘度η の流体ですきまが満たされているとする．流れを層流とすれば，すきまがせまい事から流体の持つ速度は z 方向にのみ変化が大きいと仮定できる．力のつり合いから，流体の圧力 p とせん断力 τ_{zx}，τ_{zy} の間には次式の関係が成り立つ．

$$\frac{\partial p}{\partial x} = \frac{\partial \tau_{zx}}{\partial z},\quad \frac{\partial p}{\partial y} = \frac{\partial \tau_{zy}}{\partial z} \tag{6.11}$$

また，ニュートン流体 (Newtonian fluid) であるとすれば，

$$\tau_{zx} = \eta\frac{\partial u}{\partial z},\quad \tau_{zy} = \eta\frac{\partial v}{\partial z} \tag{6.12}$$

式 6.12 を式 6.11 に代入し，圧力，粘度および密度は膜厚方向には変化しないと仮定して積分して，境界条件 $z=0$ で $u=U_1$，$v=0$，また，$z=h$ で $u=U_2$, $v=0$ のもとに整理すれば xy 方向の流体速度成分 u, v は，

$$u = \frac{1}{2\eta}\frac{\partial p}{\partial x}\left(z^2 - hz\right) + U_1 + \left(U_2 - U_1\right)\frac{z}{h},\quad v = \frac{1}{2\eta}\frac{\partial p}{\partial y}\left(z^2 - hz\right)$$

となる．したがって，xy 方向の流量は次式によって求められる．

$$q_x = \int_0^h u dz = -\frac{h^3}{12\eta}\frac{\partial p}{\partial x} + \frac{U_1 + U_2}{2}h,\quad q_y = \int_0^h v dz = -\frac{h^3}{12\eta}\frac{\partial p}{\partial y}$$

ここで，連続の式 $\frac{\partial(\rho q_x)}{\partial x} + \frac{\partial(\rho q_y)}{\partial y} + \frac{\partial(\rho h)}{\partial t} = 0$ に上記結果を代入すると，

$$\frac{\partial}{\partial x}\left(\frac{\rho h^3}{12\eta}\frac{\partial p}{\partial x}\right) + \frac{\partial}{\partial y}\left(\frac{\rho h^3}{12\eta}\frac{\partial p}{\partial y}\right) = \frac{U_1 + U_2}{2}\frac{\partial(\rho h)}{\partial x} + \frac{\partial(\rho h)}{\partial t}$$

これをレイノルズ方程式 (Reynolds, 1886) と呼び，流体潤滑理論の基礎式としてよく知られている（機械工学便覧デザイン編β4，機械要素・トライボロジー，p. 150）．動圧軸受と考えるとき，図 6.5 の上面が，傾斜をそのままにして下面と平行に x 方向に移動すると考え，式を導いてみよう．

$$\frac{\partial(\rho h)}{\partial t} = \frac{dx}{dt}\frac{\partial(\rho h)}{\partial x} = U_2 \frac{\partial(\rho h)}{\partial x}$$

となることから，レイノルズ方程式は，

$$\frac{\partial}{\partial x}\left(\frac{\rho h^3}{12\eta}\frac{\partial p}{\partial x}\right) + \frac{\partial}{\partial y}\left(\frac{\rho h^3}{12\eta}\frac{\partial p}{\partial y}\right) = \frac{U_1 - U_2}{2}\frac{\partial(\rho h)}{\partial x}$$

となる．さらに体積力，慣性力を無視して，$U_1 = 0, U_2 = -U$ とし、密度を一定，図 6.6 のように y 方向（奥行き方向）には速度などの変化が無く 2 次元で考えるとすると，式 6.2 のように全微分で表すことができる．

参考 4【焼付きとは】
軸受など互いに滑る要素が，動的に許容値から外れて境界潤滑状態を超え，金属接触が著しくなると，金属が瞬間的に発熱し溶着することがある．これを焼付きと呼ぶ．

参考 5【すべり軸受用材料の例】鋳鉄，黄銅，青銅，砲金（ガンメタルともいわれ，鋳造しやいので大砲などに使用していた），ホワイトメタル，ケルメット，アルミ合金等の軟質材，固体潤滑性材料等がある．

6・2・6　軸受材料の選択による焼付き防止 (seizure prevention by the selection of the material for sliding bearing)

すべり軸受を構成する際に，滑る相手を同じ材質とすると異常摩耗や焼付きを生じやすくなることが知られている．万一焼付くと大きな損害を被る恐れのある機械では，互いに種類の異なる材質で軸受を構成する．例えば，軸側を硬質な平滑面とし軸受穴側には軟質な軸受材料が使われる。穴を黄銅とし，軸を鋼とする組み合わせや，鋳物と鋼の組み合わせ等を用いる．

工作機械のすべり案内面のように低速度で滑る場合には，本体と同一材である鋳鉄をそのまますべり面として使うことも多い．これは潤滑下において鋳鉄は析出したグラファイトが固体潤滑材的役割を果たし，耐摩耗性，耐焼付性を発揮するからである．

6・3　転がり軸受 (rolling bearing)

6・3・1　転がり軸受の特長 (features of rolling bearing)

転がり軸受 (rolling bearing) は，転動体 (rolling element) と呼ばれる玉 (ball) またはころ (roller) の転がり運動を使って回転の案内をする軸受である．一般的に点接触する玉軸受 (ball bearing)にくらべて，線接触するころ軸受 (roller bearing) は負荷能力が大きい．その軸受の主要寸法である内径と外径と幅，主要寸法と回転の精度，軸受すきま，寿命計算法などが**国際標準化機構** (ISO) の規格として標準化され，いろいろな種類の軸受が，世界各地の専業メーカで生産され，市場に流通している．

転がり軸受には次の特長がある．

a) 見かけの摩擦が小さい．

b) 起動摩擦と運動摩擦の差が小さいので制御性が良い．

c) 寸法の標準化がなされており内径数 mm から 10m 程度までバリエーションが多く，比較的安価であり保全と修理が容易である．

参考 6【転がり軸受の見かけ上の摩擦係数，設計時の寸法】
鋼製の定盤に同じ材質のブロックをおいて水平方向に滑らせるときの摩擦係数は，概ね 0.1～0.3 程度であるが，間にころまたはボールを敷いて滑らせると，見かけ上の摩擦係数は 0.001 程度となる．軸受の寸法は用いる軸寸法を基準にするため，内径寸法を用いて設計するのが一般的である．

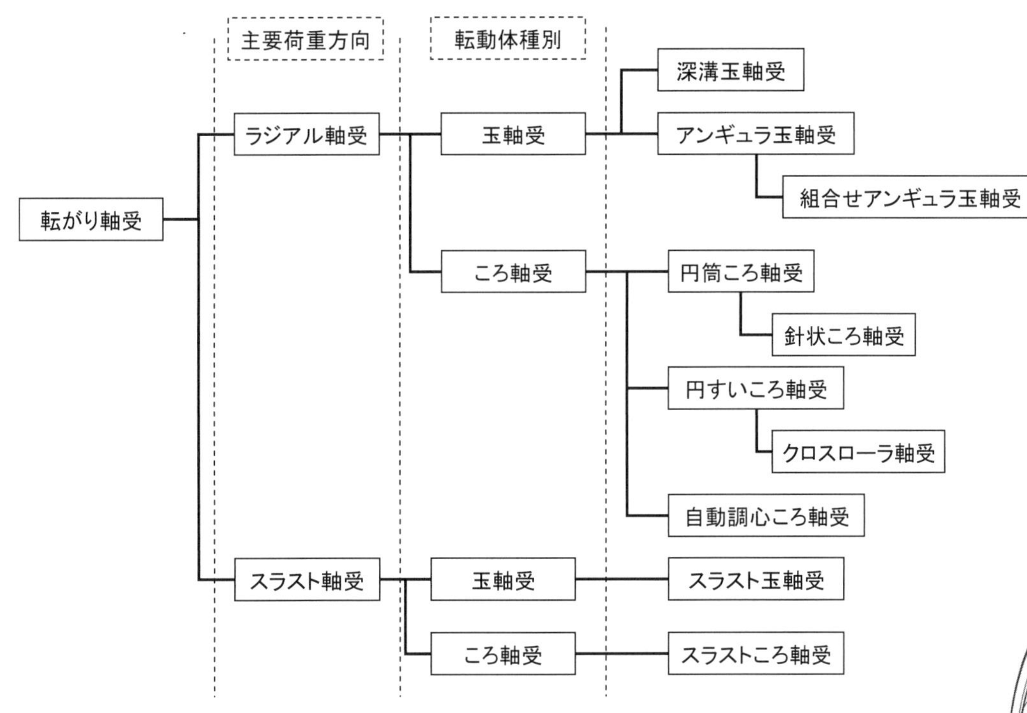

図 6.10　主要転がり軸受形式の分類

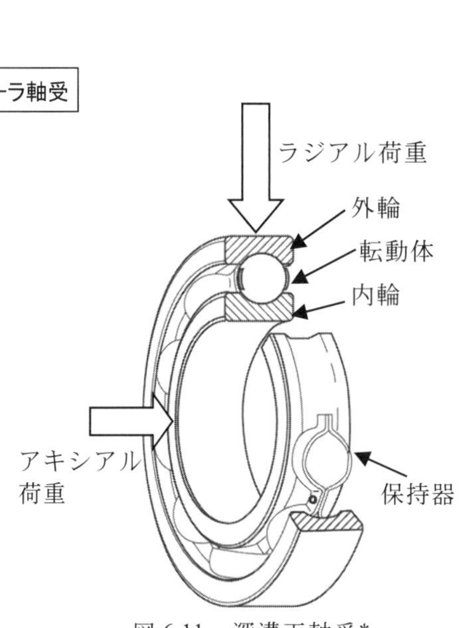

図 6.11　深溝玉軸受*

6・3・2　転がり軸受の基本構造 (basic structure of rolling bearing)

転がり軸受は内輪 (inner ring)，外輪 (outer ring)，転動体および保持器 (retainer, cage) で構成される．保持器は転動体を軸受内に保持し，転動体同士の直接接触を防ぐ役割をする．

図 6.10 に主要な軸受形式の分類を示す．転がり軸受には，主として軸受中心軸に直交するラジアル荷重 (radial load) を支えるラジアル軸受，中心軸に平行なアキシアル荷重 (axial load) を支えるスラスト軸受がある．ラジアルとアキシアルの両荷重を同時に受けることのできるアンギュラ軸受では，接触角 (contact angle) が 45 度以下をラジアル軸受，45 度を超えるとスラスト軸受と呼ぶ．接触角とは，玉軸受では内輪軌道と玉および外輪軌道と玉の接触点を結ぶ線である玉荷重の方向線と軸受中心軸に直交する平面とのなす角である．円すいころ軸受では，外輪軌道の延長線と軸受中心軸のなす角である．軸受荷重には，軸受中心を通る直径軸のまわりに軸受を傾けるモーメント荷重 (moment load) もある．この荷重が 1 個の軸受に加わると軸受損傷の原因になるので，特殊な軸受を除き 2 個以上の軸受で支持して各軸受がラジアル荷重を受けるようにする．

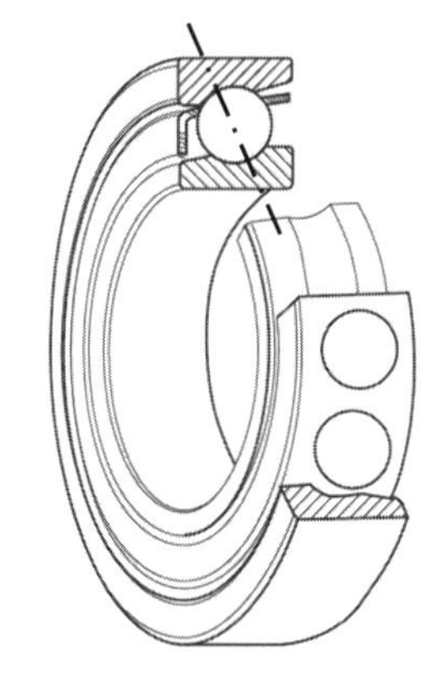

図 6.12　アンギュラ玉軸受*

6・3・3　主な転がり軸受の形式 (main types of rolling bearing)

a. 深溝玉軸受（図 6. 11）

転がり軸受の中で最も多く使われている．軌道の溝が深く，玉はラジアル荷重では溝底，アキシアル荷重では溝肩近くで接触して荷重を支えるので，両荷重を 1 個の軸受で支えることができる．また側面に合成ゴム製シールまたは金属製シールドをつけたグリース密封玉軸受があるが，実用上メンテナンスフリーにできるため転がり軸受使用数の半数以上を占めている．

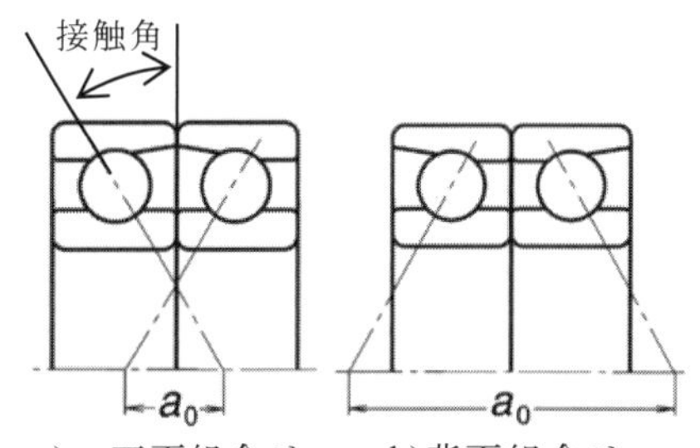

a)　正面組合せ　　b)背面組合せ

図 6.13　組合せアンギュラ玉軸受*
（図中の一点鎖線は，玉と軌道の接触点を結ぶ直線である）

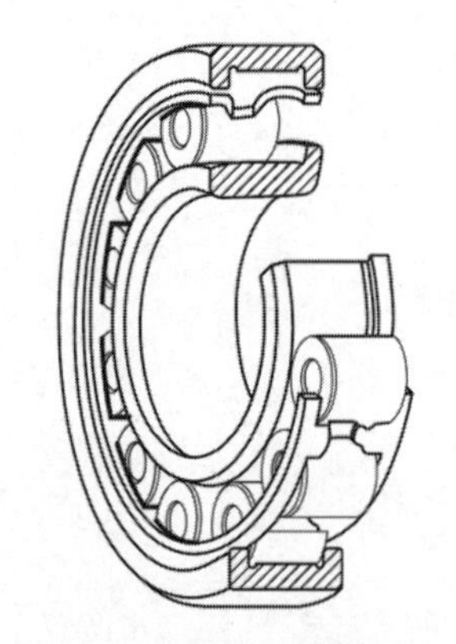

図 6.14　円筒ころ軸受*

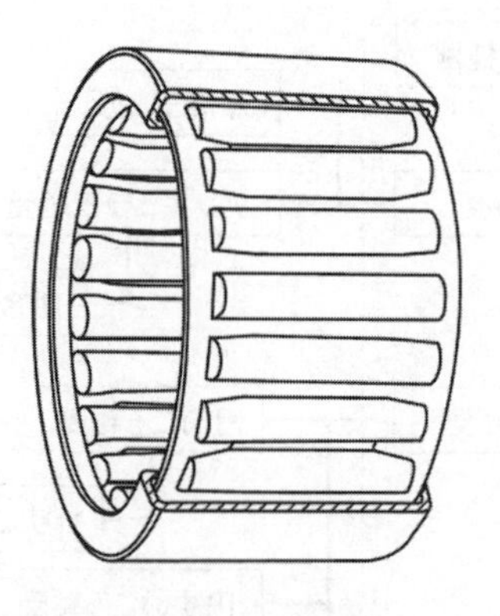

図 6.15　針状ころ軸受*
(長さ/直径＞3～10)

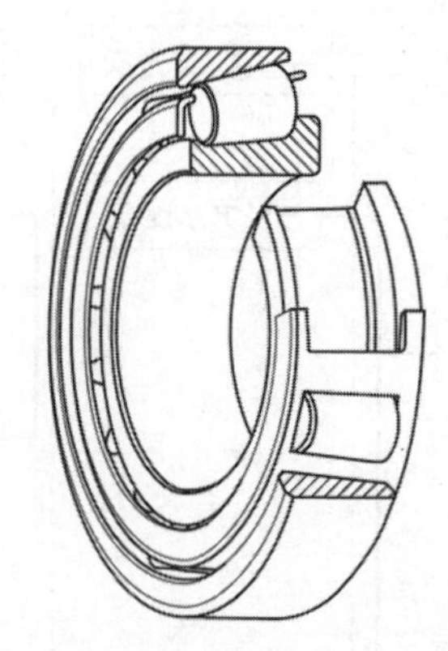

図 6.16　円すいころ軸受*

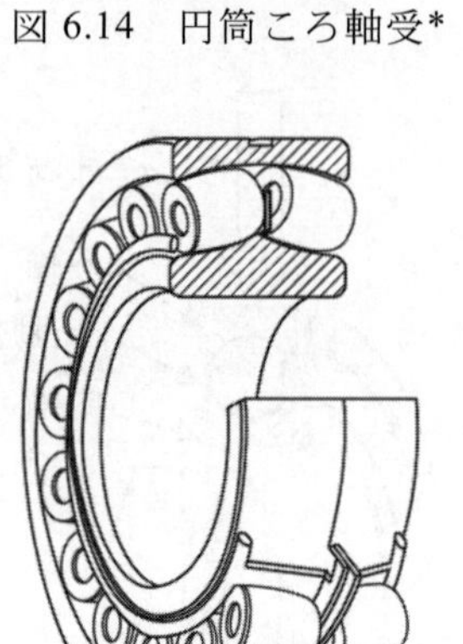

図 6.17　自動調心ころ軸受*

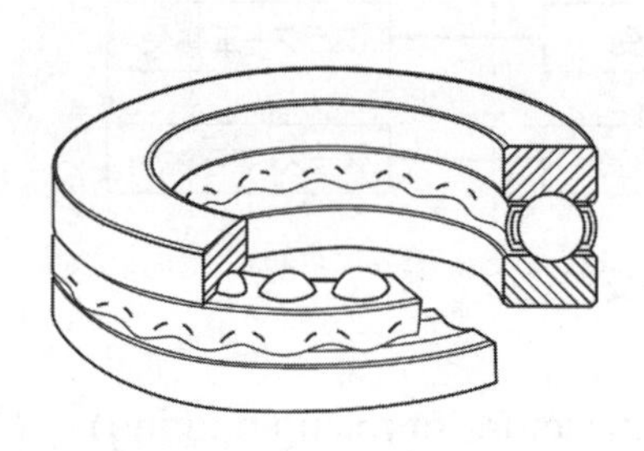

図 6.18 スラスト玉軸受*

図 6.19 スラスト円筒ころ軸受*

b. アンギュラ玉軸受（図 6.12）

深溝玉軸受の内輪または外輪のどちらか一方の軌道溝肩の片側を，溝底からの高さをわずかに残して削り去った形の軸受である．玉数が深溝玉軸受より多いので負荷能力は大きいが，一方向のアキシアル荷重しか受けられないので，軸の両端で対向させて使うことが多い．しかし，アキシアル荷重がある場合には，ある程度のラジアル荷重も負荷できる．接触角 15 度，30 度，40 度が標準化されている．

c. 組合せアンギュラ玉軸受（図 6.13）

アンギュラ玉軸受を 2 個組合せて 1 組として使う軸受で，これによってラジアル荷重に加え両方向のアキシアル荷重を負荷できるようにするものである．形式として正面組合せ（DF）形，背面組合せ（DB）形，並列組合せ（DT）形がある．DF 形と DB 形は同じものを向かい合わせに組み合わせており，DF 形では内輪側面を，また DB 形では外輪側面を密着させたとき，適当な予圧 (preload) が加わる寸法に作られている．一般に工作機械の主軸や歯車軸受のように高剛性を要する場合や高速と高精度の運転で小さい軸心の振れを必要する場合に用いられている．また剛性を高めるにはスペーサやシム，またはばねによる予圧が使われる．予圧量は軸受荷重になるので，大き過ぎると寿命を短くする．また摩擦トルクや温度上昇を増大させるので必要最小量に設定する．予圧量は，実験または実績によって決めることが多い．図 6.13 の直線より，軸に対する力の作用点が求まり，軸の傾きに対する振舞いが定まる．

d. 円筒ころ軸受（図 6.14）

転動体が円筒ころ（ローラ），内輪と外輪の軌道も円筒状の軸受で，一般にころの直径と長さの比が概ね 1 対 1 である．ラジアル負荷能力が玉軸受より大きく，高負荷での高速回転に適する．内輪または外輪のつばの有無によっていろいろな形式がある．なお内外輪が互いに傾くような取付け誤差(misalignment) があると，ころと軌道の間に片当たりを生じ，性能低下や早期破損を起こすので，注意が必要である．

e. 針状ころ軸受（図 6.15）

径が小さく，長さが直径の 3～10 倍の細長いころを多数もつ円筒ころ軸受の一種である．ころ数が多いので負荷能力が大きく，内外径比がほかの軸受に比べて小さい特長がある．内外輪なしで保持器ところを一体構造にした保持器付きころ (cage & roller) もある．

f. 円すいころ軸受（図 6.16）

ころの形が円すい台形であり，大きなラジアル荷重と一方向のアキシアル荷重を同時に受けられる．接触角の大きい順に並勾配形，中勾配形，急勾配形があり，この順にアキシアル荷重の負荷能力が大きく，ラジアル荷重の負荷能力は小さくなる．この軸受は必ずアキシアル荷重を加えた状態で使うので，回転軸の両端に一対で使う．

g. 自動調心ころ軸受（図 6.17）

転動体に球面ころと呼ばれる たる形のころを使う軸受で，外輪軌道は軸受中心に曲率半径の中心をもつ球面である．その球面と線接触する球面ころを 2 列もち，内輪軌道はころを案内する 2 列の凹面の溝である．そのため外輪は軸受中心に対して調心性をもつので，軸の両端を支える 2 つのハウジングの軸心の一致が困難な場合や大荷重で軸がたわんで内輪が傾く場合に使われる．

h. スラスト玉軸受（図 6.18）

円弧溝を持つ 2 個の座金状軌道輪の間に，保持器に玉を組み付けた構造体をはさんだ軸受である．回転輪に取付ける軌道輪を内輪，ハウジングに固定する軌道輪を外輪と呼び，外輪内径（穴）は内輪内径よりやや大きい．玉列 1 列を単式，2 列（内輪を 2 枚の外輪ではさみ込んだ形式）を複式と呼ぶ．複式軸受では中央の軌道輪を回転軸に取付けて使う．単式は一方向，複式は両方向のアキシアル荷重のみを受けるのに用いる．

i. スラスト円筒ころ軸受（図 6.19）

平面状座金の軌道輪 2 個の間に，保持器に円筒ころを組付けた構造体をはさんだ軸受である．ころと軌道とは線接触するので，大荷重，衝撃荷重，高剛性の用途に適するが，完全な転がりではないので高速回転には適さない．

j. クロスローラ軸受（図 6.20）

図 6.20 に示すように内輪と外輪の間に，ころを交互に直交させて配列したころ軸受である．各ころの回転軸方向は保持する軸方向に対して±45 度を持っていることから，ラジアル，アキシアル荷重およびモーメントなどの複合荷重を同時に受けることが可能である．

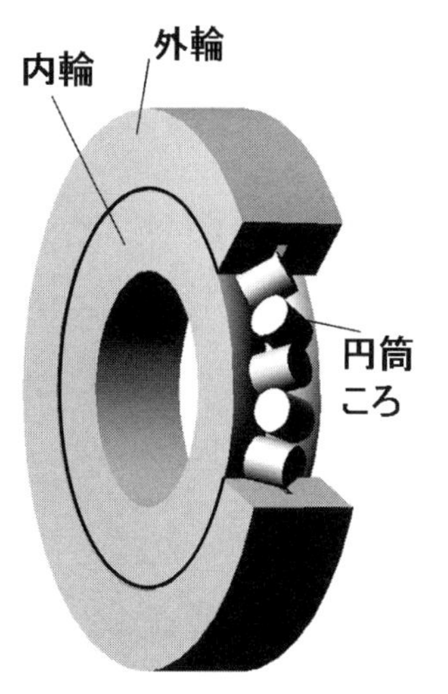

図 6.20 クロスローラ軸受のローラ配置モデル図

k. 直動軸受

前述した h., i.の軸受半径を無限大にしたものあるが詳細は次節で述べる．

6・3・4 転がり軸受系の設計 (design of rolling bearing system)

軸受の設計とは，軸受まわりとそのライフサイクルまで含めた（Ⅰ）軸受の選定，(Ⅱ) 潤滑システムの設計，(Ⅲ) 軸とハウジングの設計，(Ⅳ) 取付けと保全の設計である．このうち軸受の選定については，一般的には軸受メーカのカタログに記載されている標準品の中から選択する．設計者はまず軸受の使用条件である ① 荷重，② 回転速度，③ 許容空間，から使用できる軸受の候補を選択する．次に④ 寿命，⑤ 温度上昇，⑥ 雰囲気，⑦ 摩擦トルク，⑧ 剛性，などを考慮して最適の軸受を選択すれば良い．

これらの設計の標準的なプロセスを表 6.1 に示す．設計に際しては，表の上から順序に従い検討することが一般的である．使い方を間違うと図 6.21 のように破損することがある．軸受選定の要点を以下に示す．

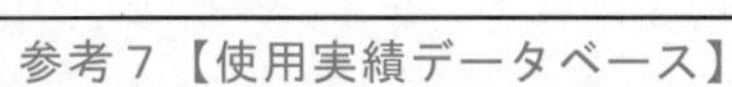

参考７【使用実績データベース】
軸受メーカには，軸受使用実績が機械の回転部位ごとにデータベースとして多数蓄積されている．計画された軸受がこの「使用実績データベース」に含まれていれば，ただちに信頼度の高い軸受システムの設計ができる．

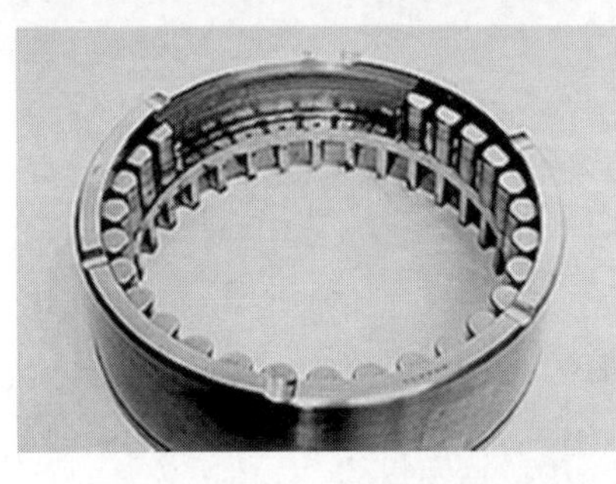

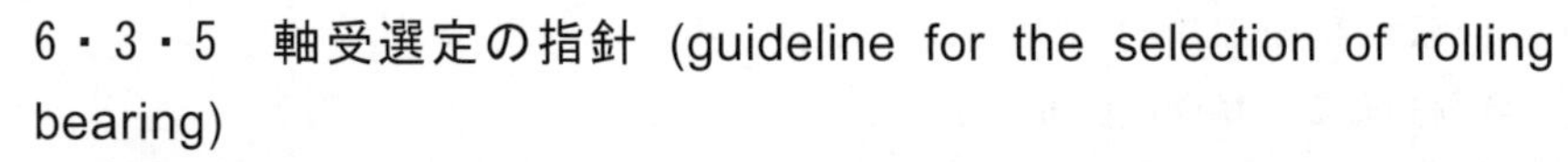

図 6.21 転がり軸受の損傷例（上：フレーキング（剥離），下：保持器破損）（提供：NTN(株))

6・3・5 軸受選定の指針 (guideline for the selection of rolling bearing)

a. 軸受の配置

一般に回転軸の両端を軸受で支持する．一端はラジアルとアキシアルの両荷重を支持できる形式を使って固定側軸受 (fixed bearing) とする．他端はラジアル荷重だけを負荷できる形式を使い，熱膨張による軸の伸びを許すような自由側軸受 (floating bearing) とする．これを怠ると，熱膨張によって焼付きが発生することもある．軸受形式について性能の比較を表 6.2 に，軸とハウジングへの取付け性の比較を表 6.3 に示す．

参考８【選定方針が定まらないとき】
軸受選定の方針が定まらないときには，価格と納期の観点からまず深溝玉軸受から始めるのが一般的である．

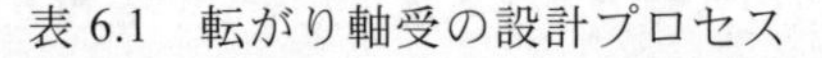

表 6.1 転がり軸受の設計プロセス

	設計プロセス		設計内容
Ⅰ	軸受の選定	1	形式
		2	転がり疲れ寿命
		3	寸法
		4	耐圧痕性
		5	材料
		6	速度
		7	すきまと予圧
		8	精度
Ⅱ	潤滑システムの設計	9	潤滑剤と潤滑法
		10	密封装置
		11	表面処理
Ⅲ	取り付け部の設計	13	取付け精度
Ⅳ	取付けと保全の設計	14	取扱いと取付け
		15	試運転
		16	保全とモニタ

表 6.2　軸受性能の比較

軸受の形式 ＼ 性質	ラジアル軸受									スラスト軸受		
	玉軸受					ころ軸受				玉軸受	ころ軸受	
性質	深みぞ	マグネト	単列アンギュラ	組合せアンギュラ	自動調心	円筒	針状	円すい	自動調心	球	円筒	円すい
スラスト荷重	○	単方向○	単方向◎	◎	△	×(△)	×	単方向○	△	◎	◎	◎
ラジアル荷重	◎	◎	◎	◎	◎	◎	◎	◎	◎	△	×	×
回転精度	○		○	○		○						
剛　性	○	○	○	◎	○	◎	◎	◎	◎	○	◎	◎
音・振動	◎	○	○	○	△	◎	△	○	○	△	△	△

表 6.3　軸受の取り付け性比較

軸受の形式 ＼ 性質	ラジアル軸受									スラスト軸受		
	玉軸受					ころ軸受				玉軸受	ころ軸受	
性質	深みぞ	マグネト	単列アンギュラ	組合せアンギュラ	自動調心	円筒	針状	円すい	自動調心	球	円筒	円すい
角度誤差	0	0	0	0	±4°	0	0	0	±3°	0	0	0
内・外輪分離	×	○	×	×	×	○	○	○	×	○	○	○

b. 基本動定格荷重（転がり疲れ寿命）

材料の転がり疲れに起因する軸受寿命を検討する．寿命を決める軸受荷重には，回転体の自重，歯車やベルトの伝達力など静力学による静荷重に，衝撃荷重，慣性力，動的不釣り合い力など動力学による動荷重を加えた実働荷重がある．静荷重は計算で求められるが，動荷重の評価は難しいので，静荷重に表 6.4 に示す荷重係数 f_w を乗じて動荷重として使うことがある．

表 6.4　荷重係数

運　転　条　件	荷重係数 f_w
ほとんど衝撃なし	1.0〜1.2
普　　　通	1.2〜1.5
強い衝撃や振動	1.5〜3.0

軸受に作用する実働荷重から平均荷重 F を求める．さらに，いろいろの大きさと方向の荷重に対して 90％の信頼度で表される定格寿命 (rating life) を計算するため，大きさが一定で仮想の動等価荷重 (dynamic equivalent load) P [N] を次式から求める．

$$P = XF_r + YF_a \tag{6.13}$$

ここで，F_r：ラジアル荷重，F_a：アキシアル荷重であり，X はラジアル荷重係数，Y はアキシアル荷重係数として軸受カタログに示されている．

転がり疲れによる寿命 L または L_h は次の式から求められる．

$$L = a_1 a_2 a_3 \left(\frac{C}{P}\right)^{\rho}, \quad Lh = a_1 a_2 a_3 \frac{10^6}{60n}\left(\frac{C}{P}\right)^{\rho} \tag{6.14}$$

なお L [rev] は回転数を 10^6 単位で，L_h [h] は時間を単位，n は毎分回転速度 [r/min]，C [N] は転がり疲れ寿命に対する軸受の負荷能力を表す基本動定格荷重(basic dynamic load rating) であり，軸受カタログに形式と寸法ごとに示されている．また指数 ρ は玉軸受で 3，ころ軸受で 10/3 である．更に a_1 は信頼度係数，a_2 は軸受特性係数，a_3 は使用条件係数である．

転がり疲れ寿命は，材料の破壊現象と対応するのでばらつきがあるが，表面が薄くはく離するフレーキング (flaking) と呼ばれる損傷をもたらす．同じ仕様の多数の軸受をそれぞれ同じ回数だけ回転させ，全体の10%の軸受にフレーキング損傷 (flaking fault)が発生したとき，その総回転回数をL_{10}定格寿命と呼ぶ．換言すれば，残りの 90%が無損傷であり，信頼度は 90%の寿命と呼ぶ．信頼度 90％のときの信頼度係数 a_1 を 1.0 として，それ以上の信頼度で寿命を求めるには表 6.5 の値を用いる．軸受特性係数 a_2 は材料の改良による寿命延長を補正する係数であり一般的には 1.0 を用いる．また使用条件係数 a_3 は軸受の使用条件，とくに潤滑が寿命におよぼす影響を補正する係数である．これも一般的には 1.0 を用いるが，軸受に取付け誤差がなく，運転中の転がり接触面に十分な弾性流体潤滑 (elasto-hydrodynamic lubrication: EHL) による油膜厚さが期待される場合には $a_3 \geqq 1$ とすることができる．

軸受選定では定格寿命を大きくとるほど安全であるが，軸受寸法は大きくなり，軸の強度，軸受剛性，許容寸法等，軸受寿命だけでは軸受寸法は決定できない．表 6.6 に機械の使用状態による定格寿命時間設定の目安を示す．

表 6.5 信頼度係数

信頼度 [%]	90	95	96	97	98	99
記号 L_n	L_{10}	L_{11}	L_{12}	L_{13}	L_{14}	L_{15}
信頼度係数 a_1	1.00	0.62	0.53	0.44	0.33	0.21

表 6.6 定格寿命時間設定の目安

運 転 条 件	定格寿命時間L_h [h]
時々または短時間の運転	～10,000
常時運転ではないが，確実な運転の要求	～30,000
連続運転ではないが，長時間の運転	～60,000
1日8時間以上の常時または連続長時間の運転	～70,000
24時間連続運転で，事故停止が許されない	70,000～

表 6.7 静許容荷重係数

軸受の使用条件	f_sの下限	
	玉軸受	ころ軸受
音の静かな運転を特に必要とする場合	2	3
振動・衝撃がある場合	1.5	2
普通の運転条件の場合	1	1.5

c. 軸受寸法

想定した軸受寿命 L と動等価荷重 P から，式 6.11 によって必要な基本動定格荷重 C を求める．そして既に決定した軸受形式についてその C の値をもつ軸受の主要寸法が軸受カタログから決定できる．

d. 基本静定格荷重（耐圧痕性）

決定した形式と主要寸法の軸受について，転がり接触面に圧痕が発生する可能性を検討する．静止した軸受に衝撃荷重が加わると，転動体と軌道の接触面応力が材料の弾性限界を超え，局部的に塑性変形して圧痕が発生する．圧痕は軸受の円滑な回転を妨げ，音響と振動や早期破損の原因になる．

静止軸受の接触圧縮応力による転動体と軌道の永久変形の和が，転動体直径の 1/10,000 になる軸受荷重を基本静定格荷重 (basic static load rating) C_0 と呼ぶ．C_0 の値は軸受寸法ごとにカタログに示されている．

圧痕を検討するための，大きさが一定で仮想の荷重を静等価荷重 (static equivalent load) P_0 (N) と呼び，軸受に加わる最大荷重から次のように求める．ラジアル軸受では，

$$P_0 = X_0 F_r + Y_0 F_a \quad , \quad P_0 = F_r \tag{6.15}$$

この P_0 のうち，どちらか大きい値としている．またスラスト軸受では，

$$P_{0a} = 2.3 F_r \cdot \tan\alpha + F_a \tag{6.16}$$

である．ここで，X_0：静ラジアル荷重係数，Y_0：静アキシアル荷重係数，α：軸受の接触角で，軸受カタログに示されている．そして，次のように軸受を選定する．

$$C_0 \geq f_s P_0 \tag{6.17}$$

$$C_{0a} \geq f_s P_{0a} \tag{6.18}$$

ここで，f_s：静許容荷重係数で表 6.7 に示す．

e. 回転速度限界

回転速度が大きくなると，発生する摩擦熱によって軸受温度が上昇し，潤滑剤が酸化して潤滑機能が失われ焼付きを起こす．これが軸受の回転速度限界を決める．温度上昇は軸受の $d_m n$ 値に比例することが明らかにされているので，$d_m n$ 値が高速回転の目安として使われる．ここで，d_m は軸受の転動体中心を結ぶピッチ円直径 (mm)，n は回転速度 (r/min)で表し，$d_m n$ 値は無次元値として扱われる．なお軸受カタログには形式と寸法ごとに油浴潤滑とグリース潤滑について，普通の荷重条件で軸受を安全に運転できる目安の許容回転速度がカタログに記載されている．

f. 軸受すきま

内輪または外輪の一方を固定したとき，他方の軌道輪のラジアル方向最大移動量をラジアル内部すきま (clearance)，アキシアル方向最大移動量をアキシアル内部すきまといい，わずかなすきまが与えられている．軸受すきまは，① 内輪と外輪のはめあい (fit)，② 運転時の内輪と外輪の温度差，③ 取付け誤差などによって軸受の運転時には減少する．安全のために軸受すきまを大きくし過ぎると，振動と音響の発生，また負荷転動体数の減少で軸受の早期破損が起こる．一般に，軸受すきまは，軸受荷重によるすきまの増大，しめしろ (interference) による内輪の膨張または外輪の収縮，また転動体と軌道輪の温度差によるすきまの減少を考慮し，運転状態における有効すきま (effective clearance) がわずかに正の値になるように選定する．なお，一般には CN と呼ばれる普通すきまを設定すればよい．

g. 軸受摩耗

転がり軸受の L_{10} 寿命が表面のフレーキングで定義されている．この他に，潤滑不良またはコンタミナント (contaminant: 異物) の侵入による摩耗 (wear) により寿命を迎える．摩耗寿命は軸受の音響と振動，摩擦，軸振れ，精度などの機能が低下する現象として現われ広義の寿命と呼ばれている．軸

受摩耗は潤滑方法と密封方法の改良によって防止でき,その寿命値は多くの軸受の使用実績を基に推定が可能になってきている.

h. 予圧と精度

軸受精度には寸法精度と回転精度があるが一般の機械の軸受には，普通精度である0級で十分である．より精度の高いランクとして，順に6,5,4,2級が用意され，2級が最も高精度である．また予圧は前述したように高速・高精度の運転で小さい軸心の振れを必要する場合に用いられている.

i. 軸とハウジングの設計

一般に軸と軸受の間は中間ばめや，弱いしまりばめとし，軸受とハウジングの間はすきまばめにすることが多い．この理由は，軸から軸受をはずすのは比較的容易なのに対して，ハウジングから軸受をはずすのは，往々にして難しいからである.現実にはそれぞれの機械でもっとも適切と判断できる設計とすることになるが，すきまばめや弱いしまりばめの場合，軸と内輪内径またはハウジングと外輪外径のはめあい面で軸受荷重が回転して移動すると，この面にクリープ (creep) と呼ばれる転がり運動が起こる場合がある.一般にはめあい面は潤滑されていないので,クリープによってフレッチング (fretting) と呼ばれる表面損傷が軸やハウジング側に発生し，これが進行して運転不能に陥ることもあるので,この間のすきま管理に注意が必要である.さらに，軸を支える2つの軸受の一方は必ずすきまを与えておき，軸の膨張を逃がさないと，強いアキシアル荷重が生じ，焼付きを生じる.

6・4　直動案内の設計 (design of linear guide)

従来の直動案内はすべりが一般的であった．すべりのメリットは，大荷重を支えられることである．しかし精度の要求とフリクションの低減の要求から，剛性の高い転がりによる直動案内が開発されて多く使われるようになった．ここでは，転がり直動案内について述べる.

6・4・1　転がり直動案内の特長 (features of linear motion rolling guide)

直動案内 (linear motion guide) または直動軸受 (linear motion bearing) とは，機械の直線運動する部分を左右の蛇行や上下のうねりなしに，軽く滑らかに動かして案内する機械要素で,鉄道のレールと車輪の関係のような役割をはたす部品である.

直線運動には自己潤滑や流体潤滑による摺動面が使われることも多いが,ここでは，転がり運動を使う直動案内について述べる．転がり直動案内 (linear motion rolling guide) とは，直線運動する摺動面の代わりに転がり運動する玉または円筒ころを使う機械要素である.

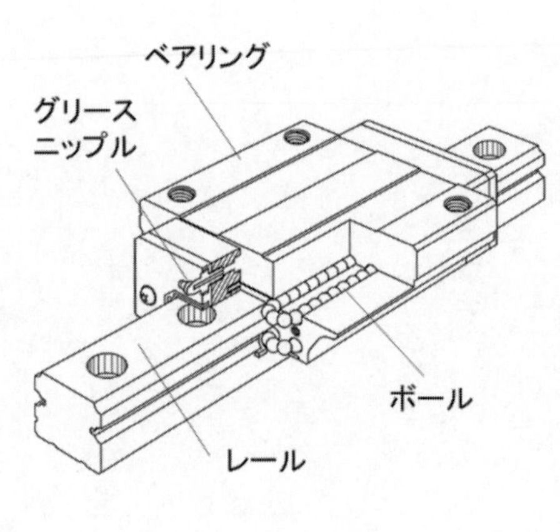

図6.22　リニアガイド*

転がり直動案内には次の特長がある.

① 見かけの摩擦が小さいので駆動力が小さくて済む.

② 静摩擦と動摩擦の差が小さいのでスティックスリップ (付着－滑り現象) が起こりにくい.

③ 転がりの接触部には弾性流体潤滑による非常に薄い油膜が形成され,

高精度の運動ができる．

④ グリース潤滑ができるので潤滑剤の密封と補給が容易になる．

⑤ 転がり疲れ寿命を予測計算できる．

⑥ 機械の案内取付け部の製作と取付け作業が容易なので生産，保全，修理が容易である．

しかし，流体潤滑された滑り案内面に比べて，面に垂直な方向への剛性が小さく，また運動停止の際に振動の減衰作用が小さいという欠点がある．

転がり直動案内の転動体は，二つの平面の間を転がり運動するときに，平面の進む距離の 1/2 だけ進む．このため，平面の間の相対運動を継続するためには，新たな転動体を次から次へと供給しなければならない．そこで転動体列の後部を平面から外れた経路に導き，転動体列の前部に供給するような循環路を設け，理屈上無限の距離の運動を可能とさせる．この運動をベアリングの無限ストローク（stroke）運動と呼び，転動体の循環路をベアリング本体内部に設けたものが多い．

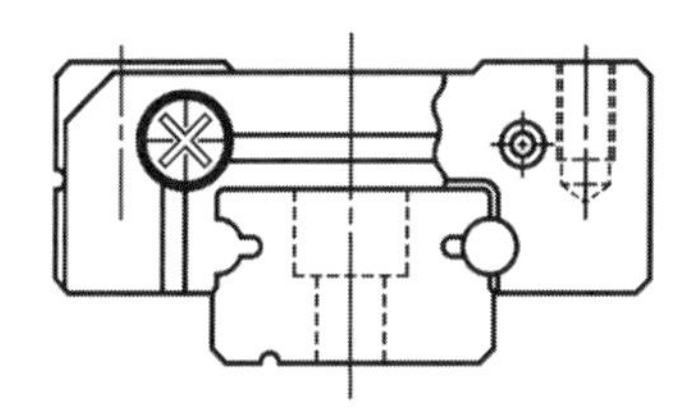

玉列数:2　2列リニアガイド

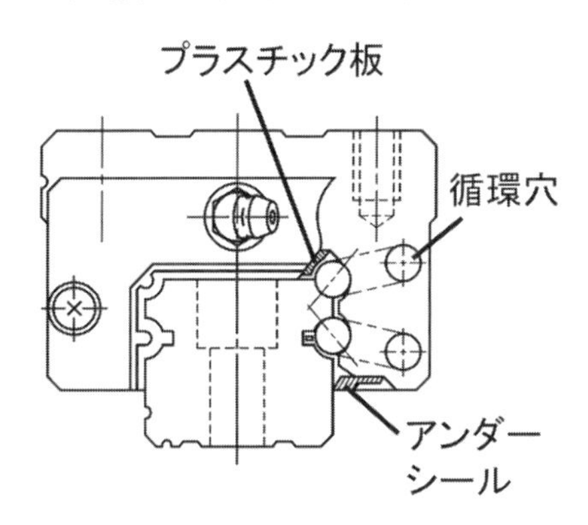

玉列数:4　4列リニアガイド

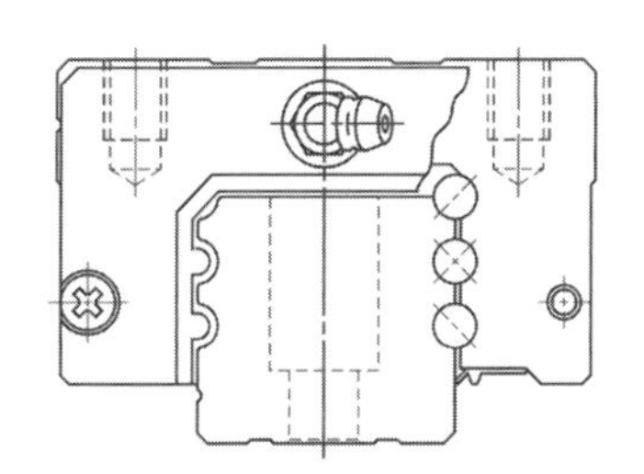

玉列数:6　6列リニアガイド

図 6.23　リニアガイドの形式*

6・4・2　転がり直動案内の基本構造（basic structure of linear motion rolling guide）

転がり直動案内には，まだ国内および国際的に標準化された規格はない．メーカ独自の形式，構造，内部設計，外形寸法の直動案内が専門工場で生産され，市場に流通している．

表 6.8 のように，転がり直動案内を大別すると玉または円筒ころを使う形式また無限ストロークと有限ストロークの形式になる．一般に線接触するころ形式は点接触する玉形式より負荷能力と剛性が大きい．しかし見かけの摩擦力は，ころより玉の方が小さい．摩擦係数では 0.001，ガイドのレール長さは最大 6 000mm，最大速度は 5m/s 程度で使われる．

表 6.8　転がり直動案内の構成例

軌道種類	球	円筒ころ	クロスローラ
丸軸（溝なし）	◎ ●	－	－
丸軸（溝あり）	◎	－	－
角軸（溝あり）	◎	◎ ●	●
角軸（溝なし）平面	－	◎	－

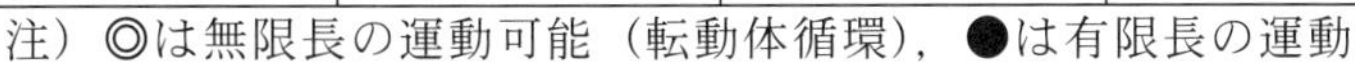

注）◎は無限長の運動可能（転動体循環），●は有限長の運動

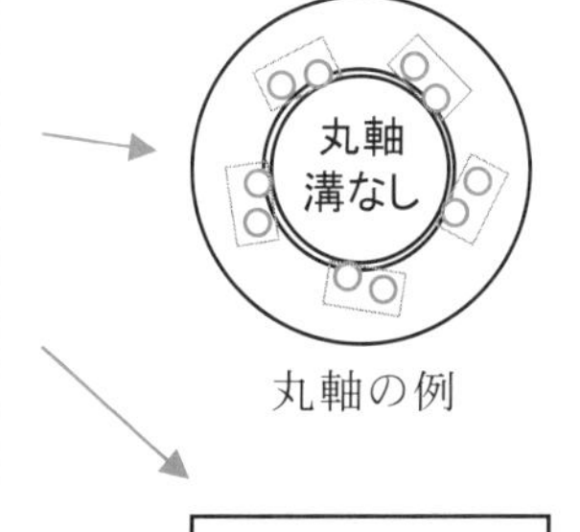

丸軸の例

角軸の例

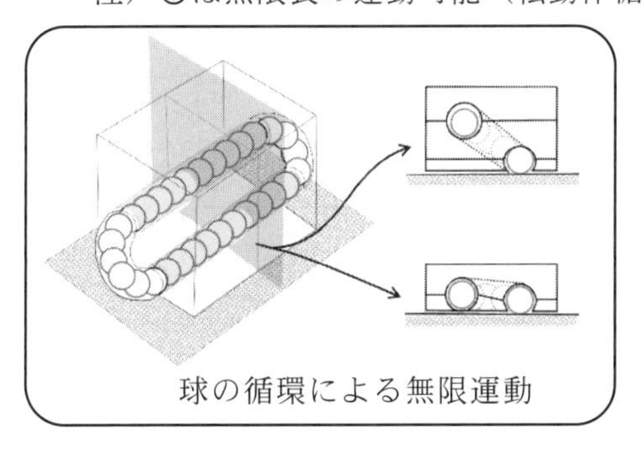

球の循環による無限運動

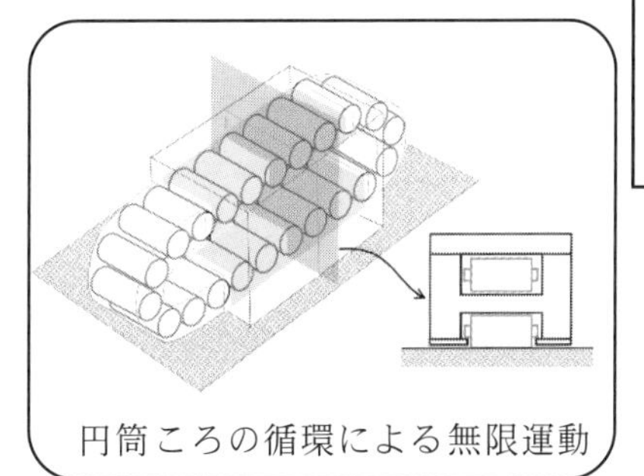

円筒ころの循環による無限運動

図 6.22 は玉を使う直動案内で，玉の循環する様子が見て取れる．この断面を図 6.23 に示すが，レールの左右で各 1 列，2 列または 3 列の玉列をもつベアリングをレールと組み合わせて無限ストローク運動できるリニアガイドが最も普及している．

リニアガイドでは，ベアリングとレールの軌道溝の形状および相対位置の設計によって，ガイドが受けるいろいろな荷重に対する摩擦，剛性，寿命，耐圧痕性などの特性を制御した形式がある．また玉同士が直接接触すると，摩擦や音響の性能に影響することがあるので，保持器を使うことで玉同士の接触を防ぐ形式もある．一つおきに小さい球を入れて，玉が滑らかに運動するようにした工夫例もある．

6・4・3　主な直動運動システムの構成 (main types of linear motion system)

これまで，精密な工作機械や計測機械の直線運動案内面には，手作業による きさげ (scraper) 仕上げ面がひろく使われてきた．これに代わる機械要素として転がり直動案内が開発された．

直動運動システムは目的に応じて，① 1 レール＋1 ベアリング，② 1 レール＋2 ベアリング，③ 2 レール＋2 ベアリング，または ④ 2 レール＋4 ベアリングの構成で使われる．これらのベアリングの上部には 1 個の作業テーブルが固定され，そのテーブルはボールねじ (ball screw) を使って回転モータにより間接駆動されるものと，リニアモータによって直接駆動されるものがあり，どちらも直線運動する．

図 6.24 のように，ベアリング単体を考えると，上下左右の荷重およびローリング (rolling)，ピッチング (pitching)，ヨーイング (yawing)の 3 方向のモーメント荷重が作用する．ベアリングにモーメント荷重が作用すると，摩擦の増大や破損の原因になるので，モーメントが作用しないように複数のベアリングを搭載する等の工夫が必要である．もちろん，熱変形に対しても，十分な配慮をしなければならない．例えば，図 6.25 の②はピッチングとヨーイングを，③はローリングを，④は全てのモーメント荷重を受けることができる．

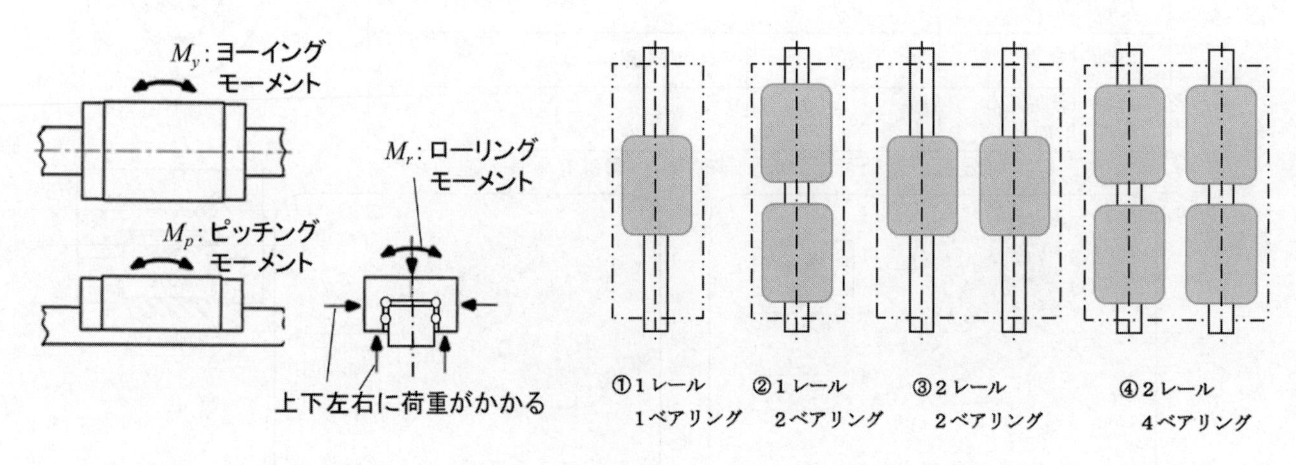

図 6.24　荷重とモーメント

図 6.25　リニアガイドのシステム構成

直線運動システムでは,作業テーブルに加わる荷重の種類と大きさによって，図 6.26 の矢印に沿ってシステム構成と形式を選定する．2 レール＋4 ベアリングのシステム構成では,平行に配置されたレール上の各 2 個のベアリングを進行方向に同一線上に配置する．この 4 個のベアリングに 1 個の作業テーブルが固定されるので,各ベアリングにはモーメント荷重が作用しない．そこで上下左右 4 方向のラジアル荷重の大きさと方向に応じて玉列数を選定する．

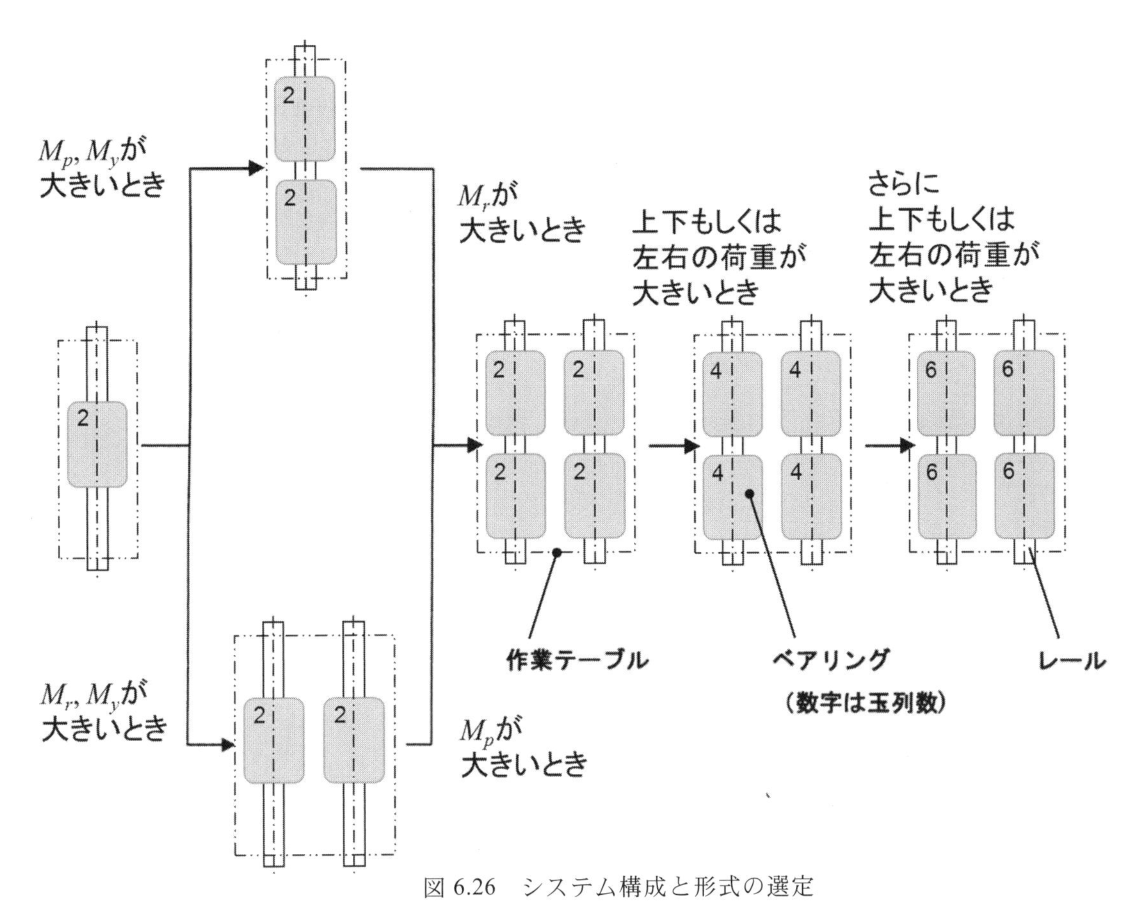

図 6.26　システム構成と形式の選定

6・4・4　直動運動システムの設計 (system design of linear motion system)

機械の設計者はリニアガイドを自ら設計・生産する必要はない．いろいろな形式と種類のガイドが専門工場で設計・生産されている．機械設計者は，これらの中から① 許容空間，② ストローク，③ 荷重，④ 速度，⑤ 摩擦，⑥ 寿命，⑦ 剛性，⑧ 運動精度，⑨ 環境などの使用条件に応じて最適なガイドを選択すればよい．

またリニアガイドのメーカには,これまでのガイド使用実績が使用機械の部位ごとにデータベースとして多数蓄積されている．計画したガイドの使用条件が「使用実績データベース」に含まれていれば，ただちに信頼度の高いリニアガイドの設計ができる．

リニアガイドの設計は,基本的には転がり軸受と同様の設計プロセスにて寿命計算を行えばよい．

第６章の参考文献

(1) Halling, J., Principles of Tribology, (1975), p. 12, Macmillan

(2) Black, P. H. and Adams, O. E., Machine Design, (1968), pp. 449-454, McGraw-Hill

(3) 岡本純三，角田和雄，転がり軸受の－その特性と実用設計－第2版，(1992)，幸書房．

(4) ブレンドライン，ハスバルゲン，エッシュマン，ワイガンド（吉武立雄訳），ころがり軸受実用ハンドブック，(1996)，工業調査会．

(5) 綿林英一，転がり軸受マニュアル，(1999)，日本規格協会．

(6) T. A. Harris, Rolling Searing Analysis, Forth Ed., (2001), John Wiley & Sons.

*図提供：日本精工(株)（図 6.11～6.19, 6.22, 6.23）

第7章
軸系を支援する各種要素と潤滑
Auxiliary elements for shafting and lubrication

一般に軸は回転運動を伝達するための重要な機械要素であるが，軸単体ではその機能を発揮できない．第6章ではその軸を支える軸受について示したが，本章では軸受の固定方法や軸との接続のため機械要素について学ぶ．

7・1　軸受の固定　(bearing fixing method)

軸受は軸に固定して用いることが多い．このためにベアリング用ロックナット（俗称ベアリングナット）や，止め輪（スナップリング）が用いられる．特に軸方向に力が作用する場合には十分に配慮しなければならない．軸を支える際，軸の両端に近い部分の2ヶ所に軸受を取り付けるが，軸を軸方向に位置決めすることも軸受の役割の一つである．そのうえ軸の加工誤差と組立を許容して，かつ発熱によって軸が伸びても安定に回転することが要求される．このため2ヶ所の軸受のうち一方はハウジングに対して軸方向に動かないように固定され，他方は軸方向に動けるようにする．このレイアウト例を図7.1に示す．図のように組み立てられた軸は，ベアリング用ロックナットが外れても，脱落し得るのは下側のアンギュラ玉軸受のみである．

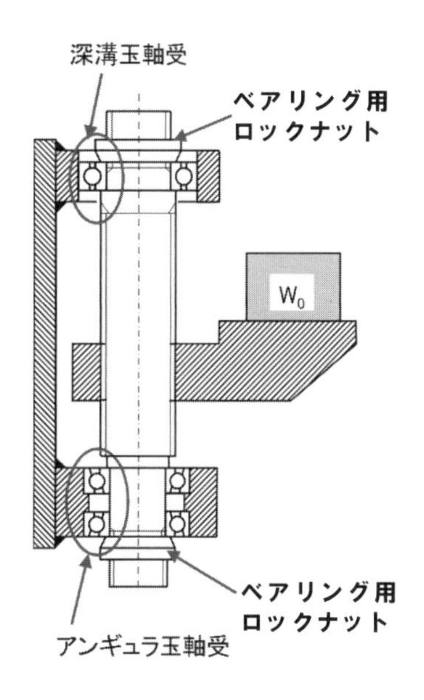

図7.1　軸受固定例

7・1・1　ベアリング用ロックナットと菊座金 (bearing lock nut and bearing lock washer)

ベアリング用ロックナット (bearing lock nut) は，ベアリングの内輪を固定するための固定ナットであるが，内輪を固定できる半径方向の長さが非常に狭い短いため，通常のナットよりも接触面の半径方向範囲が小さく設計された特殊なナットである (JIS B 15542 および図7.2参照)．一般には軸のねじ部にキー溝を加工し，菊座金 (bearing lock washer) を用いてゆるまないようにする (図7.3参照)．この菊座金は内径側に1個，外径側に多数の歯（奇数個）が設けられており，内径側の歯を軸のキー溝に入るように配置し，外径側の歯の1枚をベアリングナット外周にある溝（偶数個）に対して折り込んで使用する．

図7.2　ベアリングナット
（提供：(株)ミスミ）

図7.3　菊座金
（提供：(株)ミスミ）

7・1・2　止め輪 (retaining ring)

止め輪 (retaining ring) はベアリングナットよりも簡易的にベアリングを固定するのに用いられる．この固定方法は，ベアリングを軸に完全に固定することはできないため，軸方向荷重がほとんど作用しない場合に用いられることが多い (JIS B2804，JIS B 1509 および図7.4参照)．なお止め輪を使用する際，通常は軸もしくは軸穴に止め輪をはめ込むための溝が必要になる．

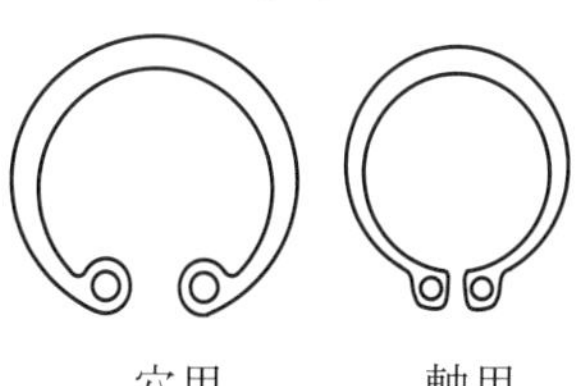

図7.4　止め輪

7・2　キー，スプラインおよび摩擦締結要素　(keys, splines, and friction joints)

回転軸に他の回転部品を取付けるための機械要素であり，軸とボスとの間もしくは軸上を移動するボスとの間で，回転運動やトルクを伝達するために用いる.

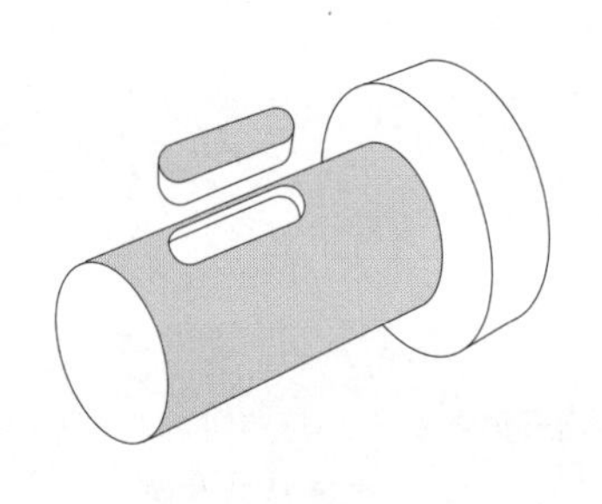

図 7.5　沈みキー (平行キー)

7・2・1　キー (keys)

最も多用されるキーの種類は沈みキー (sunk key)であり，図 7.5 に示すように，正方形または長方形断面をもつキーで，最も広く使用されている．軸とボスにはいずれもキーみぞ加工を施される．一般的にはこの図のように平行キー (parallel key)が用いられるが，場合によってはキーがくさび形になっている，こう配キー (taper key)，頭付こう配キー (gib-headed taper key)を用いることがある．これらのこう配をもつキーはキーみぞに打ち込んで固定する．キー寸法，溝幅，溝深さおよび適用軸径は JIS B 1301 に規定されており，穴側の溝加工はスロッタ，ワイヤカット加工機，軸側の溝加工は汎用フライス盤，放電加工機，多軸 CNC 旋盤等で行うことが多い.

また沈みキーの他にすべりキー (sliding key)，平キー (flat key)，くらキー (hollow key)，接線キー (tangent key)，半月キー (woodruff key)など形状と用途が異なるものもある.

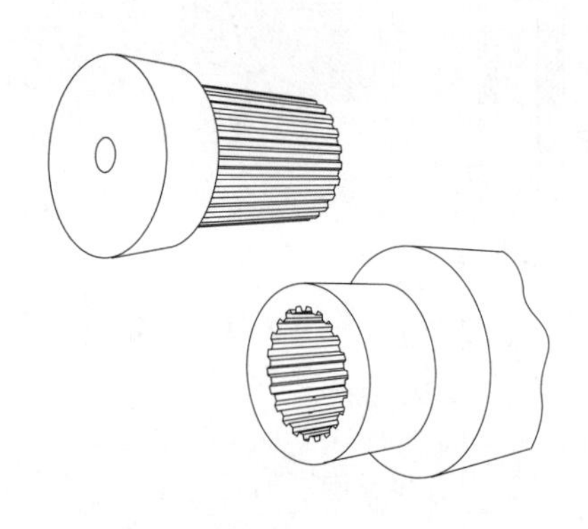

図 7.6　スプライン

7・2・2　スプラインおよびセレーション (splines and serrations)

軸とそれにはめ合うボスには直接歯が成形されており，ボスの内歯に軸の外歯をはめ合わせることによってトルクの伝達を行う．一般にトルクを伝達する際や熱変形による軸の伸縮を許容する，もしくはボスを軸上で移動させる場合に用いる．特別な場合には軸をボスに圧入して固定するために用いる場合もある．断面形状が長方形の角形スプライン (straight-sided splines)，インボリュート曲線のインボリュートスプライン (involute spline) が JIS で規定されている(図 7.6)．またセレーション (serration) は，スプラインの歯の高さを低くし，歯の数を多くしたもので，普通は軸方向に積極的に移動させる用途には用いない.

なおスプラインには，歯と歯の間に玉を介在させ，すべり接触を転がり接触に置換えたボールスプライン (ball spline) がある．このボールスプラインは，多数の玉を組み込んだ円筒（スリーブ）が，トルクを伝達しながら軸上を移動することを前提としており，その際，摩擦抵抗はかなり低減できる．また，予圧を与えることで，バックラッシを除去することができる.

参考 1【インローについて】

機械部品を組み合わせるとき芯を合わせやすいようにつける底の浅い凹凸をよく「インロー」と呼ぶことがあるが，この語源は「印籠」の蓋の合わせ面がぴったり合わさせる「印籠継ぎ」加工から取られている．このためカタカナ表記は本来誤りであるが，最近はそのまま使われることも多い.

7・2・3　摩擦締結要素 (friction joint)

一対のテーパ円筒によるくさび効果もしくは内蔵した圧力媒体を利用して，軸の外周面および被締結物の穴の内周面に大きな面圧を発生させ，この面圧に伴う摩擦力によってトルクと軸力を伝達する．軸とボスとの着脱が簡単で，軸方向の位置決めや回転方向の割出しも正確に行える．また伝達トルクも大きく取れる上，軸とボスへのキー溝加工が不要で強度が低下しないなどの特長をもつが，軸心の偏角調整に注意を要する．また軸径に対してボス径を大きくしなければならない．図 7.7 に摩擦締結要素の例を示す．また液圧を用いた形式なども実用化されている．

また，しまりばめ（焼きばめ）も，摩擦を発生させて固定することから，この締結要素の一種である．

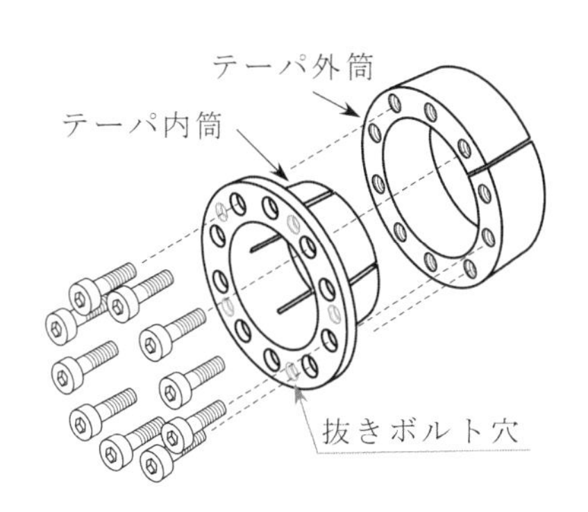

a）構造

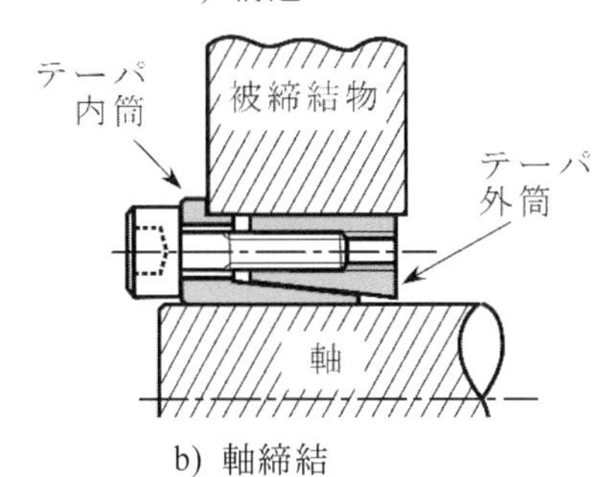

b）軸締結

図 7.7　摩擦締結要素例

7・3　軸継手　(couplings)

軸継手 (couplings) は，機械や機器の駆動軸と従動軸を結合して，回転あるいは動力を伝達するための機械要素である．軸継手には，駆動軸・従動軸間に生じる心ずれを許容しない固定軸継手と，軸間に生じる偏心，偏角，軸方向変位等の心ずれ誤差を吸収するために，何らかの“たわみ性”を備えたたわみ軸継手がある．

7・3・1　固定軸継手の種類 (kind of rigid couplings)

固定軸継手には，図 7.8 に示すような筒形，フランジ形などがある．構造が簡単なため安価である上，伝達トルクやねじり剛性が大きいなどの長所があるが，固定軸継手は心ずれを吸収できないので，軸の間に心ずれのあるまま結合すると，軸や軸受を早期に破損させてしまうことになる．したがって，組立て時の心合わせには細心の注意が必要となる．

a）筒型

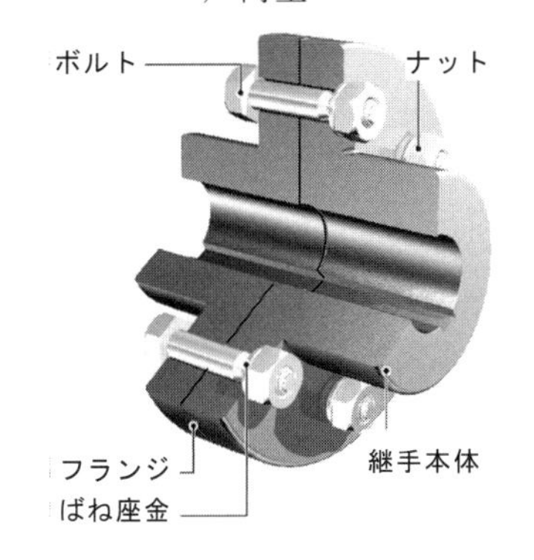

b）フランジ型

図 7.8　固定軸継手
（提供：鍋屋バイテック会社）

a. 筒形継手（cylinder type coupling）

二軸を筒の両側からはめ込み，キーもしくはピンを用いて結合する．平行キーを用いる場合は，キーの上面を止めねじで固定してキーの脱落を防止する．筒形継手の取付け，取外しを行う場合には，軸を移動させる必要がある．

b. フランジ形固定軸継手（rigid flanged shaft coupling）

フランジとボス部で構成される継手である．フランジ部を突き合わせ，ボルトで締結する．締結する軸の心合わせを容易にするために，突き合わせ面にインローを設けるか，リーマボルトを用いる．

【例題 7. 1】図 7.8 に示すフランジ形固定軸継手を用いて伝達トルク T を伝えたい．この軸継手のボルトが n 本のとき，必要なボルトの締付け力 F を求めよ．ただし，フランジ接触面の等価摩擦円はボルトの中心を通る円（直径 D）で近似できるものとし，摩擦係数を μ とする．

【解答】ボルト 1 本当たりによる摩擦力は μF，ボルト n 本の摩擦力は $n\mu F$ である．したがって，伝達可能なトルク T は，

$$T = n\mu F\frac{D}{2} \tag{7.1}$$

と表されることから必要な締付力 F は変形して以下のようになる．

$$F = \frac{2T}{n\mu D} \tag{7.2}$$

注）伝達トルクの計算には，ここで用いたフランジ接触面の摩擦力に基づく方法の他，ボルト軸部のせん断強度から見積もる方法もある．

7・3・2　たわみ軸継手の種類 (kind of flexible couplings)

たわみ軸継手の役割は，駆動・従動軸間に生じる偏心，偏角，軸方向変位などの誤差を吸収することで，回転を円滑にするとともに，結合された軸や軸受への負荷を軽減することにある．結合対象となる機械や機器の軸間に生じる姿勢・位置誤差が許容値内に収まっていれば，たわみ軸継手による軸の結合は極めて容易で多種多様な機械・機器類に適用されている．このたわみ軸継手は，誤差の吸収方式の違いから以下の2種類に大別できる．

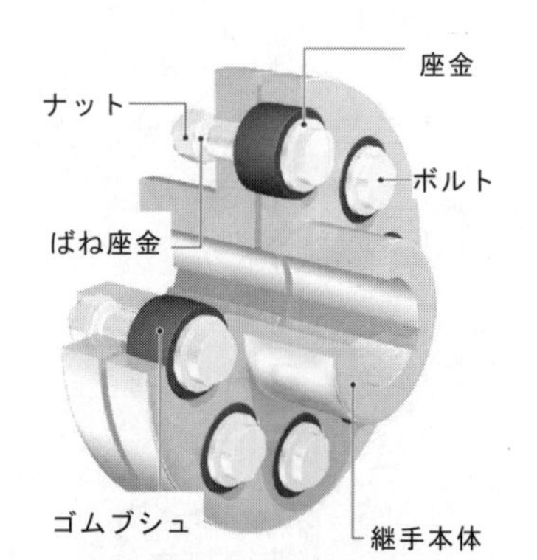

図7.9　フランジ形たわみ軸継手
（提供：鍋屋バイテック会社）

a. 弾性式たわみ軸継手（flexible couplings with resilient component）

一般的にはフランジ形継手 (flexible flanged shaft coupling)，ヘリカルビーム形継手 (helical beam coupling)，板ばね形継手（disk spring coupling）が用いられることが多い．またこの継手の弾性部材に対しては，金属やプラスチック，ゴム等が用いられるが，それぞれねじり剛性や減衰性・衝撃吸収性に特色がある．

1) フランジ形たわみ軸継手

図7.9に示すようにボルトとボルト穴の間に，樽形のゴム製ブッシュを挿入し，ゴムの弾性で心ずれを吸収する．心ずれの許容値は比較的大きく，振動や衝撃の吸収性に優れている．

図7.10　ヘリカルビーム形たわみ軸継手
（提供：三木プーリ(株)）

2) ヘリカルビーム形たわみ軸継手

図7.10に示すように円柱状の弾性部材に螺旋状のスリットを入れた単純な構造であり，弾性部材が角断面コイルばねと同様の形状をもつことから軽量であり，偏心，偏角，軸方向変位のいずれの心ずれにも対応できる．このためロータリーエンコーダ軸のような軽負荷の回転伝達に用いられる．

3) 板ばね形たわみ軸継手

図7.11に示すように板ばねの面外変形を利用したものである．図7.11a)のように単列板ばね式は偏角だけに対応することができ，複列板ばね式は偏心と偏角のいずれにも対応できる．また，いずれのタイプも軸方向変位に対応できる．板ばねは，1枚の薄い鋼板もしくはこれを複数枚重ね合わせたものが一般的である．また図7.11b)に示すようにこの継手を2組用いれば，等速性が維持されることから，位置決め性能が要求される機構に多用される．また継手のばね部において着脱が容易である．

この他にベローズ形継手（bellows coupling）やラジアルスロット形継手（radial slot coupling）も用途によって用いられる．

a)　単板式

b)　複列板式

図7.11　板ばね形たわみ軸継手
（提供：三木プーリ(株)）

b. 補正式たわみ軸継手（flexible couplings with kinematic flexibility）

心ずれ吸収用弾性部材の代わりに機構を応用したのが補正式たわみ軸継手と呼ばれている．弾性式軸継手と比較して大きな偏角を吸収できるが，相対運動する機構にすきまが存在しうるため，駆動・従動軸間にバックラッシが発生することがある．その中で自在継手 (universal joint) は，図7.12に示すように中間に「スパイダ」と呼ばれる回転可能方向が異なる接続部を有する継手であり，フック継手(Hook's joint)，カルダン継手(Cardan's joint)としてもよく知られている．比較的大きな偏角を吸収できるが，駆動・従動軸間には

図 7.13 に示すような角速度変動が生じる．このとき駆動・従動軸の角速度をそれぞれ ω_1，ω_2 とし，両軸間の偏角を α，駆動軸の回転角を θ とすれば

$$\omega_2 = \frac{\omega_1 \cos\alpha}{1-\sin^2\alpha\sin^2\theta} \tag{7.3}$$

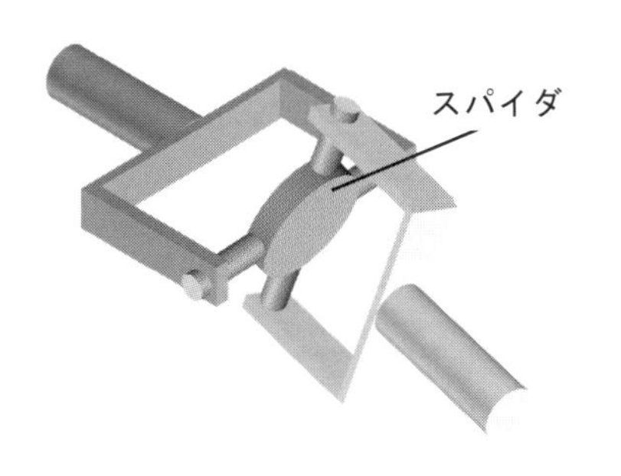

図 7.12　自在継手

となり，交差角により出力軸に速度変動を生じる．なお 2 個の自在継手を組み合わせると，角速度変動はキャンセルされ，偏心，偏角の心ずれに対して等速性が維持される．ただし，中間軸の両端にくる 2 個のヨークは同じ向きに取り付けられていなければならない．

また図 7.14 に示すように，一方の軸にはスリーブの内面に，他方の軸には軸の外周面に一般に軸方向に 2 対または 3 対の軸方向に球面溝を持つスリーブと軸の間にボールを介在させてトルク伝達を行う形式のものを等速ボールジョイント (constant velocity ball joint) と呼び，自動車の車軸や圧延機のローラなどの継手として有効であり，多用されている．

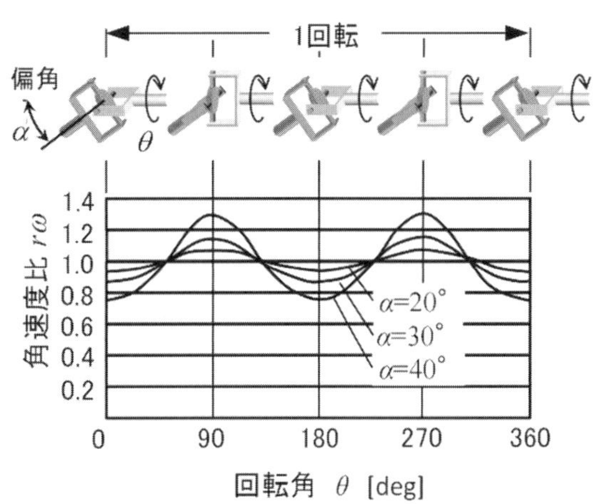

図 7.13　自在継手の角速度変動

上記の他に歯車形軸継手 (gear coupling) やチェーン継手が大型機器に用いられる．また平行な二軸の偏心を除去する場合にはオルダム継手(Oldham's coupling)やリンク式継手等が用いられることもある．

7・4　運動用シール　(packing and seal)

7・4・1　シールの機能 (functions of seals)

シール (seal) は密封装置とも呼ばれ，機械の回転運動や往復運動する部分または容器のふたや配管の継ぎ手などの静止(固定)する部分に取付けられ，内部からの流体の流出および外部からの異物 (contaminant) の侵入を防ぐための機械要素である．JIS では運動用シールをパッキン (packing)，静止用シールをガスケット (gasket) と呼んでいる．

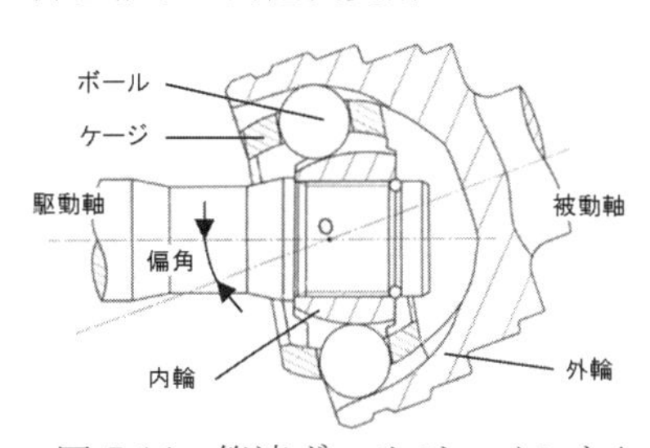

図 7.14　等速ボールジョイント*

ここでは，機械の回転運動および往復運動する部分の密封をおこなう運動用シールについて述べる．

7・4・2　運動用シールの種類 (kind of packing)

運動用シールは回転運動用と往復運動用，さらに運動面が接触する形式と非接触の形式に分けられる．密封流体の最高圧力および運動面の最大速度などの使用条件は JIS B 2401~2405 で規定されている．

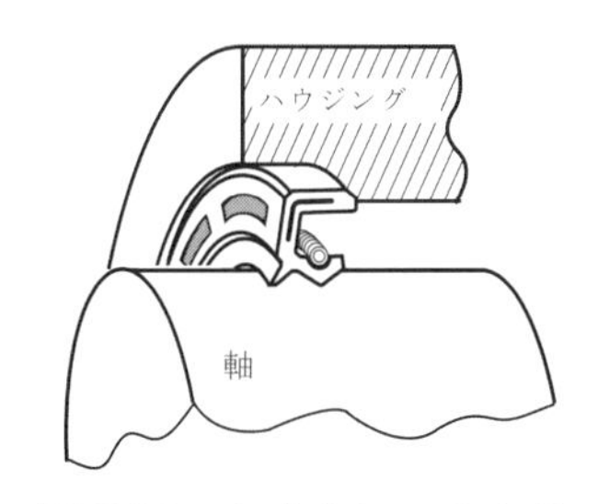

図 7.15　オイルシールと軸

運動用シールに求められる機能は，① 内部流体の漏れ防止，② 外部からの異物の侵入防止，③ 高信頼性と長寿命，④ 取付けと取外しの容易性，⑤ 低コストなどである．

特にオイルシール (oil seal) は軸受の潤滑油漏れを防ぐために多用される接触形回転運動用シールである．図 7.15 の例のように，くさび状の非対称断面形状をもつゴム製のシールリップ，リップ先端に緊迫力を与えて軸との間で密封接触圧力を発生させるばねがあり，さらにハウジングにはめ合う部分はゴムの中に金属環が埋め込まれている．また図 7.16 のオイルシールの断面

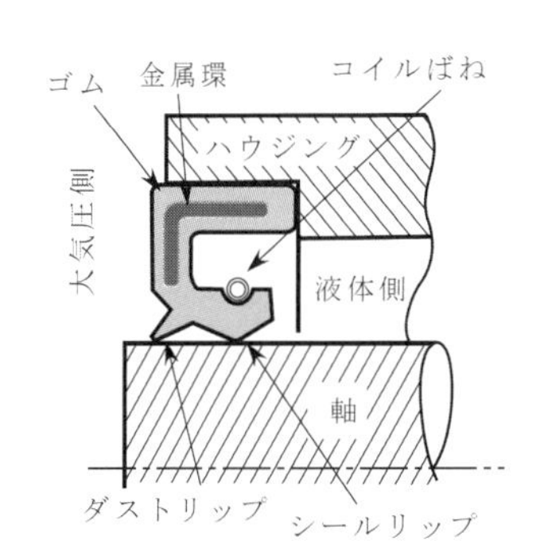

図 7.16　オイルシール断面図

図のように外部からのごみ等の侵入を防ぐダストリップ部を持つものもある．このオイルシールは摩擦トルクが小さく小形であるという特徴を持っている．なおこのオイルシールは往復運動機構にも用いられることも多いが，外部からの異物の侵入に注意を払う必要がある．

このほか，接触形回転運動用のメカニカルシール (mechanical seal) や非接触形回転運動用のラビリンスシール (labyrinth seal)，更に磁性流体をすきまに充填する形式の磁性流体シール (magnetorheological fluid seal) がある．更にグランドパッキン (gland packing)，リップパッキン (lip packing)，スクイズパッキン (squeeze packing) 等も用いられることがある．

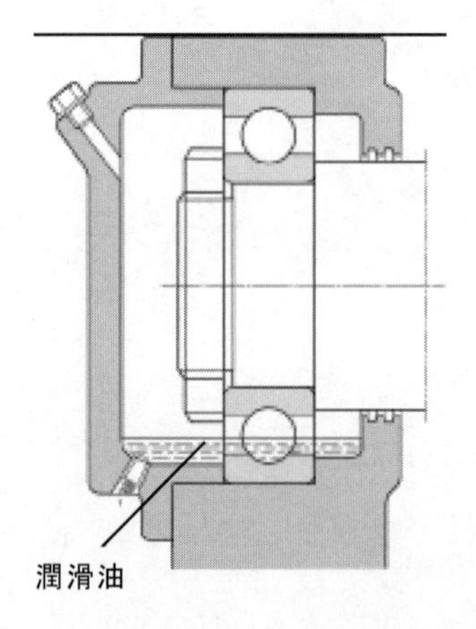

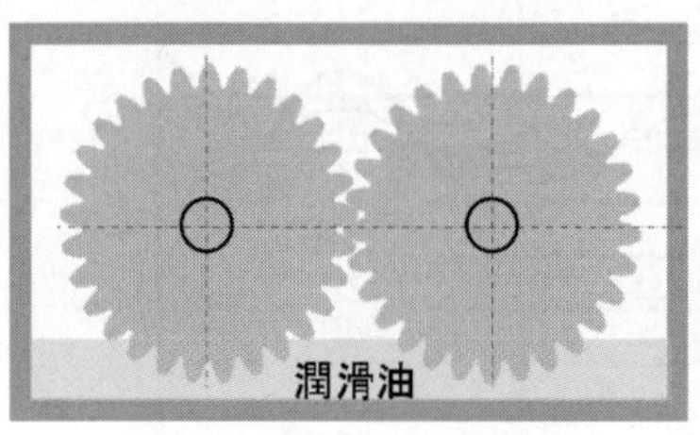

図 7.17　油浴潤滑例
上：軸受*，下：歯車箱

7・5　潤滑 (lubrication)

7・5・1　潤滑系の目的 (purpose of a lubrication)

潤滑の主な目的は，①潤滑油膜形成による摩擦力の低減と摩耗の抑制および焼付きの防止，②発生する摩擦熱を機器外部へ移動させて温度上昇を抑制，③さびの発生防止である．

7・5・2　代表的な潤滑方法 (purpose of a lubrication)

潤滑は使用する潤滑剤と給油･給脂方法の違いで十数種類に分類できるが，このうち代表的な例を示す．

a. 油浴潤滑 (oil bath lubrication)

図 7.17 に示すように軸受系では最も基本的な潤滑方法であり，軸受や歯車を潤滑油に浸して運転させるものである．潤滑油の攪拌抵抗が発生するため，低･中速回転に適している．副次的効果として多少の冷却効果が期待できる．油面の変動により給油量や冷却効果に与える影響が大きいことから，オイルレベル管理が重要となる．

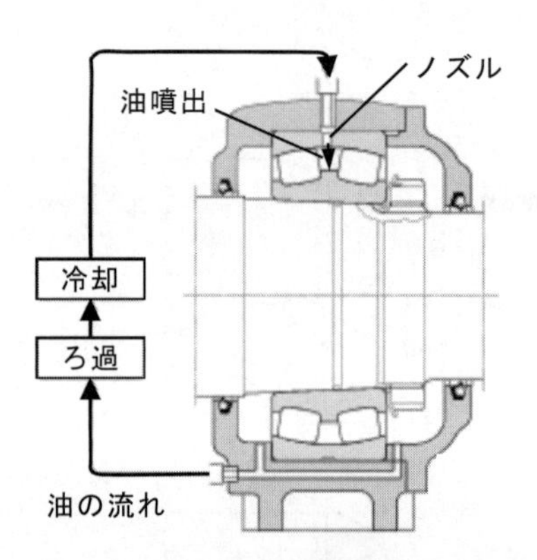

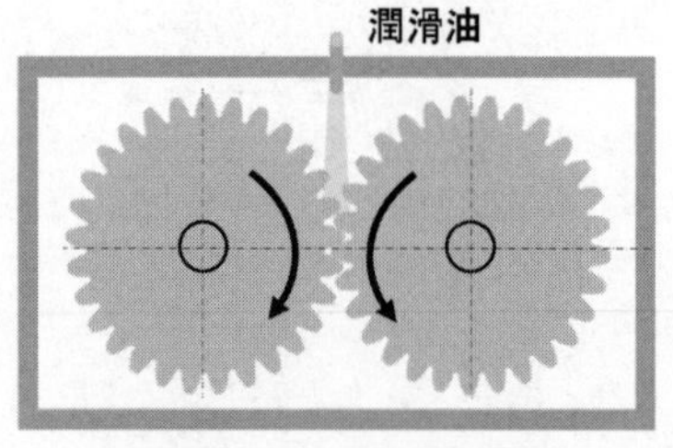

図 7.18　強制潤滑例
上：軸受*，下：歯車箱

*図提供：
(株)ジェイテクト
(図 7.14，7.17 上，7.18 上)

b. 強制潤滑 (forced lubrication)

図 7.18 に示すように，外部に設けた給油ポンプで潤滑面に潤滑油を供給する方法である．潤滑油を比較的高圧でノズルからオイルジェットの形で供給されるものもある．これはジェットエンジンや大型高速回転機器では多用されている．更にはスプレーのように噴霧する方式等もある．またこれらの方式は冷却効果も大きい．

c. グリース潤滑 (grease lubrication)

グリース潤滑は，海綿状の増ちょう剤に潤滑油を含ませてゲル状にしたものを動作面に供給する方法であり，一般的に潤滑部位に封入される．そしてこの最大の特徴はメンテナンスフリー化が実現できることである．なお高速・高温には不向きである．グリースを用いる場合には軸受部に合成ゴム製のシールあるいは金属製のシールド (shield) を設置する必要がある．

第7章の参考文献

(1)　近森徳重・河原由夫，密封装置，(1965)，幸書房．
(2)　岩根孝夫，密封装置選定のポイント，(1989)，日本規格協会．

運動と動力を伝達する要素

動力を伝えたり，運動変換したりする種々の要素について類別して，説明している．それぞれの内容を極力わかりやすい範囲で取り上げる．

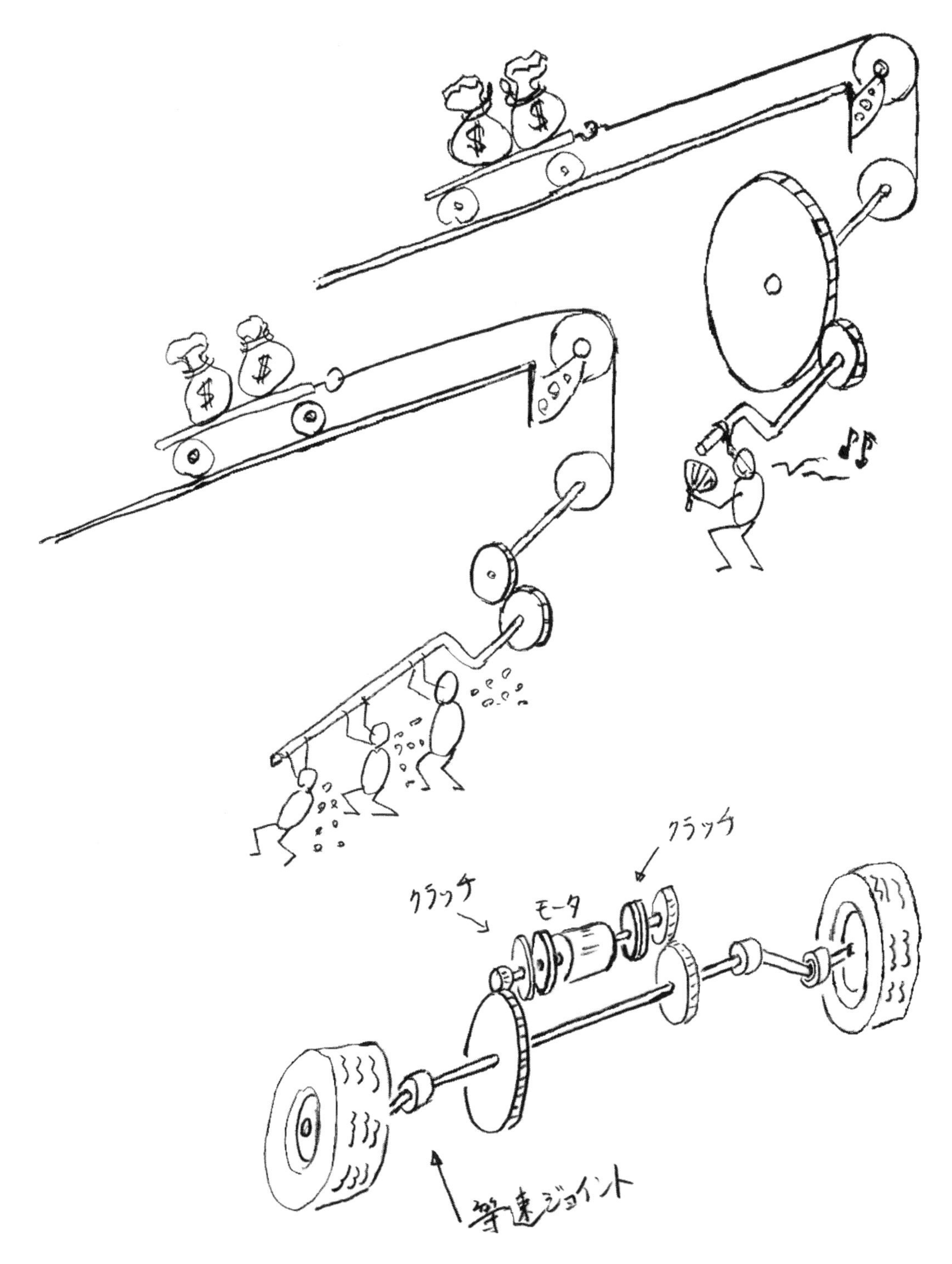

平歯車装置の実物（ツェッペリン飛行船（左）のプロペラ駆動部（右），1918 年製，たぶん LZ75 に搭載されていたと推定される），左手前のセレーションにエンジンからの出力軸が接続される．右側奥の 2 枚のフランジの間に，プロペラが取り付けられ，長いボルトで固定される．ギヤボックスはアルミ鋳物製（東京工業大学博物館収蔵）

第 8 章
歯 車
Gears

回転と動力の伝達に歯車が最もよく用いられるのは，その信頼性の高さからである．しかし，幾何学に基づいてそのレイアウトが決まってしまうことから，制約も多い．歯車を用いた機構は，既製品を用いる場合，市販の歯車の組み合わせで実現する場合から，詳細な諸元を個別に決定して製作する場合までの幅広い世界がある．設計においては，幾何学的な諸元を決定するばかりでなく，その諸元の下で強度を検討しなければならない．これらすべてを理解することは多くの時間を費やさなければならない．

本章では，歯車の主な役割を確認するとともに，その種類と，歯車に独特の種々の名称をまず理解したうえで，平行軸歯車を対象として歯車設計に関する基本事項を学ぶことを目的とする．

なお，一般に使用される歯車のほとんどが，インボリュート歯車である．インボリュートは，歯形の種類を表しており，サイクロイド歯車も知られている．ここでは，インボリュート歯車を主な対象とする．

8・1　歯車概論　(introduction)

8・1・1　歯車の役割 (the role of gears)

歯車は，古くから知られている機械要素であるが，使われている様子を見ることは少なくなってきている．第 1 章でも示したような自転車の内装式変速機は，まさに歯車装置であるが，外からは垣間見ることは全くできない．したがって，製造・組立のときや，分解して整備する瞬間にのみ，その様子を見ることができる．一方外装 6 段変速機では，チェーンとスプロケットが用いられているにもかかわらず，変速ギヤと呼ばれることも多い．その役割は見ての通りで，事実上二つの歯車の回転をチェーンが媒介して，動力を伝達しており，用いる歯車を切り替えている．その結果として，上り坂や平地でスムースに自転車を走らせることができる．

また，歯車が精密な機械要素の一つとして位置づけられた歴史的な理由の一つとして，大砲の照準を合わせるための重要部品であったという説がある．砲座の旋回や，砲身の仰角を合わせるためには，「壊れてはならない．精確でなければならない．」という要請があった．精確さを求めるには，今日ではサーボと呼ばれるフィードバックによる制御技術も活用される．しかし大きな駆動トルクをモータから得るためには，モータの得意とする高い回転速度を，負荷に適切な速度に調整しなければならない．これは，歯車なくしては実現できなかった．

結局歯車の機能を幾何学的にみれば，回転角の伝達と，回転軸の位置や方向の変換という2種類の役割がある．そして力学的にみれば，動力を伝達する役割がある．図 8.1 に示すトラックの例では，トランスミッションとファイナルギヤ（デファレンシャルギヤ）があり，前者は二つの軸が平行であって，後者では軸の向きが直角になり，かつ軸の中心は上下方向にずれている．

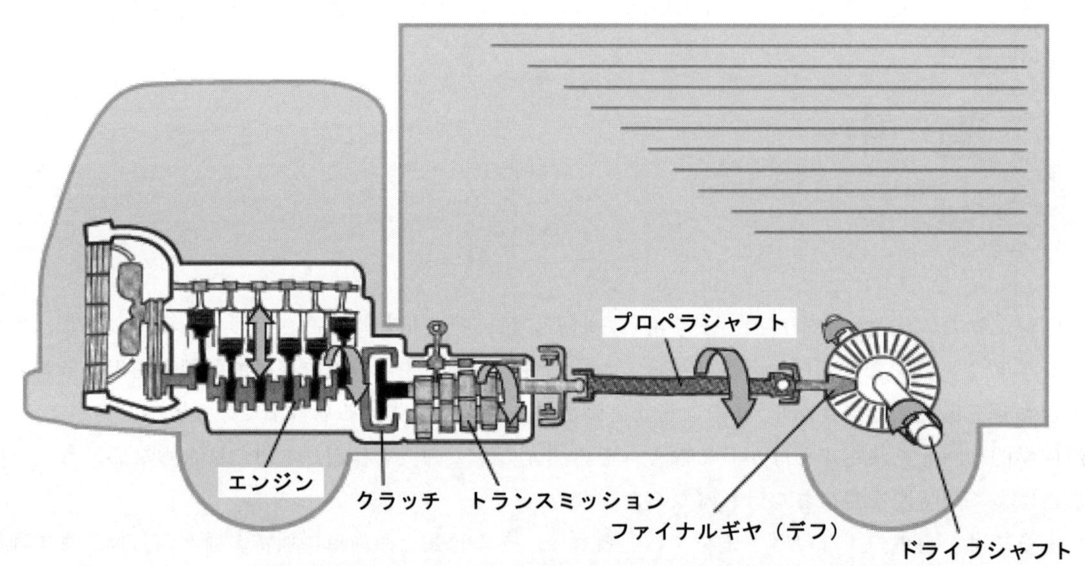

図 8.1 自動車の駆動系，歯車がたくさん使われている
（出典：パワートレインの概念図，いすゞ自動車 HP）

図 8.2 電車の台車と車軸に取り付けられている歯車箱および歯車

a. 回転動力の伝達

動力の伝達を理解するには，そこでの力学を考える必要がある．身近な例では自動車（図8.1）や，電気機関車を含む電車（図8.2）への応用が挙げられる．これらはいずれも，原動機の限られた動力を適切な推進力に変えるために用いられている．

図8.3は，これらの車両が推進力により加速するモデルを示している．車輪と地面の間に推進力が働き，車両はこの反力で前に進む．発進してからの速度の推移は概ね右図のようになろう．車両が一定速度で運動している時の推進力は，転がり抵抗や，空気抵抗，あるいは登坂抵抗といった走行抵抗に打ち勝つ必要がある．これらの抵抗は速度や坂の傾斜にも依存するが，ここでは一定の値と仮定している．

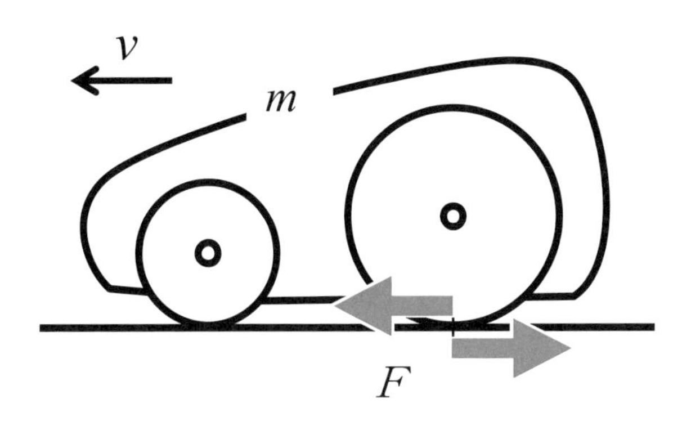

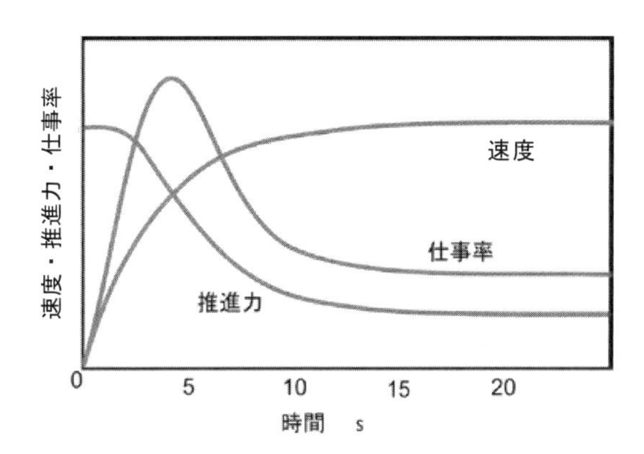

図 8.3　自動車の発進から低速までの速度，加速度と仕事率

一方，発進して加速するには，加速度を与えるための推進力が必要となる．加速のための推進力 F_a はニュートンの第二法則に基づき，次式で表される．

$$F_a = ma \tag{8.1}$$

但し，m は質量，a は加速度である．なお，自動車技術の世界では，この力を加速抵抗と呼んで走行抵抗に含めて取り扱うことがある．

結局，加速時の推進力 F は，加速度に応じた慣性力と，走行抵抗の和に等しくなり，そのときの仕事率（パワー）は速度との積 $F \cdot v$ となる．図の速度の推移は，発進から滑らかに加速して一定速度にいたるイメージであるが，発進直後には一定の加速度を得るために，それに見合って大きな推進力が必要となる．このとき，仮にモータを用いるなら大きなトルクが必要なところであるが，速度が低い場合にはさほど大きな仕事率を必要としないので，トルクの小さなモータを用いても，高速で回転させて所要の仕事率を発生させるのでもよい．その際，歯車などの減速装置を用いて，大きな減速比 (reduction ratio) を与え，回転速度を下げる代わりに大きな推進力を発生させればよいことになる．

一方，速度一定の領域では，加速をする必要がなくなるので，大きな推進力を必要としないが，高速で回転させる必要が出てくる．このときは，逆に歯車による減速比を小さくすればよい．その結果，いくつかの減速比を選択することのできる変速機が用いられる．今日では手動変速機に代わって，いくつかの種類の自動変速機が多く用いられる．いずれの変速機においても効率が高く，そのうえで要求される仕事率と推進力が速やかに得られることが要求される．

【参考１】ＣＶＴ
変速機の究極の姿として CVT (Continuously Variable Transmission) が良く知られている．今日の乗用車の多くに用いられているが，単純に比較すると機械効率は歯車に分があるともいわれている．図 1.3 参照．

【例題 8．1】乗用車のタイヤの直径は約 0.7m である．時速 72km で走行するときのタイヤの回転速度を概算せよ．また，上記の速度で平地を定速走行する際の走行抵抗が 500N であるとき，駆動力がする仕事率を求めよ．またた推進力をタイヤ軸のトルクに換算せよ．

次に乗用車の質量を 1.5 t とし，発進直後の加速度が 3m/s^2 のとき，発進時に必要な推進力を求めよ．但し，走行抵抗は無視できる．また，5 秒後の速度とそのとき推進力がなす仕事率を求めよ．

【解答】タイヤの外周の長さは　$0.7\times\pi\approx2.2\mathrm{m}$

一方，時速を秒速に換算して 72km/h / 3600s = 20 m/s

よってタイヤの回転速度は $20/2.2\approx9\mathrm{r/s}$（毎秒 9 回転）である．

定速度における駆動力は走行抵抗に等しいから，

仕事率 $P=F\times v=500\times20=10{,}000\mathrm{W}=10\mathrm{kW}$，

そのときのトルク $T=F\times r=500\times0.35=175\ \mathrm{Nm}$ である．

発進加速時の推進力は　$F=1500\times3=4500\ \mathrm{N}$，

5 秒後の速度は　$v=3\times5=15\mathrm{m/s}$，

これから仕事率は，両者を掛けて T=67500W=67.5kW と求まる．

動力を伝達する歯車または歯車装置に要求されることは，寸法の制約の中での歯の強度を確保することである．歯車装置といえども小形化が常に重要な課題であって，①軽量化②低コスト化③省スペースによる設計の自由度増に貢献する．なお，このような動力伝達の役割を持つ歯車装置は，産業機械などでも数多く用いられている．いずれも，大きな動力を，低い回転速度で発生する必要がある場合が数多く存在する．また近年では，逆に増速で用いるニーズが，風力発電や大型送風機などに見られる．

b．回転角度の伝達

複数の回転軸を空間に配置して，これらの軸が同期して回転するように回転角度を変換する．たとえば，旋盤でねじ切りを行おうとするとき，工作物（ワークと呼ぶ）がちょうど１回転するときに，刃物が１ピッチ進まなければならない．また，歯車を製造する時にも同様に工作物が歯の１ピッチ回転する間に，ホブと呼ぶねじ状の刃物が同期して１回転する必要がある．さらに身近な例では，プリンターやコピー機の紙送りにも多くの歯車が用いられており，精度の高い回転角度伝達が実現できないと，印刷のムラが発生する．

【参考２】自動車の燃費向上に貢献する変速機
図 8.3 からわかるように，自動車が一定の巡航速度で走る時には，大きな動力を必要としない．またこの時にエンジンの回転速度が高いと，エンジンの効率が低くなり，また潤滑による損失が大きくなる．昨今の乗用車は時速 100km で走っている際に，エンジンは 2000r/min 程度で回っているが，一昔前ではこれが 3500～4000r/min もあった．原動機がモータになっても，原動機の効率を加味して省燃費を図るには，歯車は重要な役割を担う．

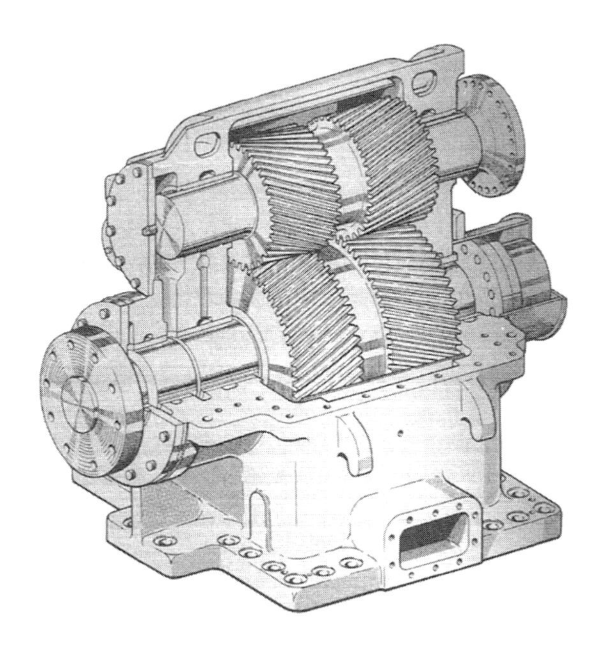

図 8.4　産業機械用 1 段減速機の例

ガスタービン発電機用減速機，上の軸が入力側，下の軸が出力側で発電機につながる．この減速機は人の背丈ほどある．伝達動力は 30MW～50MW 程度．使われているのは，やまば歯車（ダブルヘリカルともいう）．すべり軸受が用いられている．
(提供：(株)日立製作所)

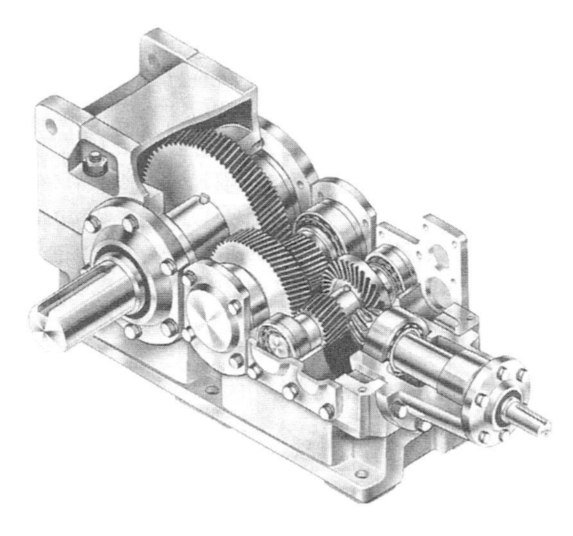

図 8.5　産業機械用汎用 3 段減速機の例

右端が入力軸，左が出力軸で，ウィンチや，種々の機械の駆動に用いられる．大きさは，高さが概ね 500mm 程度以下のものが多い．入力軸と出力軸の向きが 90° 異なる．軸の太さの違いにも注目．使われているのは，入力段が，まがりばかさ歯車（スパイラルベベルギヤ），他ははすば歯車．転がり軸受が用いられている．
(提供：住友重機械工業(株))

図 8.6　まがりばかさ歯車対

船のサイドスラスタや，タグボートの主推進装置に用いられている．大きさに注目．
(提供：(株)イワサテック)

これらのいずれの目的にせよ，回転軸を平行に置いたり，ある角度で交差するように置いたり，ねじれの位置となるように置いたりすることができるのも特色である．産業用に用いられている減速機として，図 8.4～8.6 にその例を示す．

また，歯車は歯が折れない限り回転を伝達できるという特色がある．歯が折れるのは，歯をはりと見立てた際の曲げ応力と密接にかかわることであって，強度設計の一つのポイントとなる．

8・1・2　歯車を設計するとは (design criteria)

歯車を設計する際には，使用条件が定まらなければならない．たとえば，工場設備の一部として製造ラインの自動化に用いるような場合，細かな設計をする必要がないことも多い．種々の歯車を標準在庫品として供給する会社もあるので，基本レイアウトを定めたら，そのカタログから選んで歯車を組み合わせればよい．会社には，選択のための設計資料も準備されている．また，図 8.5 の歯車装置は組み立てられた標準品として購入し，使用することもできる．

同じ工場設備でも，たとえば圧延機械のロールを駆動する歯車は，負荷も大きく使用条件は苛酷である．また印刷機械にも歯車が多用されており，わずかな回転伝達の進み遅れが印刷の品質を左右する，これらの歯車は経験的知見も加味して，伝達動力あるいは伝達誤差を考慮に入れて設計する必要がある．いずれの場合にも，動力に見合う伝達力に対する歯の強度ばかりでなく，寿命の観点，音や振動の観点，さらには効率の観点など，多くの視点からの配慮が必要になる．

一方，自動車の変速機とその歯車を設計する場合，エンジンルームの中に許容される空間がミリメートル単位で設定され，変速機への入力軸，駆動輪への出力軸の位置がすでに決定されている．その中に納まり，かつ所定の動

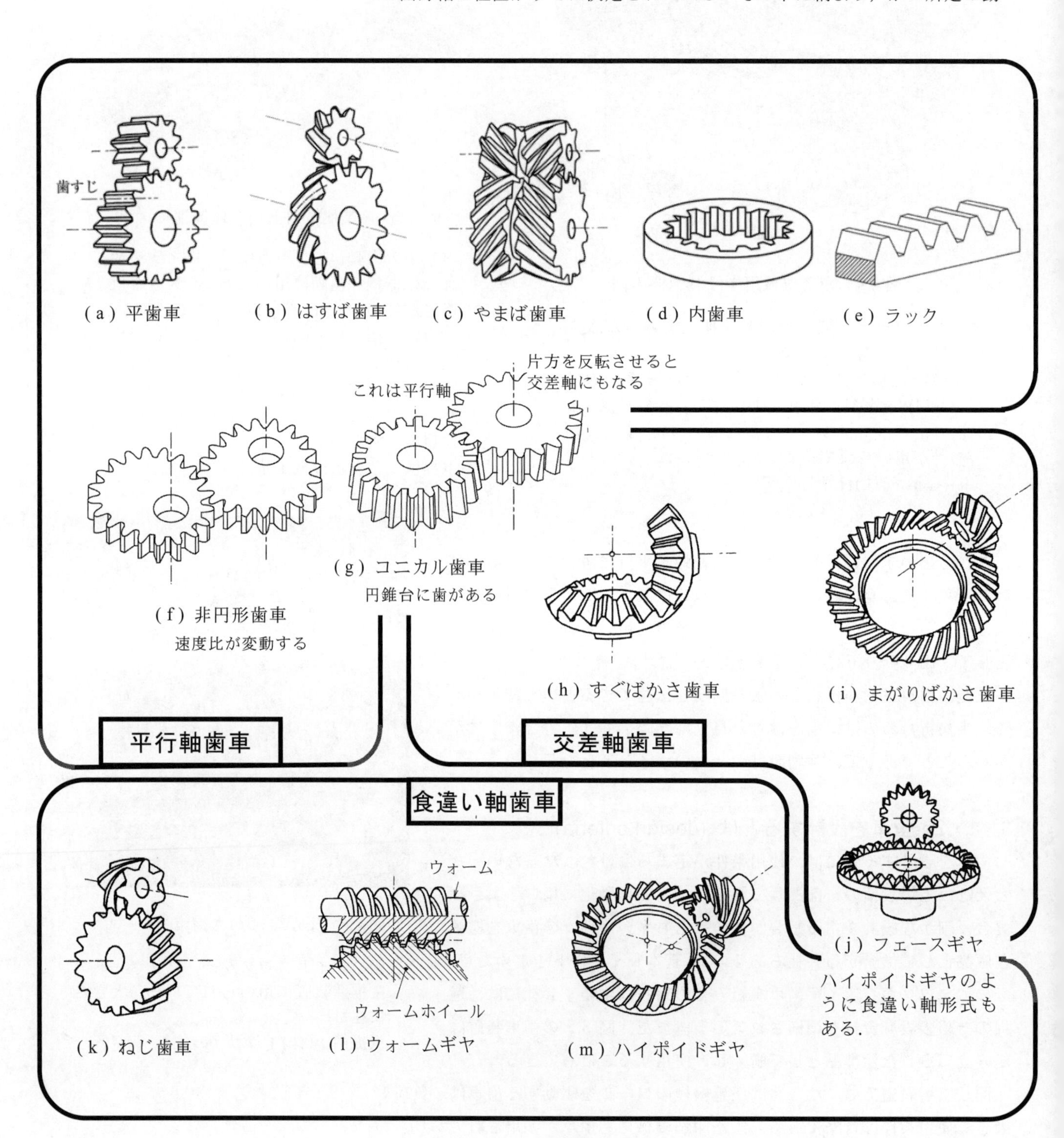

図 8.7　歯車の種類の概要

力を一定の時間伝達しても壊れないように歯車対の諸元を決定し，付随する要素を含めて配置を考える．強度の観点からの検討は非常に重要であるのは言うまでもない．また，同じ自動車でも，乗用車（総重量 2 t 程度）とバスや大形トラック，ダンプカー（総重量 20 t 超）とでは，走行距離や推進力の大きさや頻度が異なるために設計の考え方は異なるようである．

8・1・3　歯車の種類 (the type of gears)

歯車はその軸の空間配置から，図 8.7 に示すように，平行軸歯車と呼ばれる歯車と，交差軸，食違い軸の歯車に類別される．交差軸の代表は，かさ歯車である．またウォームギヤ，ハイポイドギヤは，軸が食い違うように組み立てられてかみ合う．平行軸歯車以外の歯車を活用する場合，市販されている標準品を選択して用いる場合以外は，専門の技術者に任せることにしよう．この章では，歯車の設計をするにあたっての最低の要件を理解するべく，平行軸歯車，特に平歯車について示すことにより理解を深めることにし，はすば歯車にも言及する．また歯車の歯形はインボリュート歯形についてのみ記述する．

歯車の設計においては，負荷を受けた条件で滑らかにかみ合い，強度が保証され，かつ効率が高く，その上静かであるようにと要求事項は多い．詳細にわたる設計については，別の機会に学んでもらいたい．また，機構学のテキストにも歯車が紹介されている．一部は重複するが，参照するとよい．

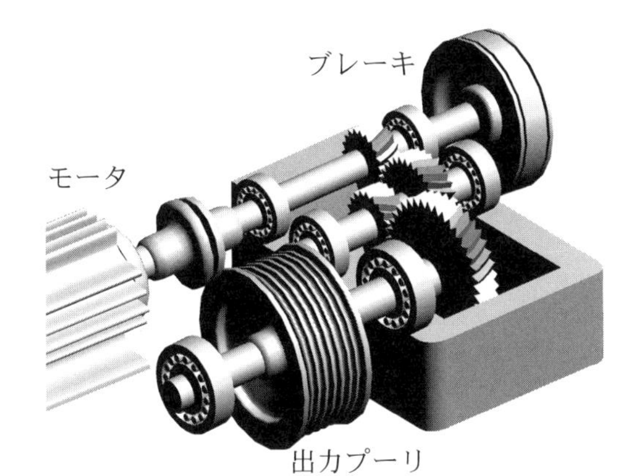

(a) エレベータ用 2 段減速機

8・2　歯車の基礎　(fundamentals of gears)

歯車には種々の設計パラメータが存在する．それらは互いに影響しあうので，設計手順も唯一とは限らない．また，複数段の歯車対の組み合わせで目的の動作を実現しようとする機構学的観点からの設計と，その中の一対の歯車に対する強度や効率を評価する力学的な観点からの設計とがある．

この節では，まずインボリュート歯車に限らず，最低限必要な用語を以下にまとめておく．現実には歯車の大部分がインボリュート歯車であるが，サイクロイド歯車やピン歯車などもあるので，歯形によらぬ共通項と認識してもらいたい．

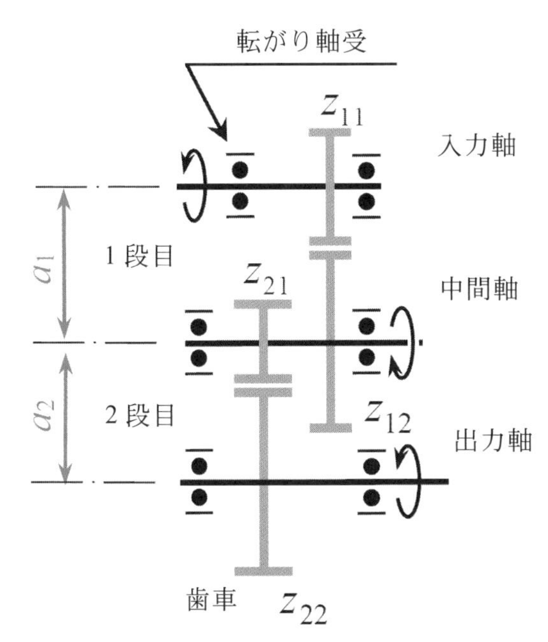

(b) 2 段減速機のスケルトン

図 8.8　2 段歯車減速装置の一例と，スケルトン図

8・2・1　歯車の主な用語 (major terminology)

図 8.8 は，一般的な歯車減速装置の一例として，2 段減速装置 (two stage gear reducer) の歯車配置を示したものである．この図(b)はスケルトン（骨格，skeleton) と呼び，軸受，軸，歯車を簡略化して表している．入力軸 (input shaft) から中間軸 (intermediate shaft) に 1 段目の歯車対で動力が伝わり，次いで中間軸と出力軸の間にあるもう一対の歯車でさらに減速する．

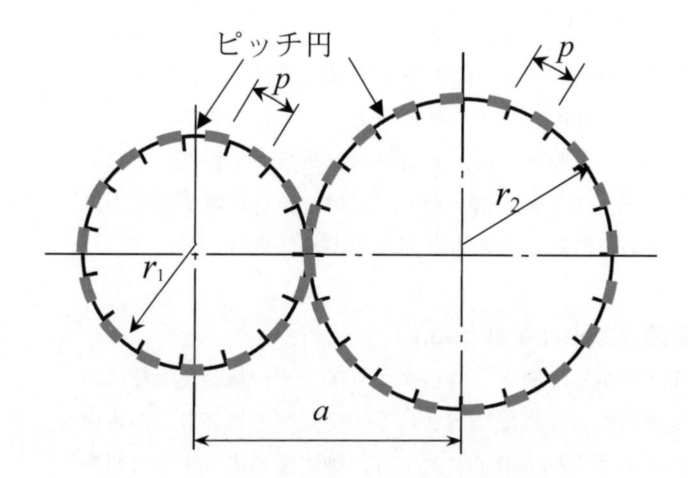

図 8.9 ピッチ円でかみ合う歯車の概念図

図 8.9 は，歯車対を単純化した模式図である．はじめに，歯車あるいは動力伝達全般に用いられる主な用語を示す．

a. ピッチ円筒 (pitch cylinder)

一対の歯車に注目した時の歯車のかみ合いは，図 8.9 のように．互いにすべらずに回転する二つの円筒の運動に置き換えることができる．この円筒を，ピッチ円筒 と呼び，紙面上に描いたときにはその一断面の意味でピッチ円 (pitch circle) と言う．図で，ピッチ円上に描いた太い破線を歯とイメージすれば，二つの歯車の間で互いを埋め合うようにかみ合う．原則として太線部の長さを互いに等しくとるが，互いに埋め合えば，左右で長さが異なっていても歯車としては成立する．これは後に述べる転位歯車とも関係する．

b. 中心距離（center distance） a

二つの軸において軸中心の間の距離が中心距離である．一般には機械を設計する際にはじめに決めることが多いが，逆に歯車の諸元を決定してから決められることもある．

c. 歯数（number of teeth） z

文字通り歯車 1 個にある歯の数である．複数の歯車を区別するために，図 8.8 では段数を表す添え字と，歯車対の入力側と出力側を区別する添え字を用いて，1 段目の歯車については z_{11}, z_{12} のように表している．

d. 歯数比（gear ratio） u

一対の歯車で，小歯車の歯数に対する大歯車の歯数の比の値を表す．図 8.8 においては，1 段目の歯車対について

$$u_1 = z_{12} / z_{11}, \tag{8.2}$$

2 段目の歯車対について

$$u_2 = z_{22} / z_{21} \tag{8.3}$$

となる．

e. 全速度比（overall ratio）i

歯車による減速を考えるときには，入力軸と出力軸の速度の比が重要である．そこで（入力軸回転速度/出力軸回転速度）を全速度比または速度伝達比と呼ぶ．このときトルクも速度伝達比に比例して大きくなる．（注：速度伝達比には符号をつけて入力と出力の回転方向が逆のときはマイナスとすることもある．）図 8.8 において，全速度比は

$$i = u_1 \cdot u_2 = \frac{z_{12}}{z_{11}} \cdot \frac{z_{22}}{z_{21}} \tag{8.4}$$

で与えられる．

f. ピッチ（pitch）p

ピッチ円を歯数で等分割した円弧の長さを単にピッチまたは正面ピッチと呼ぶ．また，8.2.2 項で説明する基礎円ピッチと区別するため，円ピッチとも呼ばれていた．歯数とピッチはピッチ円直径（d）と次式で関係づけられる．

$$z \cdot p = \pi d \tag{8.5}$$

g. モジュール（module）　m　と基準円（reference circle）

上述のピッチは無理数 π を含む表現なので，一対の歯車のかみ合いを考える時の代表値とするのは不便である．そこで，これを π で除した値を，歯の大きさを表す代表的なパラメータとする．これをモジュールとよび，次の式で定義される．

$$m = d / z = p / \pi \tag{8.6}$$

モジュールの次元は長さ[mm]であり，任意の正の実数値をとり得るが，後にも述べる標準化のために，JIS では表 8. 1 のような数値列が用意されている．またモジュールを定義する際のピッチ円のことを基準円と呼ぶ．二つの歯車がかみ合って滑らかにかみ合うためには，上記のピッチあるいはモジュールが互いに等しいことが必要条件であるが，これだけでは滑らかにかみ合うとは限らない．これに関連してインボリュート歯車では，8.2.2 項の基礎円ピッチの説明を参照すること．

表 8.1　モジュールの標準値列
(JIS B 1701 より)

0.1	1	5
0.2	1.25	6
0.3	1.5	8
0.4	2	10
0.5	2.5	12
0.6	3	16
0.8	4	20

h. バックラッシ（backlash）j

バックラッシとは，歯と歯がかみ合うときの「がた」「遊び」を意味し，概念的には図 8.10 のように表せる．定義上は一方の歯車を固定し，他方の回転の向きを反転させたときに裏側の歯が当たるまでの移動量をピッチ円上で表したものである．この意味から，円周方向バックラッシ（circumferential backlash）と呼んでインボリュート歯車でよく用いられる法線方向バックラッシ (normal backlash) と区別する．

歯車をかみ合わせる際にはバックラッシを与えるのが原則である．製造上の誤差，ならびに発熱による膨張によって，歯が互いに競り合うことを回避するのが必須だからである．一方バックラッシが大きすぎると，運転時に歯面同士が衝突を繰り返すような振動が生じやすくなる恐れがある．

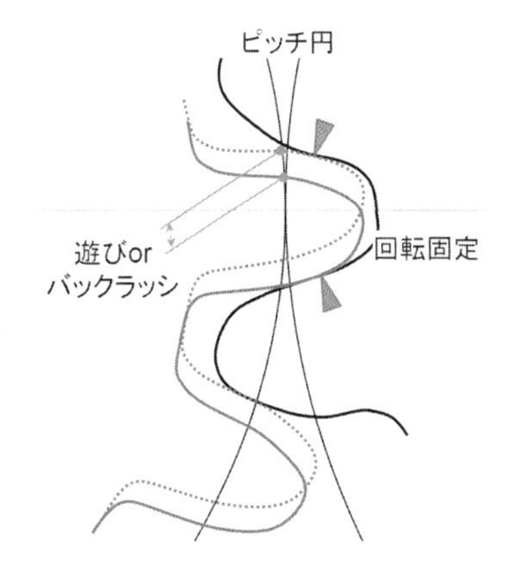

図 8.10　バックラッシの概念図

8・2・2 インボリュート歯車 (involute gears)

インボリュート歯車は，軸直角に見た歯形曲線がインボリュート曲線 (伸開線：involute curve) となる歯車である．インボリュート歯車の幾何学的な特徴を図 8.11 によって理解しよう．二つの段付き円筒はそれぞれ一体で造られ，軸が平行である．下段の大きいほうの円筒は互いに接しており，その接点ですべることなく回転が伝達されるものと考える．この円筒はピッチ円筒である．次に上段の小さい円筒の直径比を，ピッチ円筒の直径比に等しくする．この小円筒にベルトをかけてみると，小円筒はピッチ円筒と一緒に回転しつつ，ベルトは小円筒と互いにすべらず，かつ緩むこともなく回転を伝達させることができる．このベルト車に見立てた円筒が基礎円筒 (base cylinder) と呼ばれる．ピッチ円筒と基礎円筒の直径比の値は任意に与えることができるから，基礎円筒の直径の組み合わせは無数に設定できる．

さて，このベルトにマークをしてこれらの円筒を回転させたとき，そのマークの動きを駆動側または被動側の円筒に乗って観察した軌跡がインボリュ

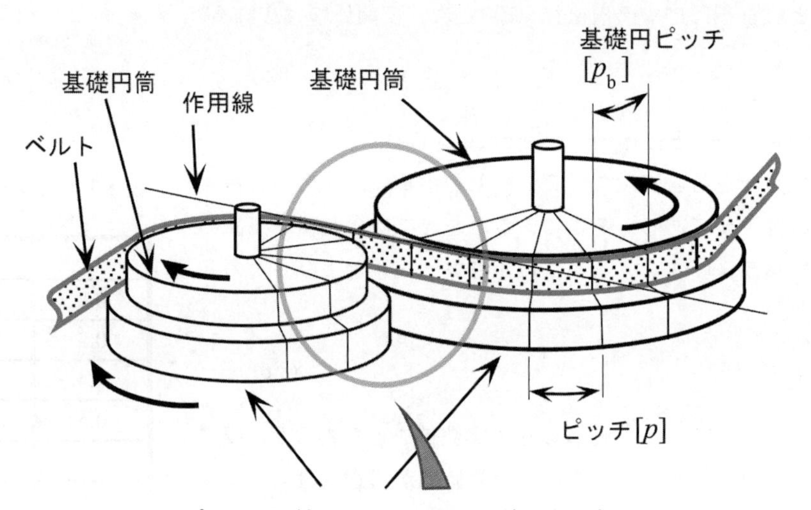

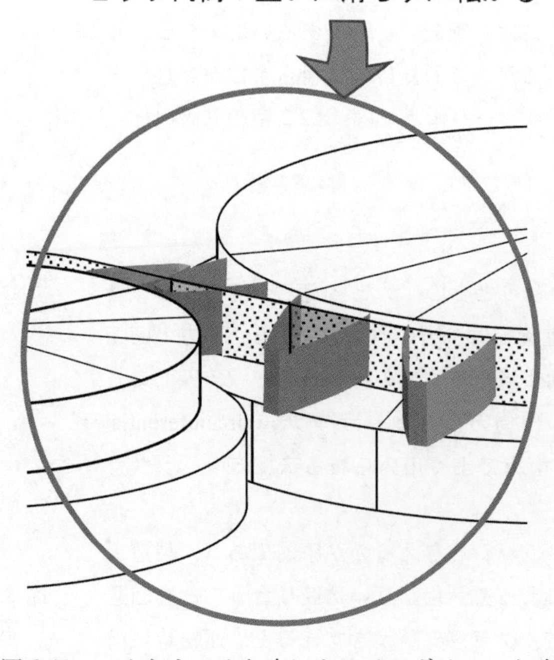

図 8.11 ベルトとベルト車によるインボリュート歯車の概念

ート曲線である．この曲線を切り出して実体を作れば，これが歯車の歯となる．なおベルトでは引っ張りになってしまうが，歯車では歯形がインボリュート曲線となるように切り出され，歯と歯が押し合うように運動する．

二つの基礎円筒の間にあるベルトは直線状であり，この直線を作用線 (line of contact) と呼ぶ．この直線は常に歯面，すなわちインボリュート曲線と，垂直に交わる．そしてベルト上のマークを等間隔に複数設ければ，次から次へとインボリュート曲線の歯面を描くことができる．マークの間隔の整数（歯数）倍が基礎円筒の一周の長さに等しくなれば，1 回転でちょうど元に戻るから，歯車に歯が構成できる．このときの間隔を基礎円ピッチ (base pitch，従来の呼び名は法線ピッチ) と呼ぶ．そして作用線は二つのピッチ円の接点を通り，この点をピッチ点と呼ぶ．

また，上の説明とは逆に，二つの基礎円筒を定めておけば，ピッチ円筒の直径を自由に選んで中心距離を設定できる．これは，後に示す「圧力角」「転位」とも密接にかかわる性質であって，インボリュート歯車の大きな特色の一つである．

a. 圧力角（pressure angle）

実際に歯車をかみ合わせることを考えてみよう．図 8.12 のように，歯車同士のかみ合いが観察できる．この時，作用線とピッチ円の接線とのなす角を歯車の圧力角 (かみ合い圧力角 working pressure angle) という．これは，歯車中心からピッチ点を結ぶ直線と，作用線と基礎円の接点を結ぶ半径のなす角でもある．

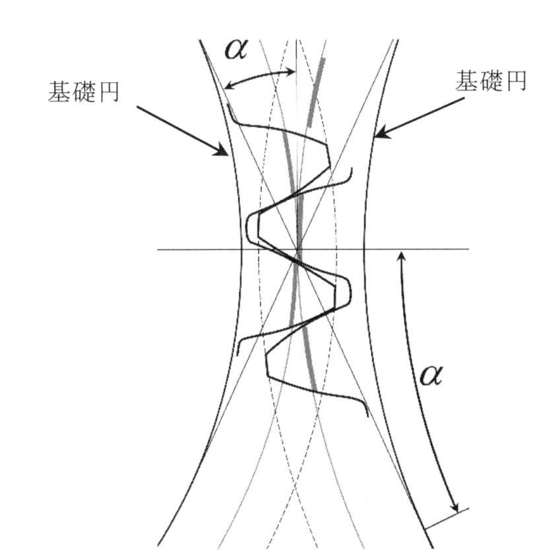

a) バックラッシがないようにかみ合わせた場合

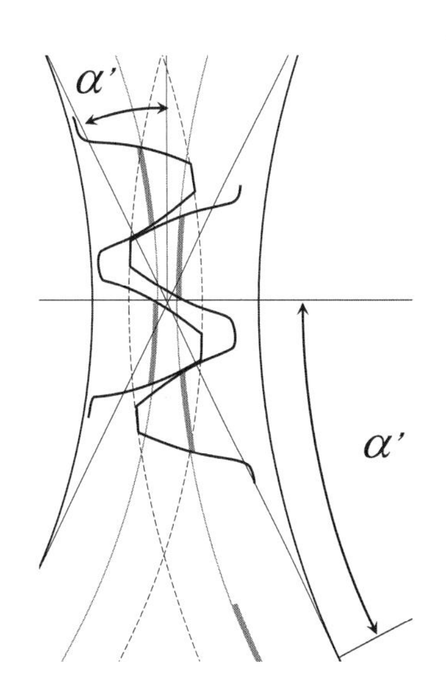

b) 同じ歯車を中心距離を遠ざけてかみ合わせた場合

図 8.12　インボリュート歯車のかみ合いと圧力角

a) と b)　は，同じ歯車対をかみ合わせている．インボリュート歯車はこのように中心距離を変えてもかみ合うが，圧力角は変化する．

【参考３】圧力角の用語に関する補足
圧力角という用語には，いろいろな使い方がある．そもそもの圧力角の定義は機構学で示され，カムやリンクにも適用される．歯車では歯車単体の歯面上のある点で，面の法線とその点を通る半径線とのなす角の小さいほうである．しかし歯車を取り扱う場合においては本文中の説明のように，一対のかみ合いに対する幾何学的理解でよい．ピッチ点で二つの歯車の歯が接して，その点では両者の圧力角が一致するので，これを歯車の圧力角と呼ぶ．また，ピッチ円が基準円と一致する場合には，この圧力角を基準圧力角と呼ぶ．また，はすば歯車も考えるときには軸直角断面で考えたときの諸量には正面（transverse）のことばを頭につける．詳細は JIS B 0102-1:2013 に記されている．

図から明らかなようにインボリュート歯車では，ピッチ円の直径 d と基礎円の直径 d_b は．圧力角を用いて次式で関係づけられ一定の比率となる．

$$d\cos\alpha = d_{\mathrm{b}} \tag{8.7}$$

また，同図 b)のように，歯車の中心距離を長くしてかみ合わせても滑らかに回転する．これは図 8.11 の説明とも対応し，一対の歯車は，中心距離を変えて運転することができる．このとき圧力角の大きさは変化し，圧力角とピッチ円直径と基礎円直径の関係は，以下の式のように表せる．

$$a\cos\alpha = \left(d_{\mathrm{b1}} + d_{\mathrm{b2}}\right)/2 \tag{8.8}$$

歯車の一方をラック（歯が直線状に並んでいる，または歯数が無限大の歯車）としてかみ合わせることもできる．図 8.13 にその様子を示しているが，ラックには基礎円に相当するものは存在しない．これはピッチ円の半径が無限大になった特殊な場合だからである．

b. 歯車の加工法との対応

図 8.13 からは，歯車を加工する方法も見て取れる．かみ合う相手の歯車を用意してこれを工具と見立て，歯を加工する前の素材（ブランク blank）とが，なめらかに回転するように運動させれば，不要な部分が除去される．工具は歯車状でも良いし，直線状に展開したラック状でも良い．ラック形工具においては，図のように歯形が直線である． この輪郭を完全に決定するために，標準基準ラック歯形（standard basic rack tooth profile）が JIS B1701-1:2012（ISO 53:1998） に示されている．代表的な寸法を以下の c から f に記す．

c. 工具圧力角

標準基準ラックの圧力角は，工具圧力角（cutter pressure angle）とも呼ばれ，歯切りをする際に重要なパラメータになる．この圧力角は 20° を標準とし，場合によっては 14.5°，27° とし，α_c で表す．

d. 歯厚

歯の肉の部分の厚さを歯厚といい，計る部位を決めて定義する．通常は基準線（円）（データム線 (datum line)）上で計り，正面歯厚（transverse tooth thickness）と呼ぶ．標準基準ラックでは，ピッチの 1/2 となる．このラックの基準線と歯車の基準円が接して滑らないように運動させ，歯車の歯も基準円上で，肉の部分と空間の部分の長さが等しくなる．

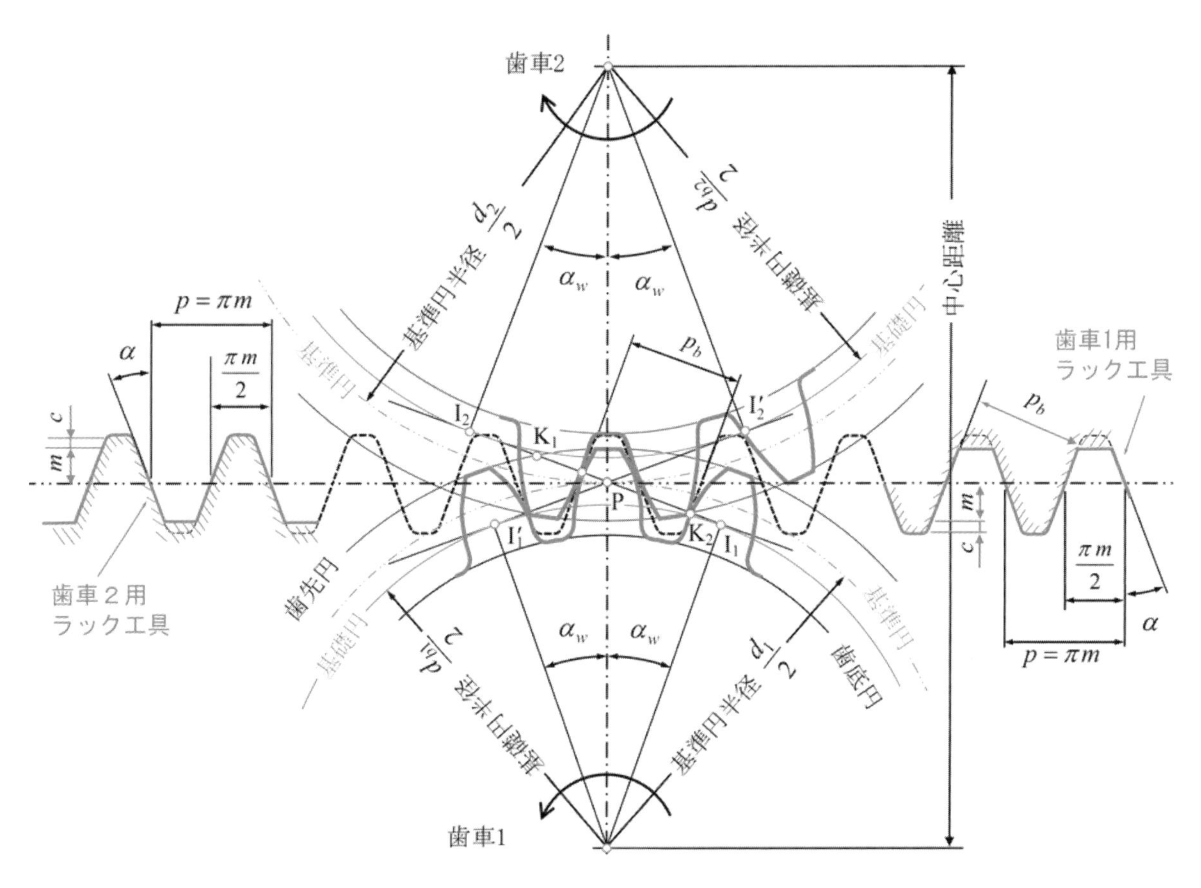

図 8.13　歯車のかみ合いとラック工具（文献(1)の図に修正と加筆）

e. 歯たけ

歯の高さ方向の寸法を「たけ」と呼ぶ．ラックにおいて，かみ合いに参加する部分の歯の高さは，データム線を境にその両側で，ちょうど 1 モジュール（m）ずつとする．データム線の外側を歯末のたけ，内側を歯元のたけ，全体を全歯たけ，と使い分ける．

f. 工具の歯たけ

ラック工具の歯末のたけはデータム線より 1.25m とする．このラック工具を用いれば，歯車の歯元にすき間（頂げき (bottom clearance)）を生成する．また，図で歯車 1 を作るラック工具と歯車 2 を作るラック工具は同じものを用いることができる．このようにして出来上がった歯車同士は，それぞれ歯末のたけが m，歯元のたけが 1.25m となり，互いにバックラッシなくかみ合うことができる．そして，これらを非転位平歯車 (x-0 spur gear) と呼ぶ．これらは，従来は標準平歯車と呼ばれていたものである．

g. 転位（profile shift）

インボリュート歯車において転位の考え方は，強度や中心距離を考えるときに自由度を増すことができる有用なものである．ラック歯形を歯車から遠ざけてみよう．そしてラックの水平方向の速度は，転位のないときと同じとする．ラックの歯形は直線であるから，作用線の位置は図 8.14 のように歯車

【参考4】ラックカッタとホブカッタ

歯車を製作する際，実際のラックをかみ合わせて運動させても歯を削りだすことはできない．このため，ラックを歯車の軸方向に往復運動させて，端面で歯溝の部分の材料を切削で除去する．実際のカッタは写真のようになっている．歯の部分は，旋盤のバイトと同じようになっている．往きに歯を削り，戻りでは歯が削った歯面に接触しないように，歯を逃がす必要もあるので，生産性は悪い．この観点からは，刃を円筒状に並べてネジのような形態となる「ホブ」と呼ぶ工具を用いるのが一般的である．

工具はその価格が高く，一つの工具でたくさんの歯車を加工しないと元が取れない．そこで工具を標準化しておくことにより，適正なコストで歯車を入手できるようになる．モジュールごとに標準の歯形を決めて上述のホブを用意しておけば，ホブの数を一定の数量に抑えることができる．

逆の視点に立てば，多量の歯車を専用に作るなら，上記のモジュールや圧力角にこだわって設計する必要はない．自動車ではそのような立場で任意のモジュールの歯車を設計することも多い．

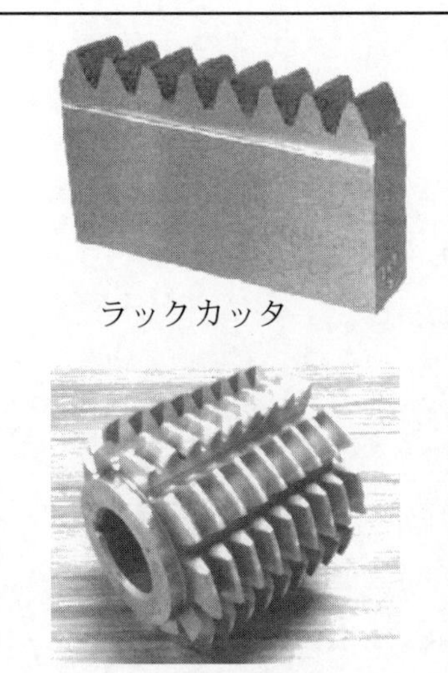

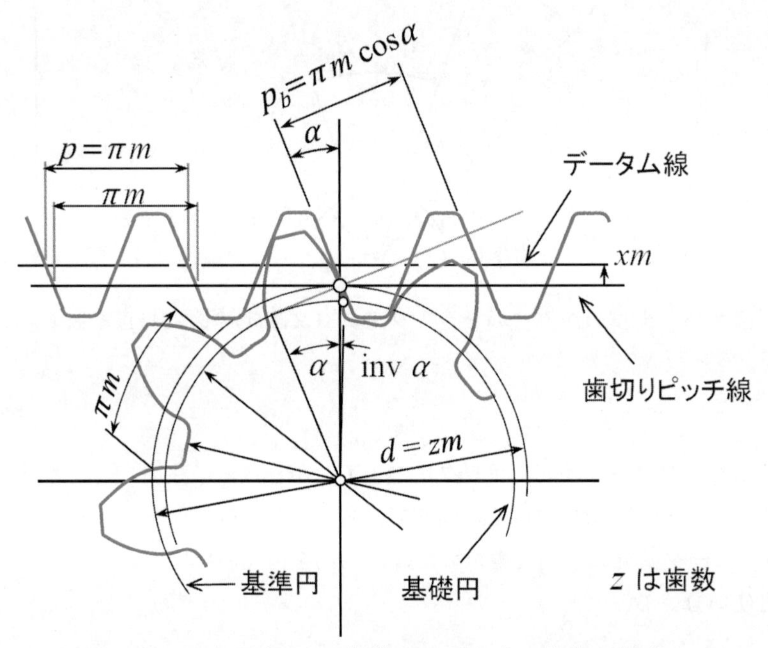

図 8.14 ラックを上に xm 転位させたときの歯車の創成

から見て変わらない．結局，歯車の歯面は，非転位平歯車に比べて少し外側に生成される．そして歯元部分における歯の厚さは増している．これを相手の歯車とかみ合わせれば中心距離が増加する．この時，カッタの変位量をモジュールで割った値を，転位係数（x）と呼ぶ．すなわち，カッタの変位量は $x \cdot m$ である．

バックラッシがない転位歯車対においては，この転位量がほぼ中心距離の変化となるが，厳密にはインボリュート関数を用いた式で表される．転位量の違いによる歯車の概形の変化は図 8.15 に示すとおりで，歯元がやせたり，歯先が尖ったりする．

中心距離を変えずに負の転位を与えた歯車をかみ合わせると，バックラッシを与えることもできる．なお，転位は以下のような目的で行われる．

i. 歯の強度の調整（曲げ強度やすべり率の調整）

ii. 中心距離の調整

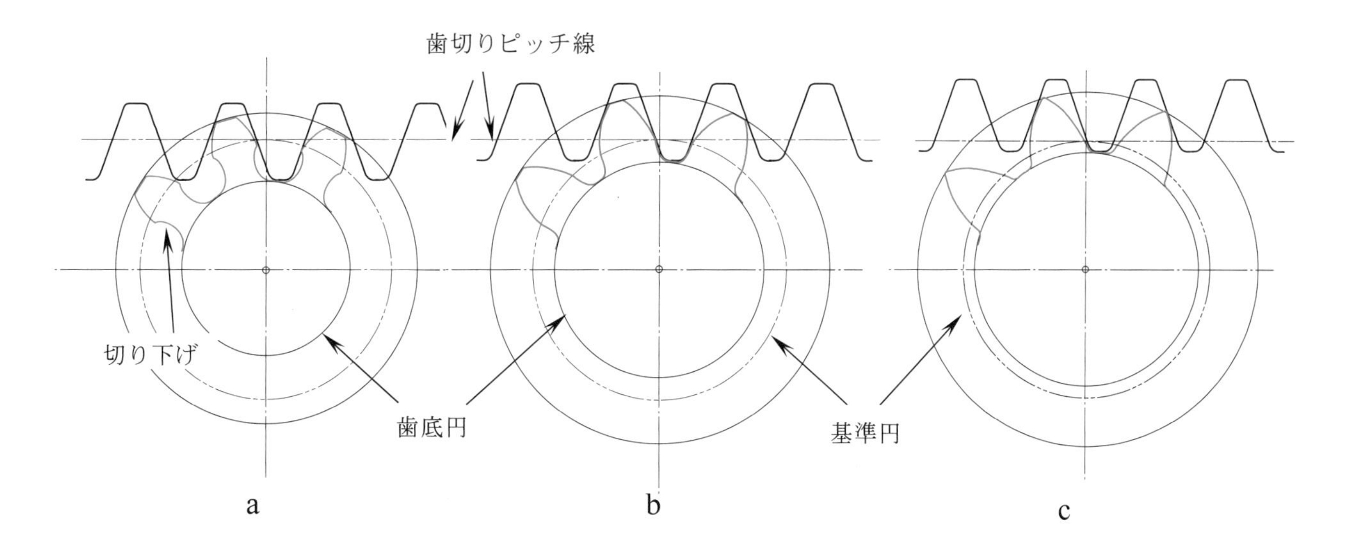

図 8.15 同一のラック形工具で作られた転位歯車群．基準円，基礎円の大きさは変わらない
a) 転位はゼロであるが，歯数が少ないために切り下げが起きて，歯元がやせている．
b) わずかな正転位により，歯元から歯先までインボリュート歯形が見てとれる．
c) 大きな正転位により，歯元の厚みが増して曲げに強くなるが，一方で歯先が尖る．

iii. バックラッシ量の調整

iv. 切り下げの防止（小歯数の場合，一般には 17 枚以下で生じる．）

h. かみ合い率（contact ratio）

図 8.13 では，1 本の作用線上で 2 か所に接触点がある．これを二対かみ合いという．ピッチ点に接触点がある時には他には接触点がなく，このような状態を一対かみ合いという．歯車の回転に伴いこれらをくり返すので，かみ合う歯対の数の時間平均として，かみ合い率という値が用いられ，通常は記号 ε で表す．図 8.16 はかみ合い率を理解するための概略図である．

横軸は歯車の回転角や，時間（一定速度の場合）と考えればよい．一対の歯がかみ合っている最中に，次の一対の歯がかみ合いを始めるのが見て取れる．かみ合い率は，インボリュート歯車においては，作用線上で，かみ合い長さを基礎円ピッチで除した値となる．幾何学的に算出できるので，図 8.17 を参照して，かみ合い長さを計算してみてみよう．作用線と，それぞれの歯

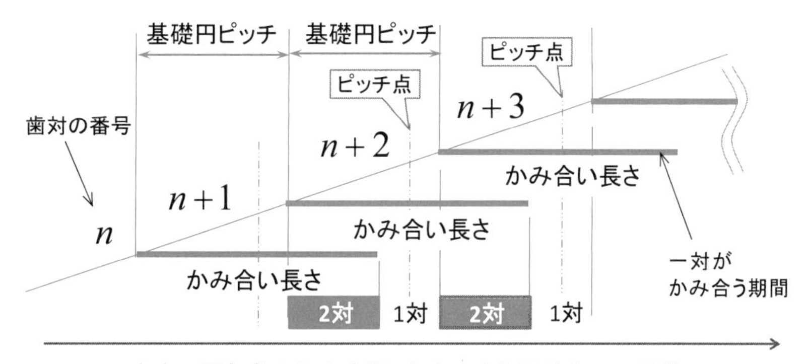

図 8.16 歯対のかみ合いが進行する概略図

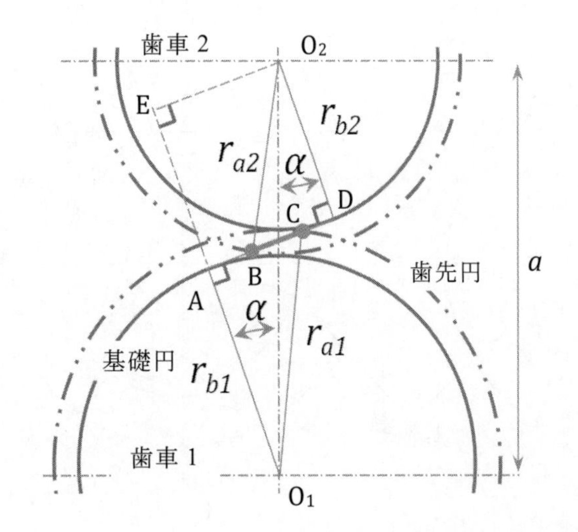

かみ合い長さは，

$\overline{BC} = \overline{AC} + \overline{BD} - \overline{AD}$

ここで，三平方の定理より

$\overline{AC}^2 = \overline{O_1C}^2 - \overline{O_1A}^2$

$\overline{BD}^2 = \overline{O_2B}^2 - \overline{O_2D}^2$

$\overline{AD}^2 = \overline{O_2E}^2 = \overline{O_1O_2}^2 - \overline{O_1E}^2$

但し，

$\overline{O_1E} = r_{b1} + r_{b2}$,　　$\overline{O_1O_2} = a$

かみ合い長さを基礎円ピッチで割れば，かみ合い率になる．

図 8.17　かみ合い率とかみ合い長さ計算のための幾何学

車中心から作用線へ下ろした垂線（半径）を含む直角三角形を想定して，二つの直角三角形の重複部分がかみ合い長さとなる．

かみ合い率は，特に動荷重や振動を問題にするときに重要なファクタである．また，二対でトルクを伝えている時では伝達トルクをそれらで分担しているので，後に述べる強度の評価の際にも意識する必要がある．

なお運転性能を評価するのには，歯車の誤差やたわみを考慮した実かみ合い率と呼ばれる値がより適切と考えられている．これは，負荷の大きさを考慮し，歯面のあたり具合を認識してみないと正確に評価できない．

8・3　歯車対の設計　(designing of a gear pair)

8・3・1　設計の流れ (basic design flow)

図 8.18 に歯車設計の基本的な流れの一例を示す．歯車を設計するときは 1 対の歯車で設計をする．今までの説明で明らかなように，歯車対を設計するには，軸のレイアウトを決め，また速度比も決める必要がある．平行軸歯車では中心距離が容易に決められよう．また速度比は整数比（歯数比）でなければならない．そしてモジュールも正数の候補がいくつか定まる．

現実に歯車を製作するのには，ホブと呼ぶ工具（参考 4）が必要になるのが一般的であるが，勝手にモジュールの値を決めると，ホブを，その都度モジュールに合わせて製作しなければならない．このことは製造コストの観点から必ずしも適切とは言えないので，JIS なり ISO で規定されているモジュールと圧力角に基づくホブを用意して用いるのが順当である．

次節以降で述べるが，歯車を設計するには，基本寸法が定まれば，強度評価が最も重要である．モジュールを大きくすると，静的な曲げ強度は高くなるので大きなトルクを伝達できる反面，歯のすべりも大きくなるため摩擦による発熱も大きくなる．発熱はエネルギー損失であると同時に，接触している表面が溶けてしまう，焼きつきあるいはスカッフィングと呼ばれる現象をもたらす．そこで，モジュールを大きくしない変わりに歯幅を大きくする手もあるが，今度は体積が増して，重くなる．

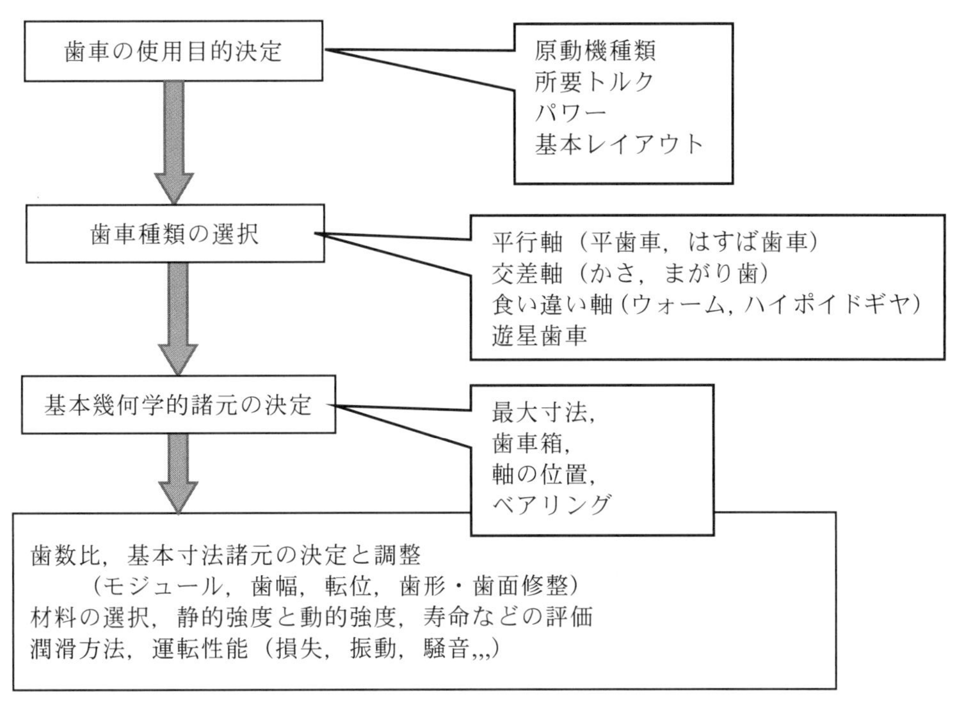

図 8.18　歯車設計の基本的な流れの一例

以上のように，真の意味での歯車設計は結構込み入っているので，最適化といった課題に対してはいまだ経験も重要な世界である．

【例題 8．2】速度比から中心距離を決定する場合．

速度比 1.4，1.54，1.7，1.8，7/3 として可能な歯数の組み合わせを求めよ．またモジュールを与えて中心距離を求めなさい．そして中心距離が等しくなるモジュールと歯数の組み合わせを求めなさい．

【解答】歯数比は整数比でなければならないから，速度比の値を 10 倍または 100 倍して，整数比に変換する．また，第 5 番目は事実上整数比であるので，そのまま歯数比の代表的な値と考えられる（表 8.2）．

中心距離は，$a = m \cdot (z_1 + z_2)/2$ で求められるから，モジュール 4 とし，例えば速度比 1.4 の場合に，それぞれの歯数の組み合わせに対して 24mm，48mm，72mm，96mm となる．また，同じ中心距離になるようにするには，モジュール 12，6，4，3 とすれば，いずれの場合も 72mm となる．

表 8.2　速度比と歯数の組み合わせ

速度比	1.4	1.54	1.7	1.8	7／3	
歯数の組合せ $Z_2：Z_1$	7：5	77：50	—	9：5	7：3	（最小歯数）
	14：10	154：100	17：10	18：10	14：6	×2
	21：15	（231：150）	—	27：15	21：9	×3
	28：20	（非現実的）	34：20	36：20	28：12	×4

【例題 8．3】中心距離と，速度比を与えて，歯数とモジュールを決定する例．

$a = 100$ mm, $i = 2$　となる歯数，モジュールを決定せよ．

【解答】ここでは標準的に用いられる圧力角として$\alpha = 20°$を用いるが，歯数とモジュールの決定に，これは関係ない．バックラッシがないものとし，式(8.6)から，

$$m \cdot (z_1 + z_2) = 2a \tag{8.9}$$

が得られる．ここで，

$$i = z_2 / z_1 = 2 \tag{8.10}$$

であるから，式(8.9)に代入して

$$m \cdot 3z_1 = 200 \tag{8.11}$$

となる．

ここで，歯数は整数であり，モジュールも整数を採用することにすると，上記を満足する値の組み合わせは存在しない．すなわち非転位歯車（x-0 歯車）を用いるなら，バックラッシを許容しないと，中心距離をちょうど100mmにすることはできないことがわかる．そこで，その近辺を探索する． 表8.3のように，中心距離が 100mm に近くなるモジュールと歯数の組み合わせが求められる．これから，中心距離を修正して用いるのが適切であると判断できる．ここでの例では，表8.3のいずれかの値にすることができる．

表8.3 モジュールと歯数，中心距離の関係

m	z_1	z_2	$3mz_1$	a
2	33	66	198	99
	34	68	204	102
3	22	44	198	99
	23	46	207	103.5
4	16	32	192	96
	17	34	204	102

また，速度比を調整して中心距離を満足させることもある．たとえばモジュール2で，$z_1 = 33$，$z_2 = 67$ に設定すれば中心距離を 100mm にすることができるが，速度比は

$$i = z_2 / z_1 = 67 / 33 = 2.03 \tag{8.12}$$

となる．

この計算ではバックラッシを考慮していない．たとえばモジュール 2，歯数（33，66）の場合，中心距離を100とすれば，少々大きめのバックラッシが生じてしまう．バックラッシの正確な計算式は省略するが，近似として，ラック同士のかみ合いを考えると，図8.19のように表すことができる．すなわち中心距離の変化量をΔaとし，圧力角を20° とすれば，バックラッシjは，

$$j = 2 \cdot \Delta a \tan \alpha \approx 0.73 \Delta a \tag{8.13}$$

となるので，ここでは約 0.7mm となって，通常与えるバックラッシ（おおむね0.1～0.2mm程度）に比べて大きい．また，かみ合い率も小さくなるので，転位などの工夫が必要になる．

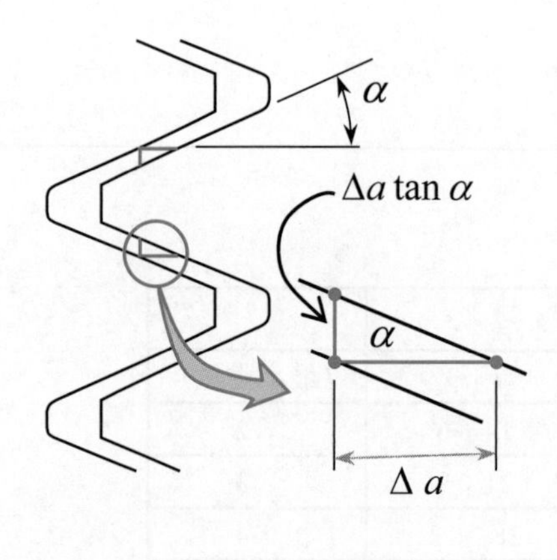

図 8.19 バックラッシ変化のラックによる近似．歯を右へ逃がすと上下にすきまができる．この和がバックラッシになる．（図8.10参照）

以上のように歯車対にバックラッシを与える設計にはいくつかの選択肢がある．例題 8.2 の場合では，転位などの方法により歯厚を変更して，バックラッシを調整すればよい．また中心距離を少しだけ短くして，適切なバックラッシになるようにしてもよい．

8・3・2　歯車の強度 (strength of a gear)

歯車は，力を伝達するための要素である．その強度は，歯車を軽量化したいという要請が常にあるため，重要な設計要素となる．強度を満足させるには，表 8.4 に示すように歯元の曲げ応力と，歯面の接触応力の 2 種類を評価する．応力自体は今日では有限要素法等の計算ソフトウェアを用いて比較的容易に求めることもできる．曲げ応力に関しては，歯をはりに近似して，断面係数 (*Z*) と曲げモーメントから曲げ応力の概略値を求めることもできる．しかし，ここでは応力集中を考慮に入れる必要がある．なお，歯元は歯に作用する静的な荷重に耐えるのは当然として，荷重の繰り返しに対する疲労破壊に対する強さを評価しなければならない．

表 8.4 歯車強度の分類

種類	評価する場所
歯の曲げ応力	歯元
歯面の接触応力	接触点

評価する強度
静的強度，疲労強度

強度を評価するには，上記のことを踏まえて，歯車の歯にかかる最大応力の大きさを推定し，用いる材料が許容する最大応力より小さいことを確認する．ここでは，曲げに関して重点的に説明する．

a. 危険断面

歯車の歯元部分は，すみ肉部 (fillet) と呼び，丸みが付けられている．この位置において歯の折損を生じることが多い．すなわち曲げ応力が最大となる．しかし，その詳細な位置は不確かである．そこで，曲げ応力が最大となると思われる位置を決めて，その部位での応力を求め，強度の評価を行う．

歯元すみ肉部の最大曲げ応力の場所は，歯車の折損の生じる場所であるので，歯の表裏でこの位置を結ぶ面を危険断面と呼ぶ．図 8.20（写真）に示すような折損状況の経験からその位置を評価すると，図に示すように歯の中心軸と 30°の角度をなす直線が接する点にほぼ一致することから，この点が危険断面の位置となる．この決め方を Hofer の 30°接線法と呼ぶ．

b. 最悪荷重点

歯車の歯面には，面に垂直に伝達荷重が作用する一方，かみ合い率の関係で，図 8.21 に示すように，歯面に加わる荷重が変化する．図から明らかなように，1 対かみ合いの際に伝達する荷重は，2 対かみ合いではそれぞれの歯に分配される．この荷重の円周方向成分と，はりへの作用点の高さとで定まるモーメントにより，上記の危険断面上に最大の曲げ応力が生じる．結局切替りの位置において，駆動側の歯あるいは被動側の歯に最大曲げ応力が作用することが理解できる．そこでこの

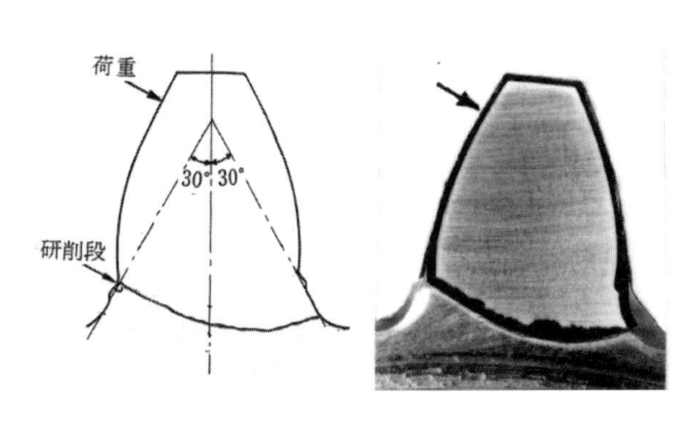

図 8.20　曲げ応力による歯の破断例
歯元に段差があるために破断位置は 30 度接線位置からずれている．(出典：有浦他，機械の研究，37-11(1985)，p.1208，養賢堂)

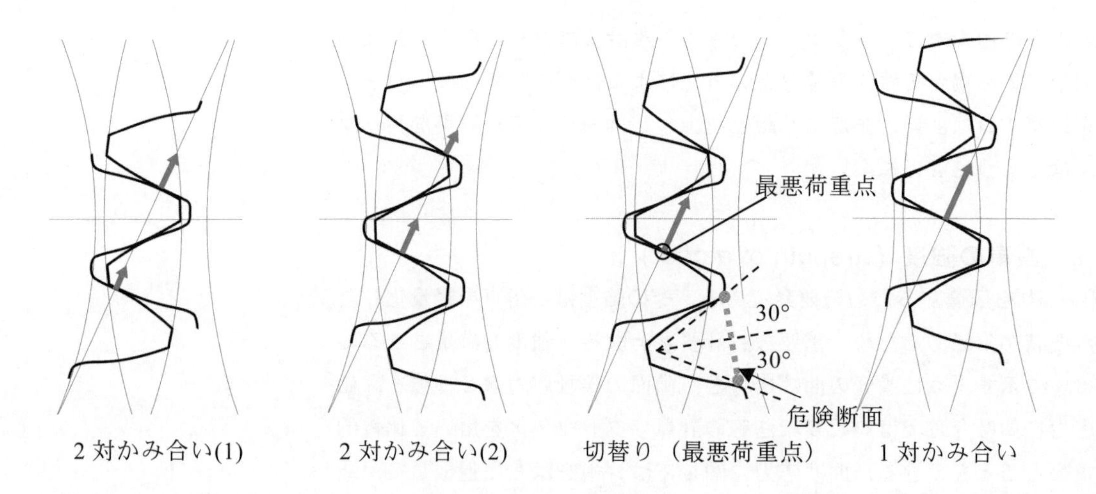

図 8.21 歯車のかみ合いに於ける荷重の分担の推移と最悪荷重点

点を最悪荷重点と呼ぶ．

具体的な曲げ応力は，危険断面における断面係数を知れば，はりの理論に基づいて，危険断面に加わる曲げモーメントから，以下の式で求めることができる．

$$\sigma = \frac{M}{Z} \tag{8.14}$$

c. 歯形係数

歯車において，最悪荷重点の危険断面からの高さが求められれば，図 8.22 より，歯の中心線上における作用点が求められ，幾何学的な位置関係から最大曲げ応力が得られる．この時，以下のようにして最大曲げ応力を求める．

歯に作用する力としては，ピッチ円の接線方向に作用する力（接線力）F_t を用いる．そして危険断面における曲げ応力は，幾何学的に定まる単位歯幅，単位モジュール当たりのファクタで表される無次元量 Y によって表わす．この Y を歯形係数と呼ぶ．すなわち，

$$\sigma = \frac{F_{\mathrm{t}}}{mb} Y \tag{8.15}$$

一方，式(8.14)から，曲げ応力は

$$\sigma = \frac{h \cdot F_{\mathrm{t}} \dfrac{\cos\alpha_{\mathrm{Fen}}}{\cos\alpha_{\mathrm{n}}}}{\dfrac{b\,s^2}{6}} = \frac{F_{\mathrm{t}}}{mb} \frac{\dfrac{6h}{m}}{(s/m)^2} \frac{\cos\alpha_{\mathrm{Fen}}}{\cos\alpha_{\mathrm{n}}} \tag{8.16}$$

よって，

$$Y = \frac{\dfrac{6h}{m} \cdot \cos\alpha_{\mathrm{Fen}}}{\left(\dfrac{s}{m}\right)^2 \cdot \cos\alpha_{\mathrm{n}}} \tag{8.17}$$

この歯形係数は，歯車の設計においては歯数や転位などによっても変化する．このため，一般的に図表で提供されることが多いので，歯形係数の意味を理解することが重要である．

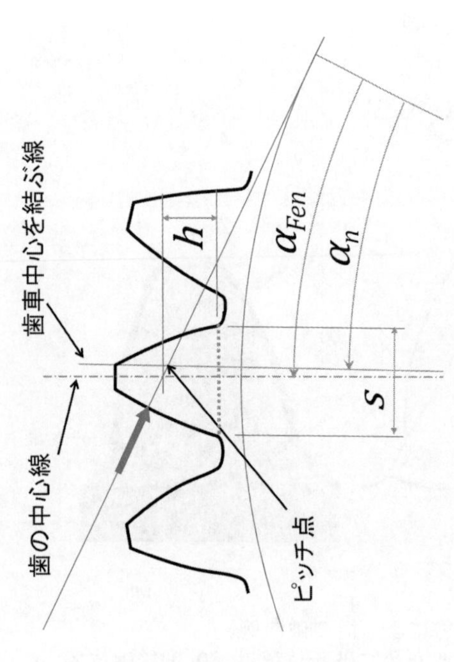

図 8.22 最悪荷重点における荷重

d. 強度設計

歯車を運転すると，歯には伝達トルクによって決まる荷重だけではなく，種々の要因によりそれよりも大きな荷重が加わり，これが，歯がかみ合うごとに繰り返される．この因子には，入力の回転速度変動や負荷変動，思わぬ負荷の発生，また歯車の歯の振動などが含まれる．これらによって，歯に繰り返し作用する応力の振幅が想定より大きくなる．したがって，機械装置の運転状況を推測し，負荷の時間変化や頻度を事前に想定しておかなければならない．

これらを精確に把握し，考慮して疲労強度ぎりぎりの設計を行うこともあるが，一般には，経験に基づく簡便な方法をとる．すなわち，まず静的なかみ合いを想定して，歯形係数を基に計算した静的な応力σ_{F0}を求める．次に経験に基づく係数をいくつか定め，これらを乗じて，応力の実用上の値を推定する．代表的な係数としては，動荷重係数（K_V, dynamic factor)，使用係数(K_A, application factor) がある．

一方，第 2 章に述べたのと同様に，多くの経験に基づき使用材料にあわせて，設計する歯車に対する曲げ応力の限界値$\sigma_{F\lim}$ を定める．運転時に生じる曲げ応力の最大値は，この上限値を超えなければよいはずであるから，次式を満足するように設計する（図 8.23）参照）．

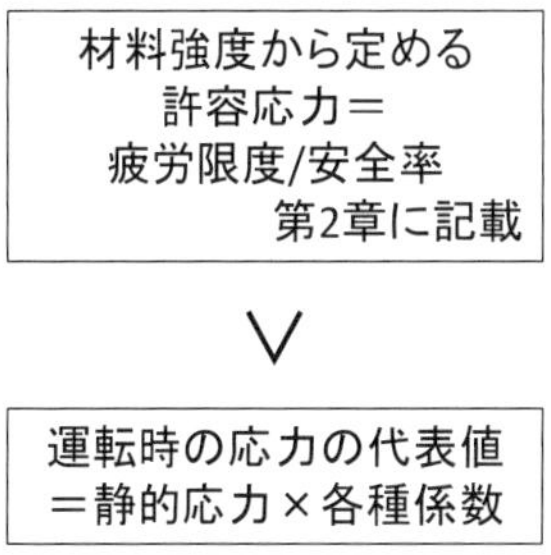

材料強度から定める
許容応力＝
疲労限度/安全率
第2章に記載

運転時の応力の代表値
＝静的応力×各種係数

図 8.23　歯元応力の強度評価

$$\sigma_F = \sigma_{F0} \cdot K_v \cdot K_A \cdot\cdot K_i \cdot\cdot < \sigma_{FP} < \sigma_{F\lim} \tag{8.18}$$

ここで各係数Kは，上述の動荷重係数や使用係数と，片あたりなどの運転条件による種々の補正係数を表し，K_i で代表させて表示している．またσ_{FP}を許容応力 (permissible stress) といい，これに対する最右辺の値$\sigma_{F\lim}$の比の値を安全係数 (safely factor, S_f) と呼ぶ．歯車の強度計算では，安全係数は 1 より大きくなるようにするが，1 より小さい歯車が必ず壊れるわけではない．これは，上述の各種係数の値が経験を元にして定められていることに加え，損傷自体が確率的に生じるものだからである．

歯車の強度でもうひとつ重要なのが接触面での面圧強度である．大きな負荷を伝達している際に，潤滑が十分に行われないと，摩擦による発熱が急激に起きて表面が溶融するスカッフィング損傷に至る．またかみ合いの繰り返しにより，表面にピット（くぼみ）が生じる，ピッチングと呼ぶ表面近くの疲労による損傷が生じる．近年では歯車の小形化，高能力化の要求が高いために，歯面における伝達荷重の高い歯車を設計することが多くなっている．この場合には，浸炭焼入れなどの表面硬化処理が行われるので，十分な配慮が必要である．面と面との接触応力は，ヘルツの接触理論を元にして計算することが多いが，真の面圧には潤滑膜も関係し，いわゆるトライボロジーという学問領域が密接に関わるようになっている．

8・3・3　歯車の精度 (accuracy of a gear)

インボリュート歯車においては，単純な外寸の計測ではその性能を保証できないので，以下のような寸法の評価，管理が行われる．

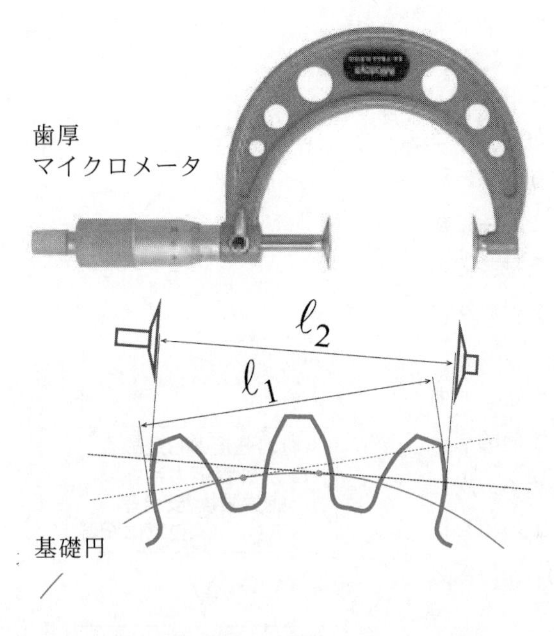

図 8.24 またぎ歯厚の概念と歯厚マイクロメータ，ℓ_1とℓ_2は等しいので，計測の際に用いる歯厚マイクロメータで容易に測れる

a. **歯厚**

歯車の寸法を管理するには必須の寸法である．厚すぎると歯の表裏が同時に接触してしまうので，適切なバックラッシを与えるために管理する．このためには，インボリュート歯形の特色を活かした，またぎ歯厚を計測する方法（図 8.24）が代表的である．また，オーバーピンまたはオーバーボール法と呼ぶ計測手法もある（参考を参照）．

b. **ピッチ誤差**

ピッチ誤差と言っても実際には，単一ピッチ誤差と，累積ピッチ誤差の 2 種類が JIS B 1702-2 に規定され，図 8.25 のように表すことができる．単一ピッチ誤差は，その名の通りで，隣り合う歯のピッチと，誤差のない理想的な場合のピッチの差である．歯車の仕上がり状態を確認するのに簡便な指標としても活用できる．

累積ピッチ誤差は，歯車に起点（ある歯）を設け，そこから着目する歯までのピッチの合計を，誤差のない場合から差し引いたものである．累積ピッチ誤差は回転むらに直接関わる．なお，用語としての累積ピッチ誤差は，以上で求めた累積ピッチ誤差曲

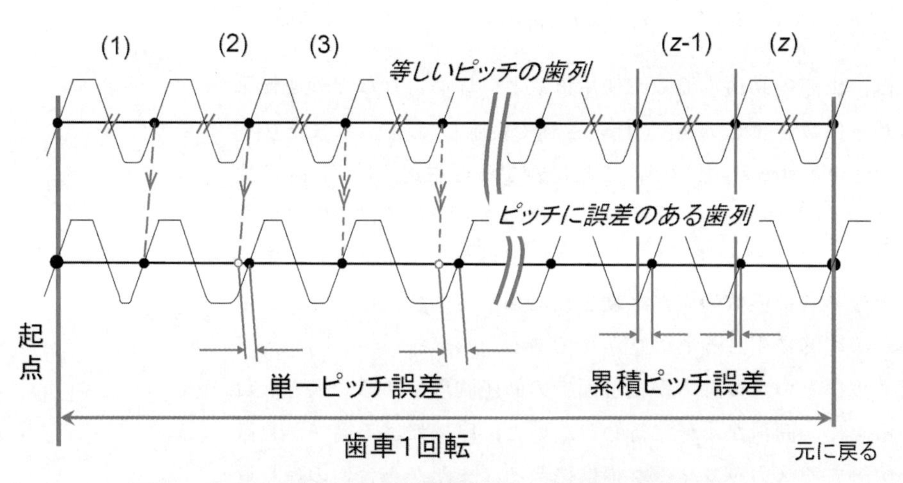

図 8.25 単一ピッチ誤差と累積ピッチ誤差の図解表現

線の最大値と最小値の差と定義している．

また，JIS に規定はないが隣接ピッチ誤差という考え方もあって，隣同士のピッチの差により表せ，振動への寄与が大きいとも言われている．

c. **偏心誤差**

その名のとおり，歯車の中心のずれを表す．結果的にはピッチ円の半径が場所によって変化することになるので，上記のピッチ誤差にもなる．また回転の不釣り合いにも関わってくる．

d. **歯形誤差**(profile deviation), **歯すじ誤差**(helix deviation)

文字通り，設計で求める歯形，歯すじからの出入りを表すもので，振動現象にも大きく関わっている．その結果として歯の強度にも影響を及ぼし，図8.26 のような誤差曲線を描き，評価が行われる．

歯車の製造過程の代表例は，切削加工の後，熱処理をして強度を高め，最後に研削加工で仕上げる．研削加工には表面をより滑らかにする役割と同時に，熱処理によって生じる変形の影響を除去する役割がある．一方大量生産

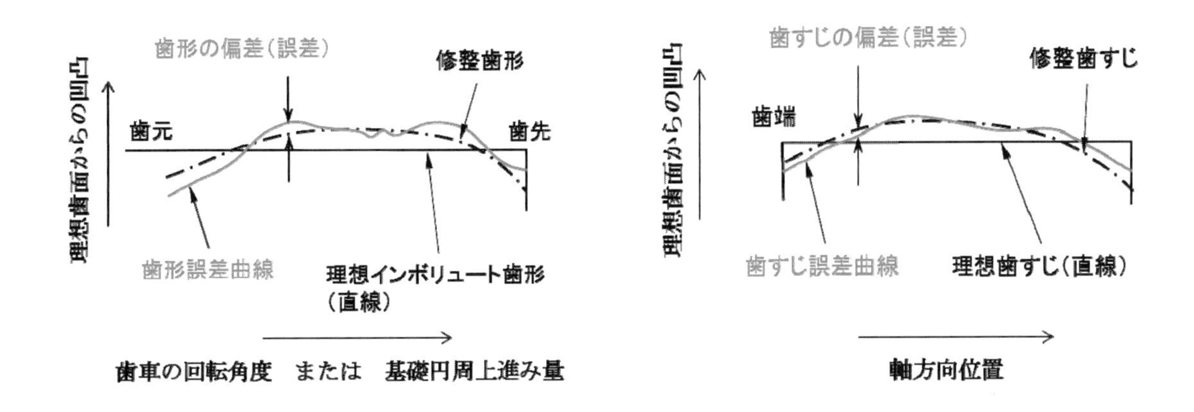

図 8.26　歯形誤差曲線と歯すじ誤差曲線のイメージ図
近年では誤差という用語の定義が明確化され，偏差と呼ばれるようになっている．

の歯車では，コストを低減するために研削仕上げをせず，代わりにシェービング加工を熱処理前に実施して研削を省くことも多い．この結果として，歯車の歯面の形状は，設計形状に対してばらつきが大きい．

また歯車は所定のトルクを伝達して，なめらかに回転しなければならない．しかし伝達する負荷により歯がたわめば回転に進み遅れが発生するので，この進み遅れを相殺するように積極的に誤差を与える．また大量生産される自動車の歯車では，製造コストを低く抑える必要があるので，製造と組立ての過程で避けることのできないばらつきの度合いが高い．その上負荷の大きさも広い範囲で変動する．そこで広い運転条件の範囲でよい性能をもたらすように，歯面の形状を理論上のインボリュート曲線から偏移させる歯形修整（tooth profile modification），また歯形，歯すじをあわせて面全体の形状を決定する歯面修整（tooth surface modification）が行われる．

e. **歯面の粗さ**

主として潤滑と関係して歯の寿命にもつながる要素である．マイクロメートルオーダの凹凸が問題となり，粗い歯面の歯車では，境界潤滑となって個体間の摩擦力により歯面が損傷しやすい．面の粗さの表現法は別に調べてみよう．

【参考５】インボリュート関数

平歯車のかみ合いを幾何学的に考えるとき，図のように定義されるインボリュート関数がよく用いられる．見てのとおり，２項の組み合わせである．このように表現するメリットは，式表現を図と対比するときに，見通しが立てやすいことである．

具体的な考え方は以下のとおりである．歯面上のある点Aの位置を知れば，その中心からの距離OAがわかる．基礎円半径rも既知であるから，三平方の定理により，その点での圧力角αがわかる．このαにインボリュート関数を適用すると，注目しているインボリュート曲線の基礎円上での起点の位置BがOAからの角度δとして得られる．

この関数を用いると，たとえば歯厚を求めたり，相手歯車とバックラッシなくかみ合う幾何学的条件を求めたりすることができる．転位を与えると歯厚が変化して，歯の表と裏の歯面の基礎円上での起点の位置関係が変化する．言い方を変えると，基礎円上での歯厚が変化することである．

また，歯車の寸法管理に用いられるオーバーピン（またはオーバーボール）による方法も，この関数のおかげで歯厚と，ピンの外側までの径との関係が調べられている．

興味がある向きには，幾何学を勉強してみよう．（図 8.14 も参照のこと）

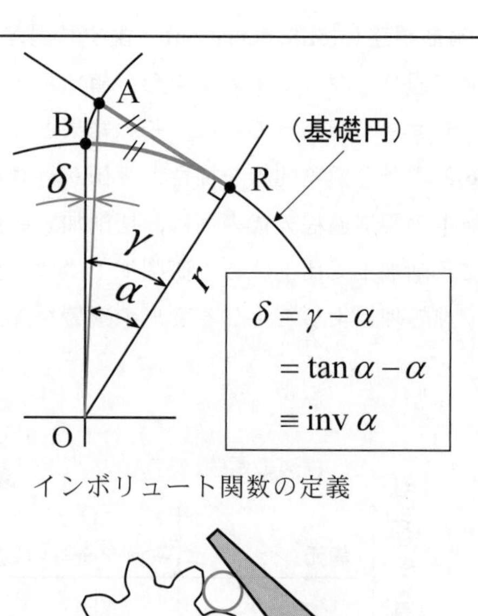

インボリュート関数の定義

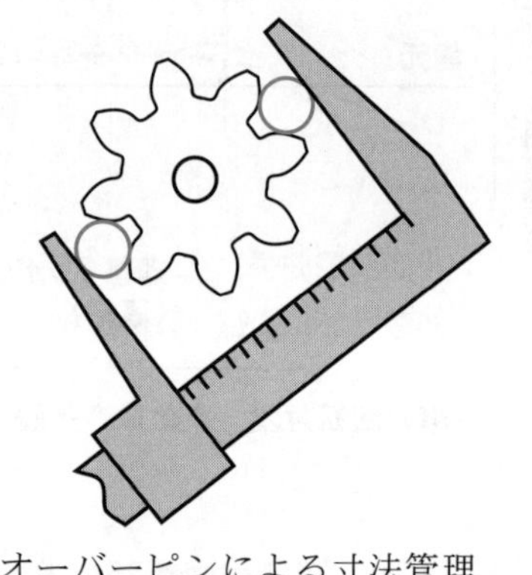

オーバーピンによる寸法管理

8・4 はすば歯車の考え方 (fundamentals of helical gears)

はすば歯車は，平歯車の場合のラックを基準面内である角度βだけ方位を振っておき，これにかみ合う歯車として与えることができる（図 8.27）．また，この角をねじれ角 (helix angle) という． このはすば歯車を製作するには，ホブ（かみ合う相手のラック）は平歯車に用いるものと全く同一のものでよい．すなわち，ラックにねじれた歯を生成して（はす歯ラック）対応するホブを用意する必要はない．

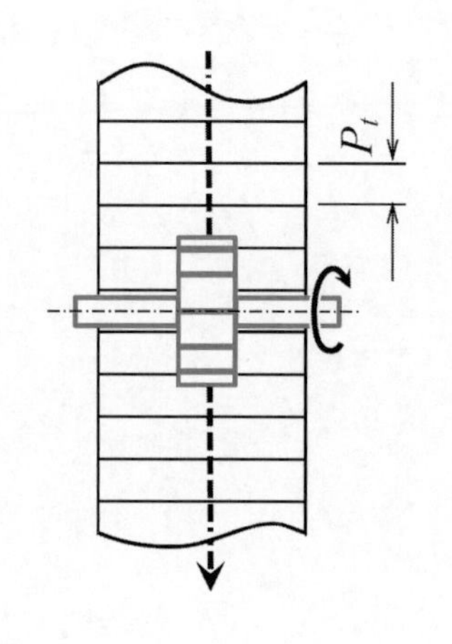

平ラックと平歯車

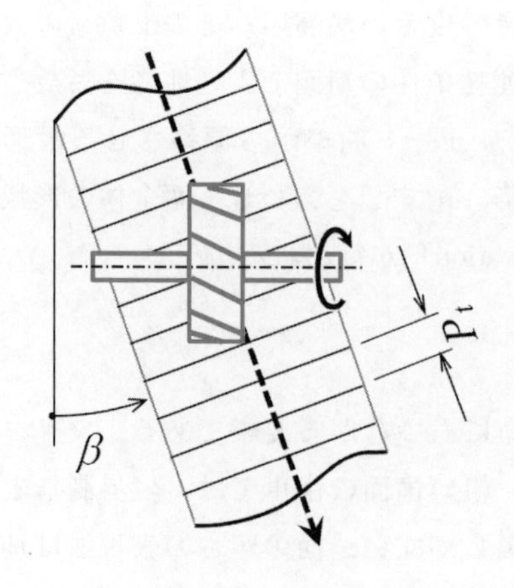

平ラックとはすば歯車

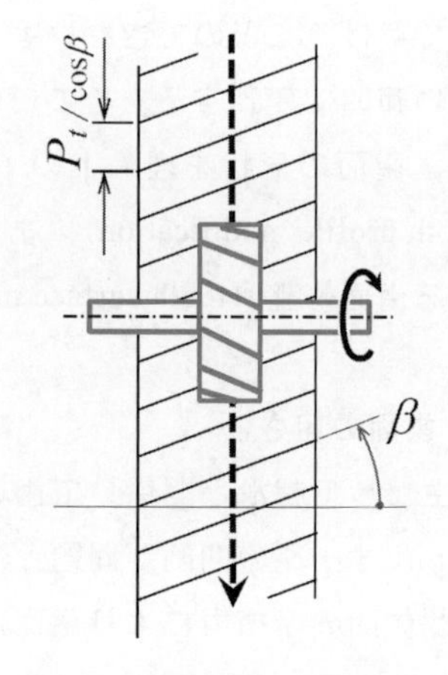

はすばラックとはすば歯車

図 8.27 平歯車を基としたはすば歯車の考え方

また，はすば歯車は，薄い平歯車を積層させて，円周方向に少しずつずらしたものと考えることもできる．したがって歯車間のすべりは，あくまでも軸に垂直な面内で起きる．そこで歯車の運動を考える際，軸方向に見た寸法も重要になる．このため，歯面に直角な面内（歯直角断面 (normal plane)）の寸法と，軸に直角な面内（軸直角断面 (transverse plane)）の寸法の関係を理解しておく必要がある．これら二つの関係を，ラックについて幾何学的に表示したのが図 8.28 である．

軸直角のピッチ（正面ピッチ）は歯直角のピッチに対して長くなるから，かみ合う歯車の歯数を不変と考えたときには基準円半径が大きくなる．すなわち軸直角モジュールが大きくなる．また圧力角も図に基づいて大きくなることがわかる．一方歯たけは変化していないので，これをモジュールで基準化して表すと，軸直角の寸法を用いた場合は，低くなってしまう．

【参考６】ねじれ角の方向
はすば歯車のねじれ角は，歯車の軸が鉛直となるように置いて歯を見た時に，右（時計回り）に倒れるのを右ねじれといい，逆を左ねじれという．互いにかみ合うはすば歯車では，ねじれ角の向きは逆となる．図 8.27 のはすば歯車は右ねじれである．

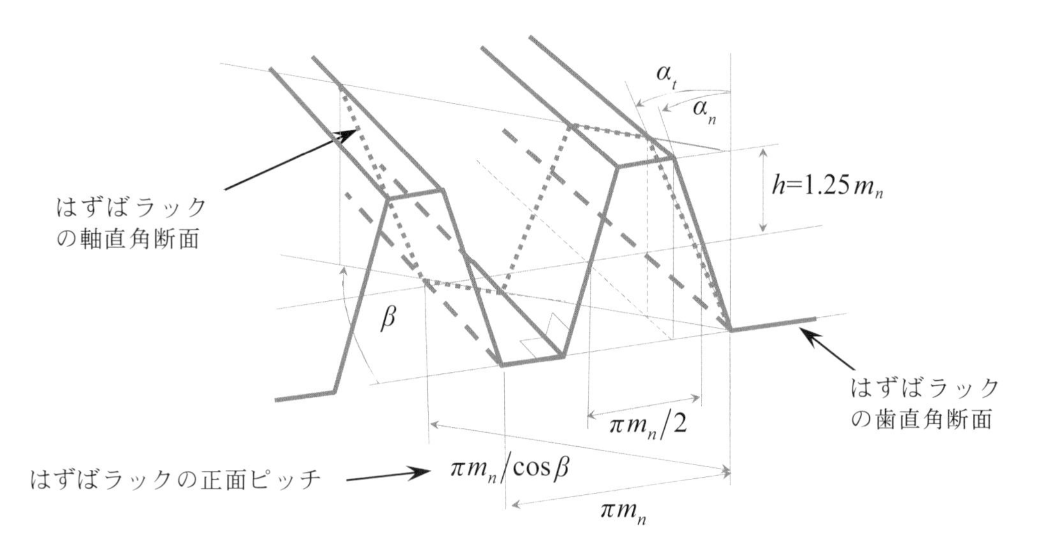

図 8.28　はすばラックにおける歯直角の断面との軸直角断面の関係

さて，歯車を設計する際に，当初平歯車で設計して組み立て寸法を決めていたものを，はすば歯車に変更すると，前述の説明の通り基準円直径が大きくなるので，無転位のままでは中心距離が長くなり，歯車が組立たない．

そこで，歯車諸元を変更して，元の中心距離でかみ合うように調整する必要がある．このためには，歯数を減らして基準円直径を短くして中心距離を設定値に近づける．しかし歯数を１減らすごとに１モジュールずつ基準円直径が短くなるので，当初の中心距離にあわせることが困難である．そこで，転位を与えたり，ねじれ角を微調整したりして，適切な寸法が得られるようにする．このとき，速度比も当初設計とは異なることに注意が必要である．

はすば歯車の代表的な諸寸法については，表 8.5 に示すとおりであり，その詳細は省略するが，図 8.28 を参考にし，これに加えてインボリュート関数を駆使しながら学ぼう．

表 8.5　歯直角方式に基づくはすば歯車の幾何学的計算のためのパラメータ

計算項目	記号	計 算 式	参考（平歯車の計算式）
歯直角圧力角	α_n	設計時に与えるパラメータ 注）ねじれ角は，かみ合う一対の歯車で逆方向になる．	α_n
基準円筒ねじれ角	β		
歯数	z		z
正面圧力角	α_t	$\mathrm{Tan}^{-1}\left(\frac{\tan\alpha_n}{\cos\beta}\right)$	
歯直角転位係数	x_n	中心距離に合わせて決める	←
正面かみあい圧力角	α_{wt}	$\mathrm{Inv}^{-1}\left\{2\tan\alpha_t\left(\frac{x_{n1}+x_{n2}}{z_1+z_2}\right)+\mathrm{inv}\alpha\right\}$	
中心距離修正係数	y	$\frac{z_1+z_2}{2\cos\beta}\left(\frac{\cos\alpha_t}{\cos\alpha_{wt}}-1\right)$	
中心距離	a	$\left(\frac{z_1+z_2}{2\cos\beta}+y\right)m_n$	$\left(\frac{z_1+z_2}{2}+y\right)m_n$
基準円直径	d	$\frac{zm_n}{\cos\beta}$	zm_n
基礎円直径	d_b	$d\cos\alpha_t$	$d\cos\alpha$
ピッチ円直径	d_w	$\frac{d_b}{\cos\alpha_{wt}}$	
歯末のたけ	h_{a1} h_{a2}	$(1+y-x_{n2})m_n$ $(1+y-x_{n1})m_n$	
歯たけ	h	$\{2.25+y-(x_{n1}+x_{n2})\}m_n$	$\{2.25-(x_{n1}+x_{n2})\}m_n$
歯先円直径	d_a	d_a+2h_a	
歯底円直径	d_f	d_a-2h_a	

第８章の参考文献

(1) 日本機械学会編，機械工学便覧デザイン編β4 機械要素・トライボロジー，(2005)，日本機械学会．

(2) 日本機械学会編，歯車損傷図鑑，(2006)，日本機械学会．

(3) 日本歯車工業会編，新歯車便覧，(1990)，日本機械学会．

(4) 中田孝，新版転位歯車（復刻版），(1994)，日本機械学会．

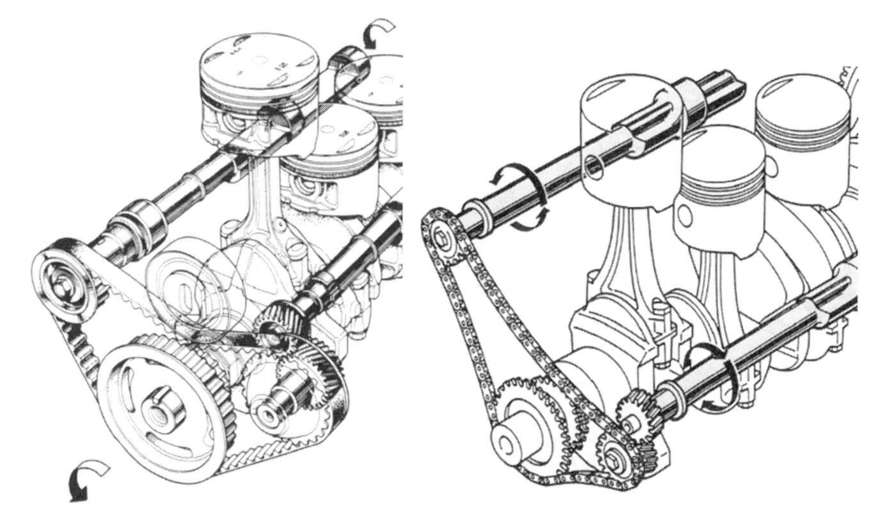

自動車のエンジンの中で，同じ目的に使われている歯付ベルト（左）とチェーン（右）
（提供：（左）本田技研工業(株)，（右）三菱自動車工業(株)）

第 9 章

ベルト，チェーン

Belt and Chain Drives

図 9.1　空港の荷物受取

大きな動力を伝達するのに歯車が多く用いられるが，軸間距離を著しく大きく取りたい場合，あるいは振動や衝撃を絶縁したり，緩和したりしながら動力や回転運動を伝達したい場合などには，ベルトやチェーンが用いられる．さらに両者は伝動用だけでなく，コンベアのように物品を搬送する場合にもよく使用される．工場で多く用いられるので，日常目の当たりにすることは困難なことも多いが，鮨レストランの皿を運搬する装置は，チェーンの一種と見ることができる．また，空港の機内預け荷物受渡し（図 9.1）も，上記の鮨の機械と類似である．エスカレータ（図 9.2）もまた同様である．また，家庭内でも，プリンタの中や，電気洗濯機の中などにベルトを見つけることができる．ベルトとチェーン（表 9.1）は巻きかけ伝動とも呼ばれる装置の代表的な機械要素である．これらの機械要素は，それぞれの要素メーカの標準品を用いることがほとんどである．したがって，設計に際して重要なことは使用する際の指針の理由を知っておくことである．

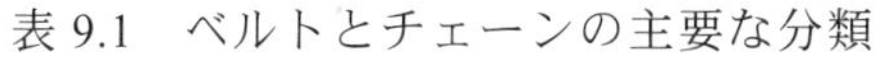

表 9.1　ベルトとチェーンの主要な分類

	ベルト	チェーン
摩擦伝動	平ベルト 標準 V-ベルト 細幅 V ベルト 丸ベルト	（CVT の一部）
かみ合い伝動	歯付ベルト	ローラチェーン サイレントチェーン

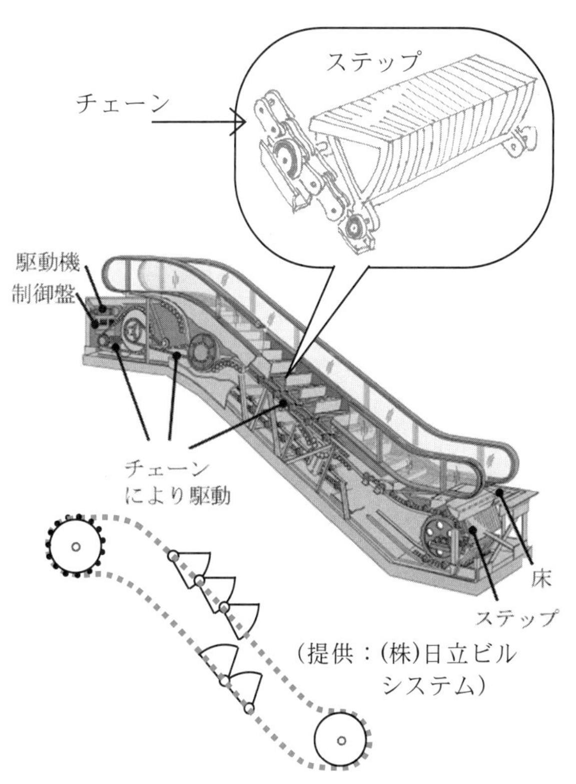

図 9.2　エスカレータとチェーン

9・1　設計の共通事項　(Common design basics)

ベルトやチェーンには，多くの種類が存在するが，歯車と同じように回転軸の間で動力を伝達するのが前提と理解すればよい．そこで，設計に際して図 9.3 に基づいて動力伝達の力学を考えれば，ベルトやチェーンに作用する張力を考えればよいことは明らかである．なお，回転円板部分を，ベルト駆動ではプーリ (pulley) またはシーブ (sheave) と呼び，チェーンのかみ合いによる駆動の場合はスプロケット (sprocket) と呼ぶ．

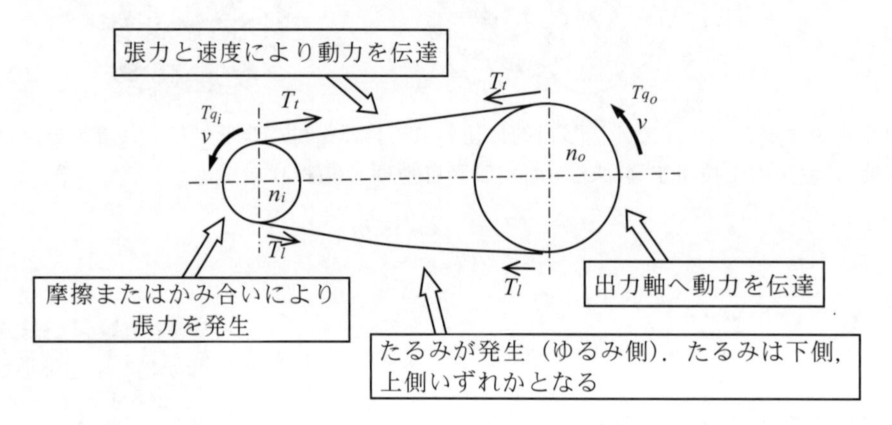

図 9.3　ベルト伝動とチェーン伝動の力学

図で左は入力，右が出力側とする．理想的な状態での伝達動力 P [W]は，

$$P = Tq_i \times n_i = (T_t - T_l) \times v = Tq_o \times n_o \tag{9.1}$$

と考えることができる．ここで，Tq_i, Tq_o は軸のトルク［Nm］，n_i, n_o は軸の回転速度［1/s］，添え字 i ,o は，それぞれ入力側，出力側，また，T_t, T_l はベルトの張力，添え字 t ,l は張り側とゆるみ側を表す．

この式からベルトに加わる張力と伝達動力の関係が求められる．一方ベルトやチェーンと円板の間では，摩擦力あるいはかみ合いによる力が，巻きついている部分で発生し，その総和が張力となる．この際，巻きついている部分では遠心力が作用して，ベルトやチェーンが浮き上がろうとするので，ベルトでは摩擦力が減ること，チェーンでは浮き上がりによるかみ合い状態の変化を考慮にいれる必要があるほか，疲労寿命や伸びによるゆるみの増大を考慮する必要がある．

また，図 9.4 はアイドラによるたるみ除去の例である．一般に，たるみはある程度必要な場合も多いが，これを内側に向けて押し付けることにより，後に説明する巻き付き角を大きくとるようにすることも多い．

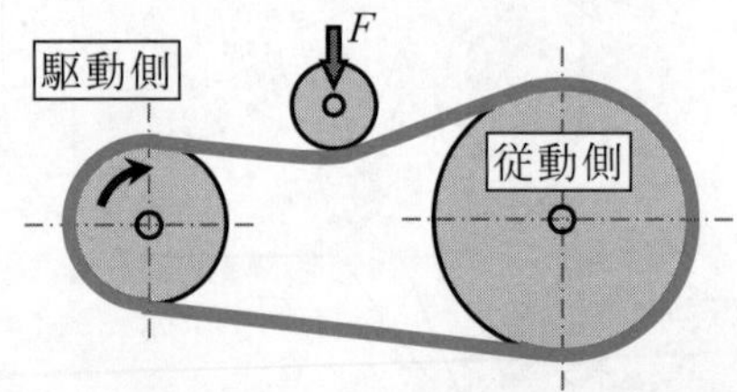

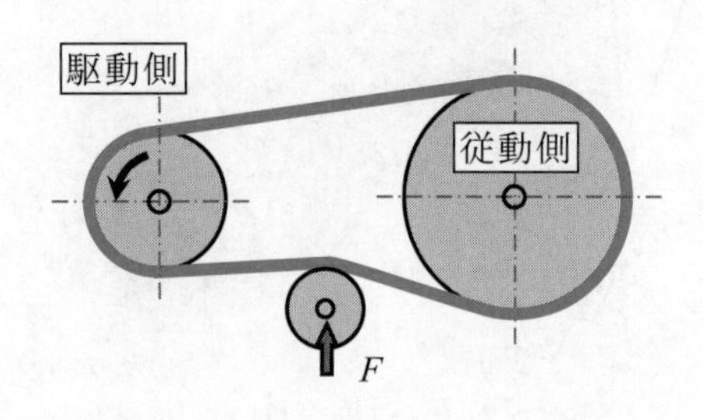

図 9.4　アイドラの取り付け例

9・2　ベルト　(transmission belts)

ベルト伝動 (belt transmission) は，歯車やチェーンなどと比べて一般に，

(1)　滑らかで静粛な伝動が可能．

(2)　潤滑が不要．

(3)　振動や衝撃的負荷を絶縁または緩和することが可能.

(4)　中心距離の制約が少なく，多軸を同時に伝動可能.

などの長所をもつ. しかし，高分子材料からなるベルトは耐熱性・耐油性・耐オゾン性等に劣るなど，耐久性の面に短所が見られる.

9・2・1　Ｖベルト　(V-belt)

Ｖベルト (V-belt) は動力伝動用としてもっとも多く使われているベルトである. ベルトの断面が台形をしているので，くさび作用により大きな摩擦力が得られ，平ベルトよりコンパクトで大きな動力を伝動することができる. このため，自動車，工作機械，農業機械，一般産業用機械などあらゆる分野で幅広く使用されている. V ベルトには多くの種類があり，使用目的によって使い分けるが，代表的なベルトの名称と形状を図 9.5 に示す.

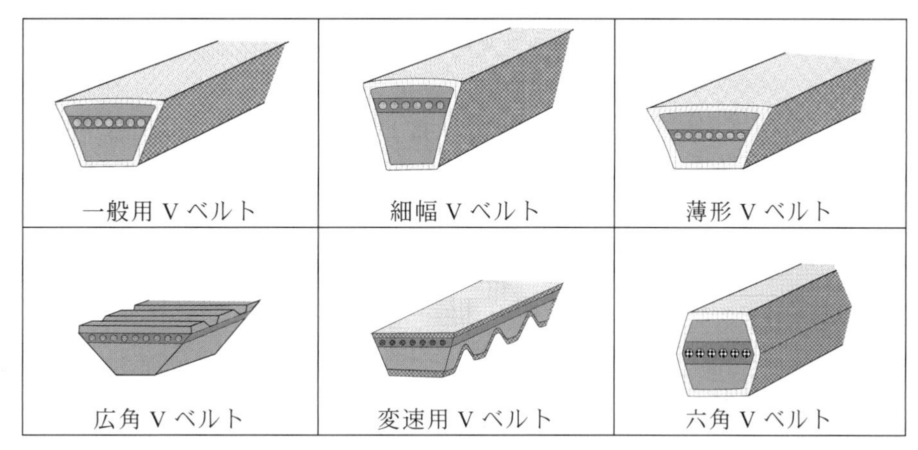

図 9.5　V ベルトの種類

一般用Ｖベルト (classical V-belt) は，もっとも古くから使用されている標準的なベルトであり，生産量も最も多い. Ｖベルトといえば一般にはこれを指すことが多く，一般産業機械，農業機械などに広く使用されている. 摩擦面の角度はおよそ 40° で，ベルトの形状，寸法などは JIS K 6323 に，また，プーリは JIS B 1854 に規定されている.

細幅Ｖベルト (narrow V-belt) は，上幅 b に対する厚さ h の比が一般用 V ベルトに比べ約 30％大きいばかりでなく，ベルト側面の断面形状がわずかに凹面になっている. これによりベルト側面に作用するプーリからの圧力が均一にかかり，各心線に働く張力が均等に近づく. また心線の断面積も一般用Ｖベルトより大きいので，同じ伝動条件に対して小さな形のベルトを使用することができ，近年，高負荷伝動用として使用範囲が広がっている. 伝動時のベルト速度は，最高 40m/s 程度である. 細幅Ｖベルトは JISK6368 に，プーリは JISB1855 に形状，寸法などが規定されている. (図 9.6 参照)

広角Ｖベルト (wide angle V-belt)　は，V 角度が 60° 程度で，一般用Ｖベルトより大きい. くさび効果は小さくなるが，プーリＶ溝へのベルトの落込みが少なく，ベルトがプーリから離れる時の抵抗力が小さい. 側圧剛性を高めるためベルト上面にコグ（歯）があるが屈曲性が良いため，小径のプーリを使用することができる. 通常，ゴム部はポリウレタンで，心線はポリエステルコードで作られている. 伝動時のベルト速度は，最高 60m/s 程度である.

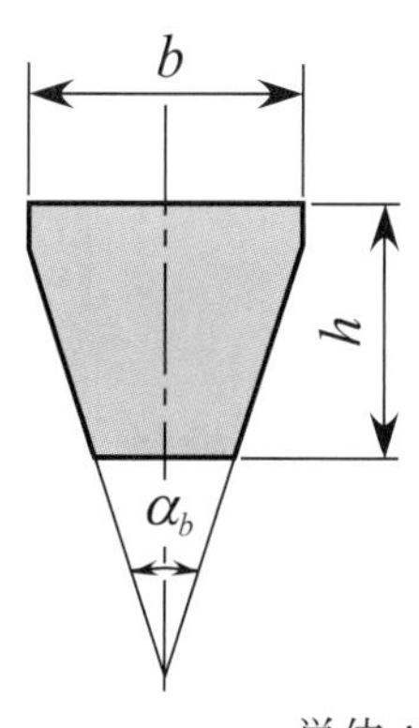

単位：mm

種類	b	h	α_b (deg)
3V	9.5	8.0	
5V	16.0	13.5	40
8V	25.5	23.0	

図 9.6 細幅 V ベルトの形状と寸法 (JIS K 6368 より)

変速用Ｖベルト (variable speed V-belt) は，原動および従動プーリの両側面あるいは片側面を軸方向に移動させ，プーリへのベルトの巻き付き半径を変え，従動プーリの回転速度を無段階に変化させる無段変速機構，すなわちCVT の一種に用いるベルトである．変速範囲を大きくするため上幅が広く，厚みが薄い．また，V 角度が比較的小さい．

V ベルト式無段変速装置は，一般産業機械，農業機械，原動機付自転車，スクータ，スノーモービルなどに古くから使用されている．

薄形Ｖベルト (thin V-belt) は，ベルトの厚さを薄くし，心線の位置をベルトの中央付近に配置している．ベルト上面からアイドラや平プーリを接触させる逆曲げによる寿命低下を少なくしたベルトで，軽負荷用，農業機械用などに使用される．

六角Ｖベルト (hexagonal V-belt) は，2 つの V ベルトの背面を貼り合わせた六角形の断面形状をしていて，ベルトの内側と外側の両方がプーリにかけられるようになっている．

9・2・2 歯付ベルト (synchronous belts, cogged belt)

歯付ベルト (synchronous belt) は，1940 年代半ばに実用化されたかみ合い伝動ベルトで，プーリにもベルトに対応して凹凸の歯形を設けて使用する．

(1) スリップがないので同期伝動や正確な位置決めが可能．

(2) 機構が単純で比較的効率が高い．

(3) 高速伝動が可能．

(4) 平ベルトや V ベルトのような摩擦伝動に比べ初張力が小さくてよい．

などの特長から近年，自動車のエンジン用カム軸駆動，自動化・省力化機器，工作機械，ロボット（図 9.7），産業機械（図 9.8），OA 機器，ATM などの銀

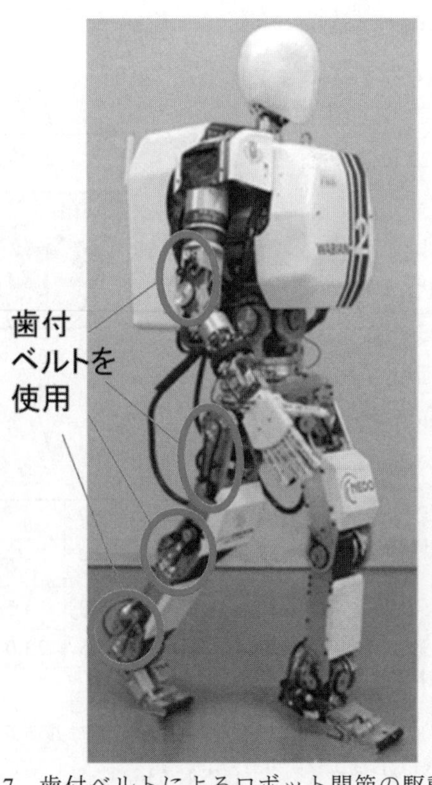

図 9.7 歯付ベルトによるロボット関節の駆動
（提供：早稲田大学高西研究室）

図 9.8 歯付ベルトを用いた回転伝達
（提供：バンドー化学(株)）

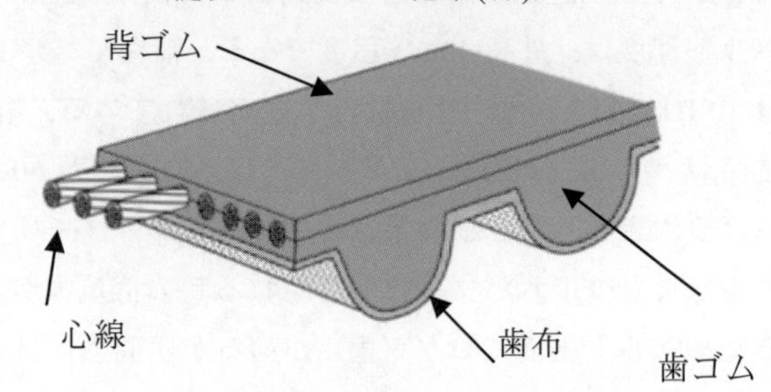

図 9.9 円弧歯形歯付ベルトの構造

行用端末機，アミューズメント機器等に多種多様な使われ方をしている.

従来から一般機械類に多く使用されている比較的大きなピッチの台形歯形歯付ベルトはJIS K 6372に，主としてOA機器等に使用される小ピッチの台形歯形歯付ベルトはJIS K 6373にそれぞれ規定されている．これらの歯付ベルトのピッチはインチで表すのが主流であるが，最近ではミリメートルで表すベルトも多くなっており，互換性はない.

また近年では円弧歯形歯付ベルトも多く使われるようになってきた.（図9.9 参照）円弧歯形歯付ベルトの歯形曲線には円弧や放物線が使われ，メーカによって異なる数種類の歯形がある．またベルト歯先とプーリ歯底を適当に干渉させるなどの工夫をし，騒音低減が計られている．なお円弧歯形歯付ベルトのピッチは一般にミリメートル表示であり，ピッチ 8mm と 14mm の円弧歯形歯付ベルトについてはJISB-1857に規格化されている.

9・2・3 その他のベルト (other kinds of belts)

a. 平ベルト

平ベルト (flat belt) は，伝動ベルトの中で最も歴史が古いが，今も一般動力伝達用，精密搬送用などに幅広く用いられている．平ベルトの形状は単純であるが，いろいろな構造や機能を持ったベルトが製造されているので，ベルトメーカの技術資料に基づき使用目的にかなったものを選択する必要がある．平ベルトの摩擦係数はベルトのカバー材や相手プーリの材質によって異なるが，一般に0.4～1.0くらいである．JISには規定されていないので，メーカのカタログ値に基づき，設計をする.

平ベルトは，厚さが薄いので曲げ剛性が低く，かつ単位長さ当りの質量が小さいので，速度比は1:15程度まで可能で周速60m/s程度の高速運転が可能である.

図9.10に示すように，平ベルトは走行中プーリから逸脱するのを防止するため，プーリ外周の中央を中高にするクラウン (crown) と呼ばれる加工を施す．クラウンについては，JIS B 1852に規定されているが，使用条件やベルトの特性によって変わるので，ベルトメーカのカタログ等で推奨する値を参考にするのが良い.

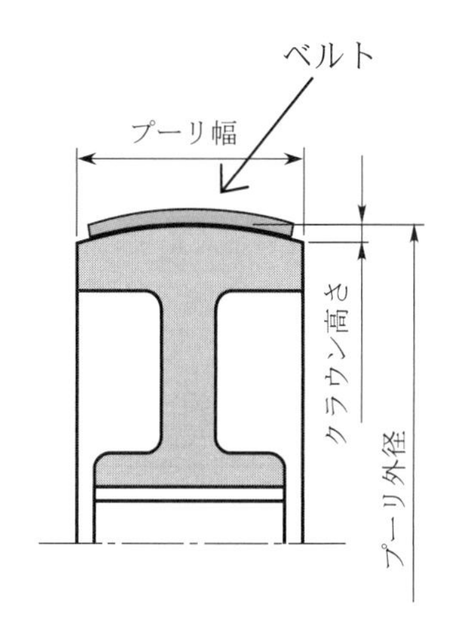

図 9.10 平ベルトとプーリのクラウニング

b. 丸ベルト

丸ベルト (round belt) は直径が2～12mmの円形断面のベルトで，今日では中実断面のウレタン製が一般的であるが，中空断面や，心体入りのものもある．このベルトは搬送用の回転ローラ駆動や軽負荷伝動に使用される．過去には，革製のベルトもあり，足踏みミシン等に使われていた．これらのベルトは断面形状に方向性がないので，プーリ軸が三次元的に配置されても回転や動力の伝達がスムーズに行われる.

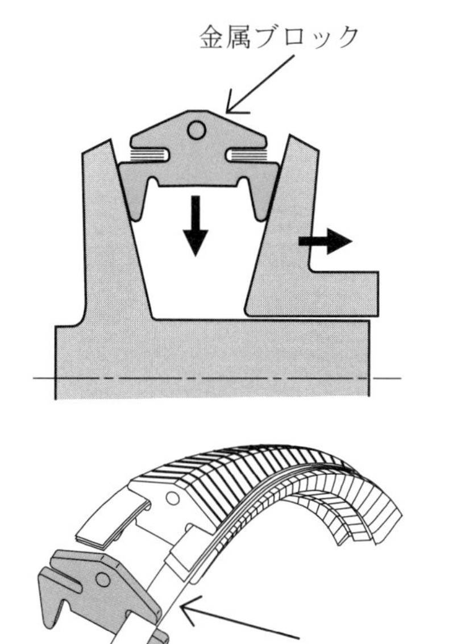

図9.11 金属Vベルトの組み立て図

c. CVT用金属Vベルト

CVT用金属Vベルト (steel V-belt for CVT) は，歯車変速機より燃費が改善されるとして，乗用車用の無段変速機 (Continuously Variable Transmission) として開発された． 金属 V ベルトはブロックの圧縮力によって力を伝達するので，引張り力によって力の伝達を行う通常のゴムベルトとは動力伝動の仕組みがまったく異なる．

図 9.11 に示すように，金属 V ベルトは V ベルトの断面形状に似た厚さ 2mm 程度の多数の金属ブロック (steel blocks) と 2 組の金属バンド (steel bands) で構成されている．金属バンドは，長さをわずかずつ変えた厚さ 0.2mm 程度のスチールベルトを 10 枚くらい重ね合わせたもので，ブロックの両側の溝にはめ込まれている．ブロックは金属バンドの長手方向に自由に移動できる．力の伝達は，原動プーリが，プーリの出口側から従動プーリの入り口側に向かってブロックをどんどん押し込んでいくことによって行われる．このとき金属バンドは張力伝達には預からず，ブロックを一定の位置に保持する役目をする．このような金属ベルト CVT はエンジンの出力トルク 45Nm 程度までの小型乗用車に採用されている．

参考１【チェーン式 CVT ベルト】
金属チェーンを用いた CVT ベルトも存在する．金属のチェーンを図 9.10 のブロックとスチールバンドの代わりに用いて，チェーンのピンの両端部が V プーリの内側面に当たり摩擦力を伝える．また引っ張りで動力を伝達する．これも自動車に用いられているので，調べてみよう．

参考２【ベルトが逸脱する理屈】

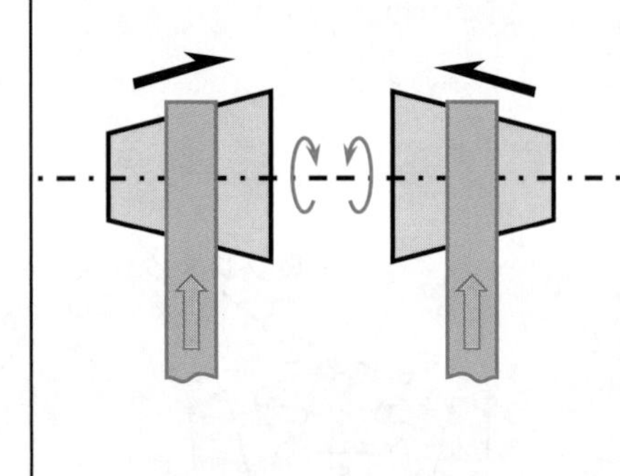

平ベルトがベルト車に対して少しでも斜めにかかると，ベルトは軸方向に動いていく．また，ベルト車の外周が円錐になっていると，太い方へ向かって，同じように動いていく．これは，円錐面での周速度が軸方向に変化しているためである．日本から東へ向けて発射したロケットが，南米に向かうのとも似ている．
クラウニングを施すことは，上述の円錐面二つを底面で合わせることに相当しており，ベルトがちょうど中央にある時にバランスして安定する．中央を窪ませた鼓（つづみ）形でも，中央ではバランスするが，不安定である．
自動車の前輪に施すアライメントのうち，キャスタとキャンバは，同様の理屈を基に決められる．

9・2・4　ベルトの長さと張力　(length and tension of belt)

a.　ベルトの長さ（length of belt）

ベルトの長さの決定は，技術資料を参照するのがよいが，基本的には幾何学的に決定できることを知っておくのが良い．図 9.12 は，標準のかけ方をした場合の幾何学的関係を示している．いま小プーリの直径を d_1，大プーリのそれを d_2，中心距離を c，O_1 からベルトスパン AB に平行に引いた線と，O_1O_2 とのなす角を ϕ [rad]とすると，ベルト長さ L は式(9.2) で表される．

$$L = \frac{d_1}{2} \cdot (\pi - 2\phi) + 2c \cdot \cos\phi + \frac{d_2}{2} \cdot (\pi + 2\phi) \qquad (9.2)$$

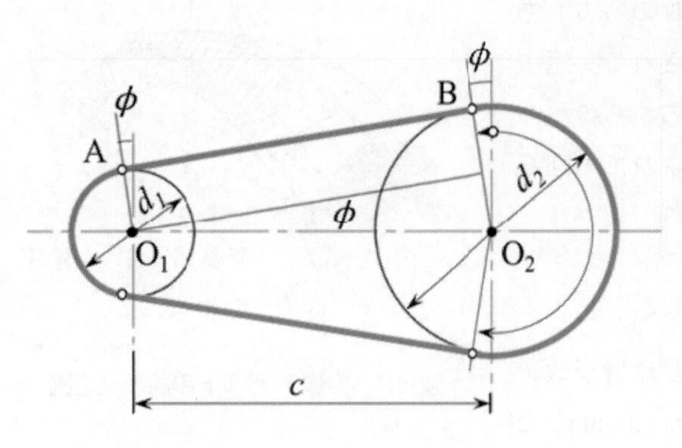

図 9.12　ベルト長さの幾何学

ϕが小さい時には，$\cos\phi \approx 1-\dfrac{\phi^2}{2}$，$\sin\phi \approx \phi$と近似できるから，

$$L \cong \frac{\pi}{2}(d_1+d_2)+2c+\frac{(d_1-d_2)^2}{4c} \tag{9.3}$$

と表すことができる．

b. 回転比　(speed ratio)

平ベルト伝動のプーリ回転比 i は，原動，従動両プーリの外径を d_1，d_2，回転速度を n_1，n_2 とすると以下の式となる．

$$i=\frac{n_2}{n_1}=\frac{d_1}{d_2} \tag{9.4}$$

ベルト厚さ t を考慮しなければならない場合，i は式(9.5)となる．

$$i=\frac{\{d_1+\left(\frac{1}{2}\right)t\}}{\{d_2+\left(\frac{1}{2}\right)t\}} \tag{9.5}$$

しかし，実際の回転比は，ベルトのすべりのため式(9.4)，(9.5)で得られる値とは少し異なる．ベルトのすべりには，張り側とゆるみ側との張力差（駆動力に相当する）により生ずるプーリ上のベルトのクリープ伸びによる弾性すべり (elastic slip) が存在する．これは，次に説明するように，プーリと接触しているベルトには，摩擦力と釣り合うようにして角度に依存するひずみが発生するために必ず生じる．さらに，過大な負荷が作用したときには，移動すべり (sliding slip) が発生し，動力伝達ができなくなる．

なお，Vベルト伝動における回転比は，Vプーリの基準直径を d_{m1}，d_{m2} として同様に考えることができ，

$$i=\frac{n_2}{n_1}=\frac{d_{m1}}{d_{m2}} \tag{9.6}$$

となる．実際の回転比は，Vプーリの基準直径の比とするよりも，プーリに巻付いたVベルト心線の回転半径の比とするほうが正確であるが，その差は小さいので，実用上ほとんど問題にする必要はない．

c. **ベルトの張力**　(belt tension)

従動プーリに負荷を接続し，原動プーリを回転させると，２つのプーリをつなぐベルトには，図9.3に示すような張り側 (tight side) とゆるみ側 (slack side)が生じる．この張力をそれぞれ張り側張力 (tight side tension) T_t，ゆるみ側張力 (slack side tension) T_s という．ベルトによる伝達力は，張り側張力とゆるみ側張力の差で与えられ，この差を有効張力 (effective tension) T_e という．

$$T_e=T_t-T_s \tag{9.7}$$

プーリに巻きつけられたベルトが運転中滑ることなく所定の動力を伝達するには，ベルトに，ある一定の張力を与えておく必要がある．この張力を初張力(initial tension) という．初張力 T_i は，伝達力，ベルトの遠心力や曲げ剛性などを考慮して設定する必要があるが，簡単には，次式で与えられる．

$$T_i = \frac{(T_t + T_s)}{2} + T_c \tag{9.8}$$

ここで，T_cは遠心張力（centrifugal tension）である．ただし，ベルト周速度が低い場合，遠心張力は無視してもよい．

実際にベルトを張るときは，ベルトの摩耗や伸びを考慮して，上式で求めた値よりすこし大きくする．この張力を取付張力 (installation tension) という．

つぎに，プーリに巻き付けられたベルトの張力について検討する．ここで，ベルトは薄く，曲げに対して柔軟で，プーリとベルト間の摩擦係数は一定であると仮定する．プーリ上のベルト張力は，プーリとの間の摩擦力により，ゆるみ側から張り側に向かって徐々に増加する．プーリの微小角 $d\theta$ 上のベルトの微小部分 ds には，図9.13に示すように，張り側方向に張力 $T+dT$，ゆるみ側方向に張力T，プーリからの反力N，ベルトとプーリ間の摩擦力 Fおよび遠心力 N_c が作用する．N_c は，ベルトの単位長さ当たりの質量をm，ベルトの周速度をv，プーリの直径をd，その角速度を ω とすると，

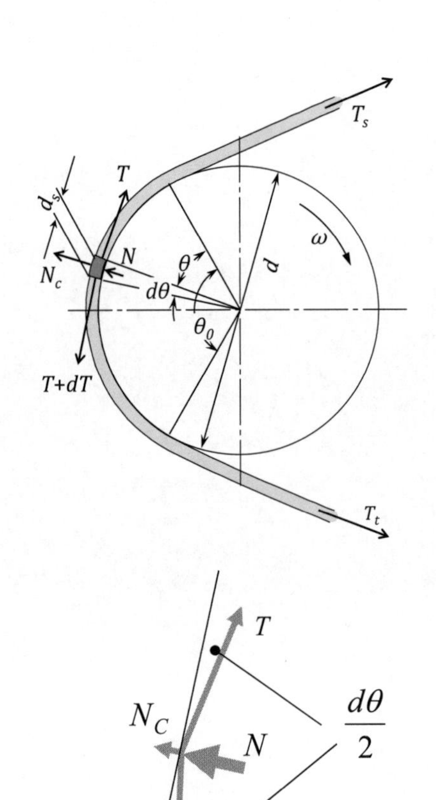

図 9.13　ベルトの微小部分に作用する力とそのつり合いの拡大図

$$N_c = mds \cdot \frac{d}{2} \cdot \omega^2 = \frac{2mv^2 ds}{d} = mv^2 d\theta \tag{9.9}$$

ベルト半径方向の力のつりあいは，

$$N = 2T\sin\left(\frac{d\theta}{2}\right) + dT\sin\left(\frac{d\theta}{2}\right) - mv^2 d\theta \tag{9.10}$$

ここで，$d\theta$ は微小であるから，

$$\sin\left(\frac{d\theta}{2}\right) \cong \frac{d\theta}{2}$$

$$dT\sin\left(\frac{d\theta}{2}\right) = 0$$

と近似できるので，式(9.10)は次式のように簡単になる．

$$N = \left(T - mv^2\right) d\theta \tag{9.11}$$

一方円周方向の力のつりあいは，摩擦力を考慮しなければならない．

$$T\cos\left(\frac{d\theta}{2}\right) + F = \left(T + dT\right)\cos\left(\frac{d\theta}{2}\right) \tag{9.12}$$

摩擦力 Fは，ベルトとプーリ間の摩擦係数を μ とすると，$F = \mu N$で与えられ，$d\theta$は微小であるから，$\cos\left(\frac{d\theta}{2}\right) \cong 1$ とおくと，式(9.12)は，

$$\mu N = dT \tag{9.13}$$

となる．上式に式(9.11)を代入すると，

$$\mu d\theta = \frac{dT}{T - mv^2} \tag{9.14}$$

式(9.14)を接触角θについて積分すれば，

$$\mu\int_0^{\theta_0} d\theta=\int_{T_s}^{T_t}\frac{dT}{T-mv^2}$$

これから，

$$\frac{T_t-mv^2}{T_s-mv^2}=e^{\mu\theta_0} \tag{9.15}$$

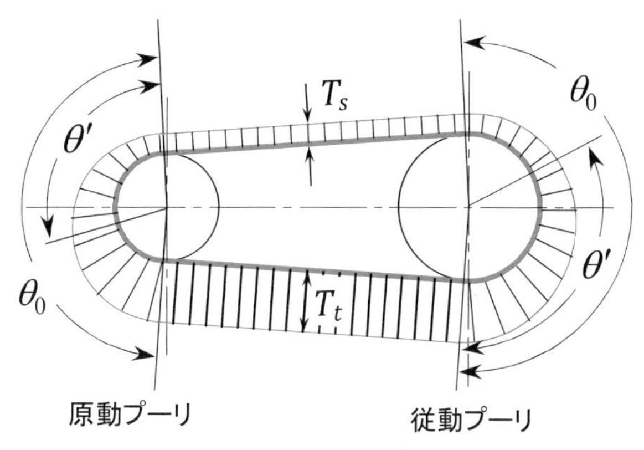

図 9.14　ベルトの張力分布（ベルトに垂直な方向に記している）

となる．この式は，オイラーの式 (Euler's equation) と呼ばれ，古くからベルト伝動の基礎式として使われている．

式 (9.15) は，

$$T_s=(T_t-mv^2)e^{-\mu\theta_0}+mv^2 \tag{9.16}$$

と変形でき，式(9.7)に式(9.16)を代入すると，有効張力 T_e は次式で表される．

$$T_e=\left(T_t-mv^2\right)\frac{e^{\mu\theta_0}-1}{e^{\mu\theta_0}} \tag{9.17}$$

上式より，有効張力は摩擦係数 μ，接触角 θ_0，ならびにベルトの遠心力 mv^2 の影響を受けることがわかる．ベルト周速度が増加し，遠心力が張り側張力に一致すると有効張力はゼロになり，動力伝達ができなくなる．一方ベルトが低速で遠心力が無視できる場合は，$mv^2=0$ とみなすことができる．

また，式(9.8)に式(9.16)，(9.17)を代入すると，初張力 T_i は次式となる．

$$T_i=T_e\frac{e^{\mu\theta_0}+1}{2\left(e^{\mu\theta_0}-1\right)}+mv^2 \tag{9.18}$$

以上述べたベルト張力は，接触角 θ_0 の全周で力の授受が行われていると仮定した場合である．実際には，力の授受が行われる角度 θ' は，図9.14に示すように，$\theta'<\theta_0$ となっているに違いない．すなわち式(9.17)は

$$T_e=(T_t-mv^2)\frac{e\mu\theta'-1}{e\mu\theta'} \tag{9.19}$$

となる．有効張力を大きくしようとすると，式 (9.17) (9.19) に基づけば θ' が θ_0 より大きくなる必要があるが，これは起こり得ない．すなわち式(9.17)より大きな有効張力を発生させようとしても，プーリとベルトの間の摩擦力が不足してすべりを生じる．なお，図9.14から分かるように，両プーリとも伝達トルクはベルトの接触終わりの位置の張力により決まる．

ベルトの伝達動力 P [W] は，有効張力を T_e [N]，ベルト速度を v [m/s]とすると次式で表されるので，これに式(9.18) を代入すればよい．

$$P=T_e v \tag{9.20}$$

この伝達動力の計算は，通常，原動プーリと従動プーリのうち，接触角の小さい方で行う．

つぎに，V ベルトの場合について考える．V ベルトは，ベルト側面とプーリ間の摩擦力により力の伝達を行う．図 9.15 のように，ベルトが張力によってプーリの溝に押し込まれる力を Q，プーリ側面からの反力を N，プーリの半径方向ならびに円周方向摩擦係数を μ，V 溝の角度を α とすると，プーリ半径方向の力のつりあいは，式(9.21)で表せる．

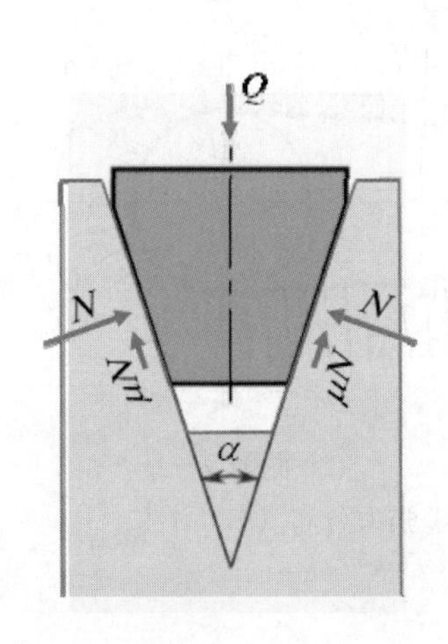

図 9.15　Vベルトに作用する力

$$N = \frac{Q}{2\left\{\sin\left(\frac{\alpha}{2}\right) + \mu\cos\left(\frac{\alpha}{2}\right)\right\}} \tag{9.21}$$

したがって，プーリの円周方向摩擦力 F は溝の両側面を考え，

$$F = 2\mu N = \frac{\mu}{\sin\left(\frac{\alpha}{2}\right) + \mu\cos\left(\frac{\alpha}{2}\right)} Q \tag{9.22}$$

いま，

$$\mu' = \frac{\mu}{\sin\left(\frac{\alpha}{2}\right) + \mu\cos\left(\frac{\alpha}{2}\right)} \tag{9.23}$$

とおけば，見掛け上 μ' を式(9.15)の摩擦係数 μ の代わりに用いればよい．μ は一般に1より小さいので，μ' の値は μ よりも大きくなって，伝達トルクを大きくできる.この考え方は,ネジの締め付けトルクにも用いられている.

9・3　チェーン　(chain drives)

チェーン伝動 (chain transmissions) は，身近には自転車やオートバイに用いられている．その特徴は，

(1)すべりのない回転伝達が行える

(2)任意の長さに調整でき，中心距離の制約が少ない

(3)多軸伝動が可能である

(4)高温多湿等過酷な環境下でも使用できる

などの長所をもつ．その反面で，高速運転時の振動・騒音が大きい，回転むらが発生する，潤滑油を必要とする等の短所がある．

また，ベルト伝動と同様に，動力伝動・回転伝達のみならず搬送装置として使用する場合も多い．チェーンはローラチェーンとサイレントチェーンの2つに大別される.このほかに,ビードチェーンやリンクチェーンもあるが，ここでは省略する．

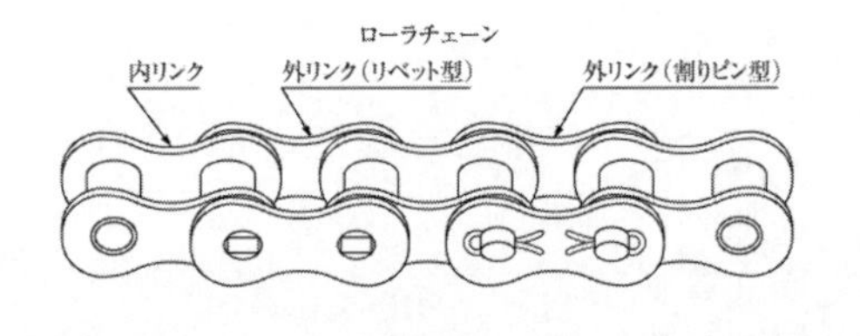

(a) 概観

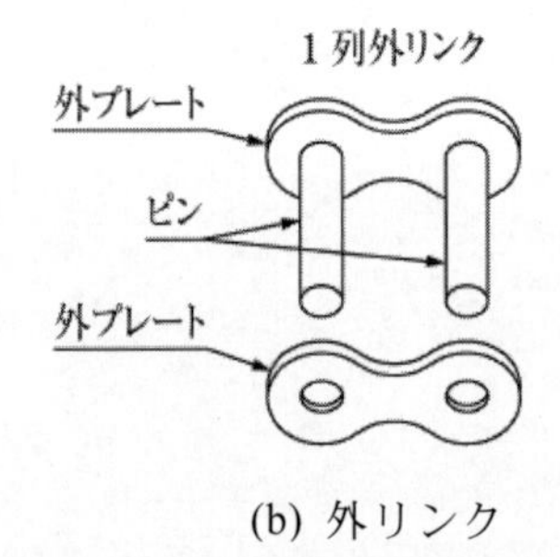

(b) 外リンク

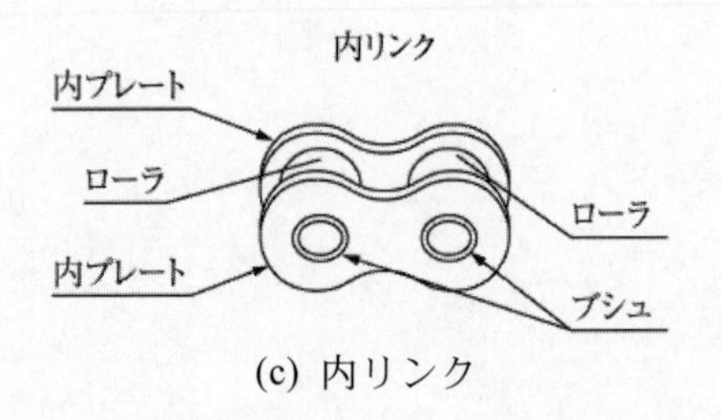

(c) 内リンク

図 9.16　ローラチェーンと構成する主要部品（文献(15)より引用）

9・3・1　ローラチェーン　(roller chains)

a. チェーンの構造と種類　(constructions and kinds of roller chains)

図 9.16 に最も一般的な伝動用ローラチェーン (roller chains) を構成する主要部品の形状と名称を示す．外リンク (outer link) (ピンリンクともいう)は2枚の外プレート (outer plate) と2本のピン (pin) から成っている．内リンク (inner link)　(ローラリンクともいう)は2枚の内プレート (inner plate) と2本のブッシュ (bush) で構成され，ブッシュには自由に回転できるローラ (roller) がはめ込まれている.ピンをブッシュにはめ込んで外リンクと内リンクを交互に連結して組み立てるので，2 ピッチで最小単位のローラチェーンが構成されることになる．

チェーンの両端を結合するには，製造時に長さを決め（上記の最小単位の整数倍)，かしめによって結合する場合もあれば，専用の継手リンクを用いて組み立て時に結合する場合もある．また，軸配置の都合上どうしても奇数に

しなければならない場合には，オフセットリンク (offset link) を用いる．これは通常のリンクより疲労強度が低いので使わないほうが良い．

b．チェーンの寿命　(life of chains)

ローラチェーンの寿命はローラやプレートの疲労破壊とピン－ブッシュ間の摩耗伸びによって決まる．プレートやピンは動力伝動時に張り側とゆるみ側を交互に通過するため繰り返し荷重を受け，ローラはスプロケットの歯面と衝撃的にかみ合い，その結果疲労破壊を起こす．またチェーンがスプロケットにかみ込む時と，かみ外れる時，外リンクと内リンクとが屈曲運動するため，ピン外周面とブッシュ内周面が摩耗し，チェーンのピッチが伸びた状態になる．この摩耗伸びの伸び率が 1.5％以上になるとスプロケットとのかみ合いが正常に行えなくなり，寿命となる．チェーンの摩耗を少なくするには適切な潤滑を行わなければならない．

小さいピッチのチェーンで大きな動力を伝動する場合は，ローラチェーンを複数並列に並べた多列チェーンが用いられる．

c．スプロケット　(sprockets)

ローラチェーンとかみ合って力を軸に伝達する歯車をスプロケット (sprocket) という．スプロケットの歯形は JIS B 1801[13]に，S 歯形と U 歯形の 2 種類が規定されているが，一般の動力伝動では S 歯形を用いることが多い．

図 9.17 に S 歯形のローラチェーン用スプロケットの形状と主要寸法を示す．ピッチはチェーンのピンの間隔で決められるので，スプロケットのピッチの考え方は歯車の場合とは異なる．スプロケットの歯形はチェーンと干渉しないように設計されているので，滑らかに回転を伝達できる．

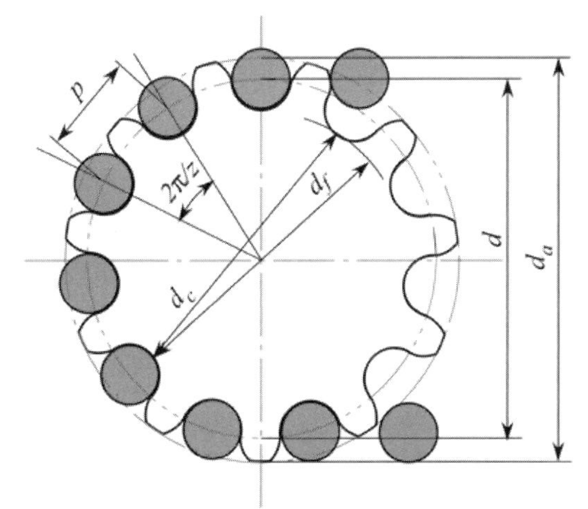

項　目	計算式
ピッチ円直径	$d = \dfrac{p}{\sin \dfrac{\pi}{z}}$
外　径	$d_a = p\left(0.6 + \cot \dfrac{\pi}{z}\right)$
歯底円直径	$d_f = d - d_r$

p：チェーンピッチ（歯車のピッチとは異なる）
d_r：ローラ外径
z：スプロケット歯数

図 9.17　ローラチェーン用スプロケットの形状と主要寸法

9・3・2　サイレントチェーン　(silent chains)

サイレントチェーン (silent chains) は両端に直線歯をもつ特殊な形状をしたリンクを多数枚重ね合わせ，ピンで結合し，この歯の部分をスプロケットの歯にかみ合わせて動力伝達を行うチェーンである．図 9.18 にその一例を示す．この図の場合は，スプロケットの歯面は平面となっており，チェーンの

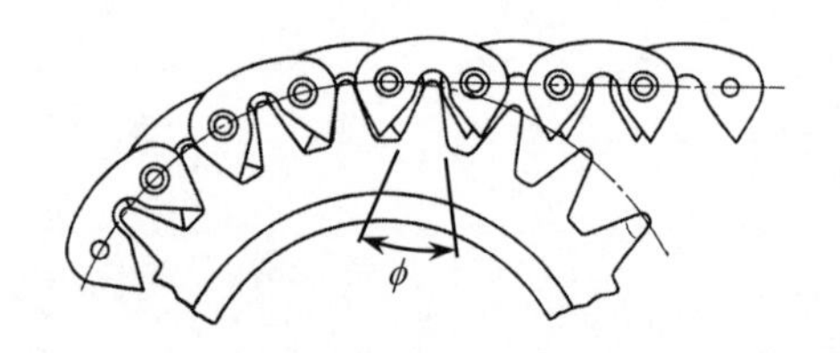

(a) サイレントチェーンのかみ合い

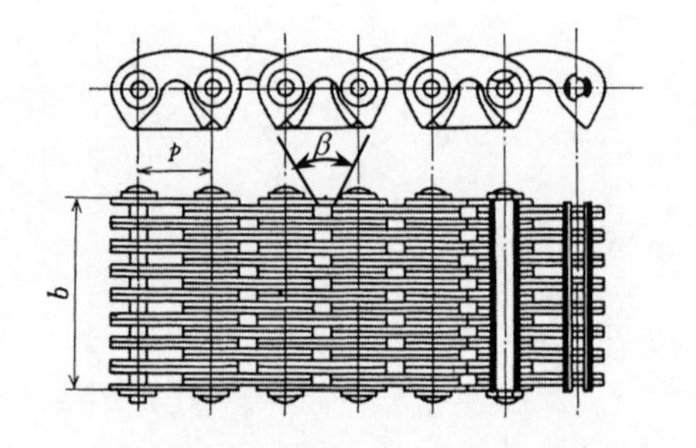

(b) サイレントチェーンの組立図

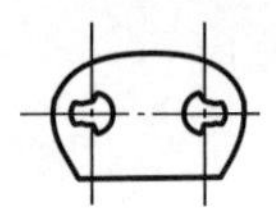

(c) 案内リンク

図 9.18　サイレントチェーンとスプロケット（文献(15)より引用）

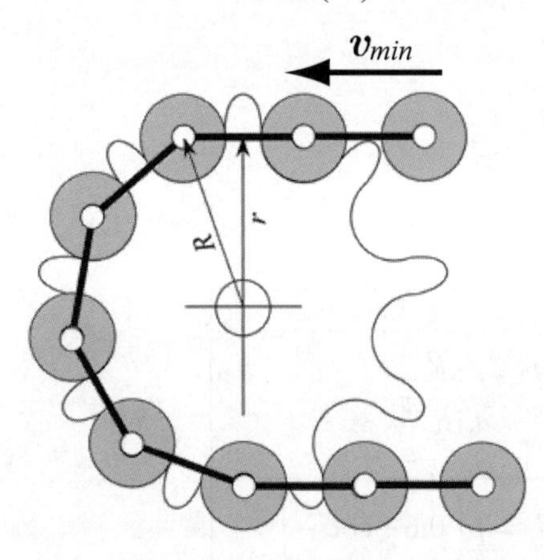

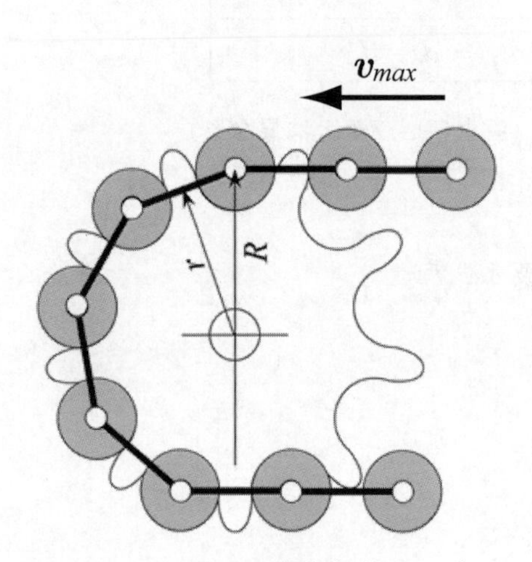

図 9.19 チェーンの速度変動のモデル

歯形も直線である．その名の通り，サイレントチェーンの特長はローラチェーンに比べ騒音が低い点にあるとされる．

図 9.18 において，リンクの両側面のなす角を β とすると，スプロケットの歯面の角度 ϕ は次式となる．

$$\phi = \beta - 2 \times \left(\frac{2\pi}{z} \right) \tag{9.24}$$

ここで z はスプロケットの歯数である．

チェーンが巻きつくときは，リンクはピンを中心に回転し，隣同士のリンクの外側の面でスプロケットの歯をつつみ込むようにかみ合うので，ローラチェーンに比べ，滑らかに動力伝達を行うことができる．また，スプロケットからかみ外れるときは，リンクが広がり，歯から離れやすくなる．ピンとリンク間が摩耗してピッチが多少伸びても，チェーンはスプロケットの歯の少し外側でかみ合うので支障はない．

サイレントチェーンはスプロケットから軸方向にはずれないよう，一番外側のリンクあるいは中央のリンクに，歯がついていない案内リンク（図 9.18(c)）が使われる．

サイレントチェーンはローラチェーンと異なりリンクの歯がスプロケットに接触して動力を伝達するため，ローラチェーン以上に適切な潤滑をほどこさなければリンクが摩耗するので注意を要する． また，サイレントチェーンには,スプロケットの歯がインボリュート曲線で構成されているものもある．この場合は，かみ合いに参加するときに，インボリュートのピニオンとラックのかみ合いと同等になる．このサイレントチェーンは，４輪駆動の自動車のトランスファーと呼ぶ動力分配装置にもよく用いられている．

9・3・3　チェーンの多角形作用　(polygonal action)

ローラチェーンがスプロケットに巻きついた状態は，図 9.19 に示すように，多角形となる．スプロケットの歯数を z，回転角速度を ω で一定として，スプロケットに巻き付くときのチェーンの水平方向速度を考えることにする．このとき，ピンがスプロケットにかみ込んだ直後の位置関係が図の上段であり，速度は最小になる．一方ピンが最上部に達したのが図の下段であり，チェーン速度は最大となる．結局チェーンの水平方向運動の最小速度 $v_{\min}$ と最大速度 $v_{\max}$ は，

$$v_{\min} = r \times \omega = \left(R \times \cos\frac{2\pi}{z} \right) \omega \tag{9.25}$$

$$v_{\max} = R \times \omega \tag{9.26}$$

で表される．すなわち，原動スプロケットが一定角速度で回転していても，チェーンの回転半径はrからRまで周期的に変化し，チェーンの速度も周期的に変化するので，従動スプロケットには回転変動が生ずることになる．

チェーンの速度変動率η は

$$\eta = \frac{v_{\max} - v_{\min}}{v_{\max}} = 1 - \cos\frac{\pi}{z} \tag{9.27}$$

で表され，歯数が30枚程度になると著しく小さくなる．歯数が少ないときには十分に注意が必要である．

第9章の参考文献

(1) ベルト伝動技術懇話会編，ベルト伝動の実用設計，(1996)，養賢堂．
(2) JIS K 6323-1995「一般用 V ベルト」
(3) JIS B 1854-1987「一般用 V プーリ」
(4) JIS K 6368-1999「細幅 V ベルト」
(5) JIS B 1855-1991「細幅 V プーリ」
(6) JIS K 6372-1995「一般用歯付ベルト」
(7) JIS K 6373-1995「軽負荷用歯付ベルト」
(8) JIS B 1857-1-2001「一般用円弧歯形歯付ベルト伝動　ベルト」
(9) JIS B 1856-1993「歯付プーリ」
(10) JIS B 1857-2-2001「一般用円弧歯形歯付ベルト伝動　プーリ」
(11) JIS B 1852-1980「平プーリ」
(12) Greenwood, Mechanical Power Transmission, (1962), 95, Mcgraw-Hill Book Company, Inc.
(13) JIS B 1801-1997「伝動用ローラチェーン及びブッシュチェーン」
(14) JIS B 1810-1999「伝動用ローラチェーンの選定指針」
(15) 日本機械学会編，機械工学便覧デザイン編β4 機械要素・トライボロジー，(2005)，日本機械学会．
(16) 日本機械学会編，機械実用便覧第6版，(1990)，日本機械学会．
(17) 日本機械学会編，機械工学事典，(1997)，日本機械学会．
(18) 日本材料学会編，機械設計法，(2002)，日本材料学会
(19) 林　則行，平賀英資，冨坂兼嗣，機械設計法，(1998)，森北出版
(20) William J. Patton, Mechanical Power Transmission, 1980, PRENTICE-HALL.

第 10 章
フライホイール，クラッチ，ブレーキ
Flywheel, clutches, and brakes

第 6-9 章で述べたように，軸が機能するために用いられる機械要素は様々なものが存在するが，これら以外にも回転力を利用するための種々の機械要素が存在する．本章ではフライホイール，クラッチ，ブレーキについて学ぶ．

10・1　フライホイール　(flywheel)

10・1・1　回転体のエネルギーとトルク (energy and torque of the rotor)

運動している物体は慣性をもち，その運動状態を変化させるためには，物体に加わる負荷や摩擦抵抗などの外力のほかに，慣性力 (inertia force) を考慮しなければならない場合がある．

慣性モーメント (moment of inertia) I の回転体が**角速度**ωで回転するときの運動エネルギーは，

$$U=\frac{1}{2}I\omega^2 \tag{10.1}$$

であり，慣性に抗して回転速度を変化させるために必要なトルク (torque) は，

$$T=I\frac{d\omega}{dt} \tag{10.2}$$

となる．例えば，質量 m，外径 d_o，内径 d_i の円筒の慣性モーメントは，

$$I=\frac{1}{8}m(d_o^2+d_i^2) \tag{10.3}$$

である．

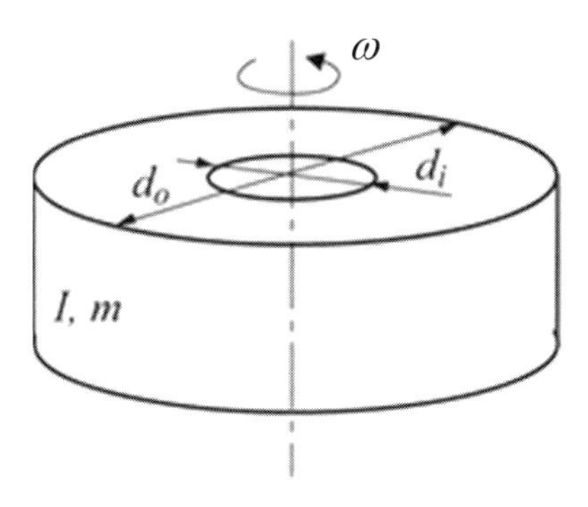

図 10.1 フライホイール

図 10.1 に示すフライホイール (flywheel) は，**はずみ車**とも呼ばれ，大きな慣性モーメントをもつ回転体の慣性を利用して，運動エネルギーを貯えるもしくは速度変化を平滑化するために用いられる機械要素である．

【参考 1】慣性モーメントと GD^2
以前は慣性モーメントの代わりに GD^2（ジーディースクエアと読む）を用いて表記することが多かったが，現在は SI 単位系が標準であり用いないのが原則である．慣性モーメント I との関係はgを重力加速度とした場合，次の式が成立する．

$$GD^2=4gI$$

10・1・2　フライホイールによるエネルギー貯蔵 (energy storage with the flywheel)

フライホイールの第一の用途は，(10.1)式で示される運動エネルギーを貯え，これを取り出すことである．短い時間内に大出力を要する工作機械などの駆動や，発電設備の出力安定化，エネルギー回収や貯蔵に利用される．また回転慣性の利用例として宇宙船などの姿勢制御装置（ジャイロ）が挙げられる．

フライホイールの角速度が ω_1 から ω_2 に変化したときに外部になす仕事は，

$$\Delta U=\frac{1}{2}I(\omega_1^2-\omega_2^2) \tag{10.4}$$

であり，変化時間が短いほど大きな仕事率（動力）を引き出すことができる．

貯蔵エネルギーの限界はフライホイールの強度によって決まり，円筒形の場

合は，遠心力によるホイール外周での円周方向応力に基づいて設計される．

10・1・3 フライホイールによる回転の平滑化 (stabilization of a rotation using flywheel)

内燃機関や往復動圧縮機などのクランク軸 (crank shaft) に作用するトルクは1サイクル中に変動し，軸の角速度も変化する．この変化を平滑化することがフライホイールの第二の用途である．

トルク変動により，角速度が最大および最小角速度ω_1，ω_2で表される変化をするとき，これを平均角速度$\omega=(\omega_1+\omega_2)/2$と角速度変化係数 (coefficient of speed fluctuation) $\delta=(\omega_1-\omega_2)/\omega$で表すと式(10.4)は，

$$\Delta U = I\omega^2\delta \tag{10.5}$$

となり，この式に基づいてフライホイールの慣性モーメントIが検討される．なお，角速度変化係数δは機械によって 1/200～1/30 程度の値をとる．

10・2 クラッチ (clutches)

クラッチ (clutch) は，同心軸上にある駆動軸と従動軸を連結したり切り離したりする機械要素である．連結時には回転速度とトルクの変動を減衰させる機能をもつ場合も多い．連結の形式によって，かみあいクラッチ，摩擦クラッチ，自動クラッチなどに分類される．

10・2・1 かみあいクラッチ (positive clutch)

かみあいクラッチ (positive clutch) は，軸端部に設けた各種のつめ，ないしは歯が機械的にかみ合い機構的にすべりのないものである．図 10.2 に代表的なジョークラッチ (jaw clutch) を示す．つめの形状は，四角，台形，三角，のこ歯などがある．動力を確実に伝達する利点がある反面，接続時に衝撃をともなうため，連結動作は停止時に行われるものがほとんどである．

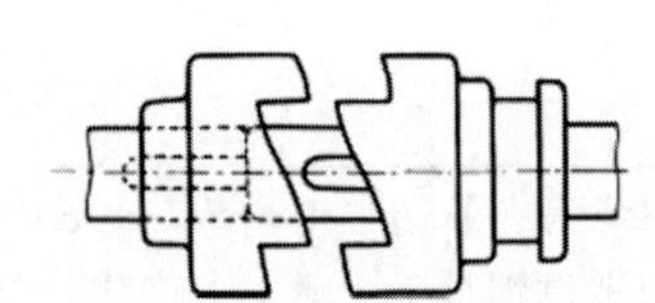

図 10.2 ジョークラッチ
（文献（1）から引用）

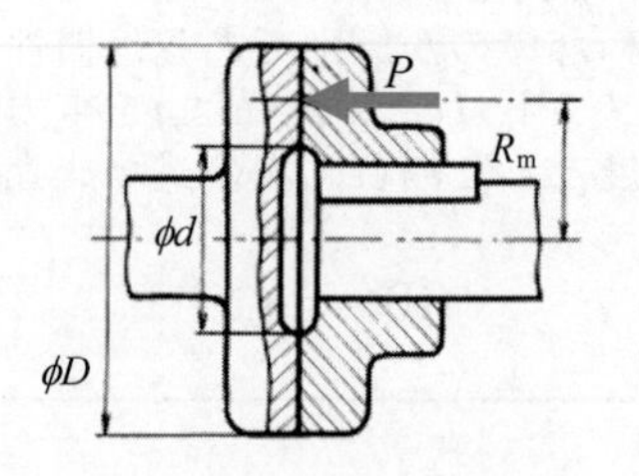

図 10.3 単板クラッチ
（文献（1）から引用）

10・2・2 摩擦クラッチ (friction clutch)

摩擦クラッチ (friction clutch) は，摩擦力によって動力を伝達するものであり，接触面の形状により円板クラッチ (disk clutch) と円すいクラッチ(cone clutch) がある．接触面を滑らせながら係合させるため衝撃が少ないが，滑りにより発熱する．過大な負荷に対しては接触面で滑りを生じるため，安全装置としても働くように設計できる．簡単な構造の単板クラッチの例を図 10.3 に示す．押し付け力をばねやカムなどで発生させる機械式クラッチ (mechanical clutch) のほか，油圧，空気圧，電磁力によるものがある．また摩擦面を複数重ねた多板クラッチも用いられる．

接触面に油を供給しない乾式クラッチ (dry clutch)と ，耐久性を高めるために接触部を油で浸す湿式クラッチ (wet clutch) がある．いずれの場合も，金属接触面の間に摩擦材を挟みこむ方式が主流である．摩擦材としては，耐熱性の樹脂に摩擦素材を分散させたものや，焼結金属が乾式に用いられる．湿式クラッチではセルロース繊維を樹脂で固めたペーパー材が広く用いられる．また単板クラッチには乾式が，多板クラッチには湿式がよく用いられる．

円板クラッチの伝達トルク T は,

$$T = n\mu PR_m = n\mu P(D+d)/4 \tag{10.6}$$

ここで, n は摩擦面の数, μ は摩擦係数, P は押付け力, D と d は摩擦板の外径と内径, R_m は平均摩擦半径である. 押付け力 P と寸法 D, d は摩擦材の許容接触面圧力に応じて設計される.

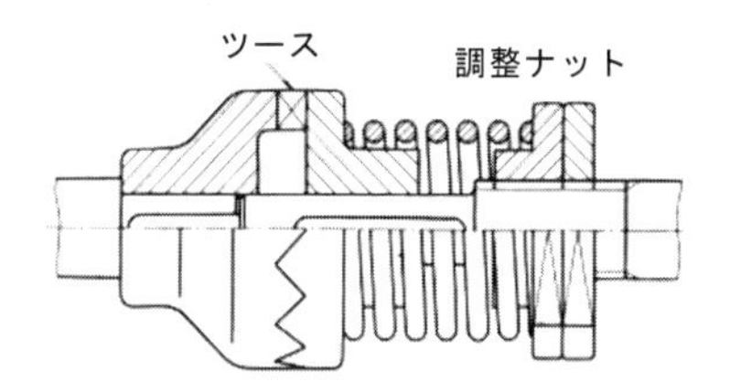

図 10.4 スリップクラッチ（文献（1）から引用）

10・2・3　その他のクラッチ (other clutches)

伝達トルクがある値を越えると自動的に連結を切り離すクラッチをスリップクラッチ (slip clutch) , あるいはトルクリミッタ (torque limiter) と呼ぶ. 図 10.4 に歯のかみあいによるスリップクラッチの例を示す.

一方, 設定された条件のもとで自動的に動力伝達を行うクラッチを**自動クラッチ**と呼ぶ. これらのうち代表的なものとして図 10.5 に示す遠心クラッチ (centrifugal clutch) は, 回転速度がある値を越えると遠心力の作用により動力伝達を行うクラッチであり, 原動機の起動時には無負荷となる利点をもつ. このほかに, 一方向にだけ動力を伝えるクラッチを一方向クラッチ (one way clutch) と呼び, 回転軸の逆転の防止や, 動力伝達の自動解除, さらには間欠運動を得るために用いられる (図 10.6 参照). ラチェットもその一種である.

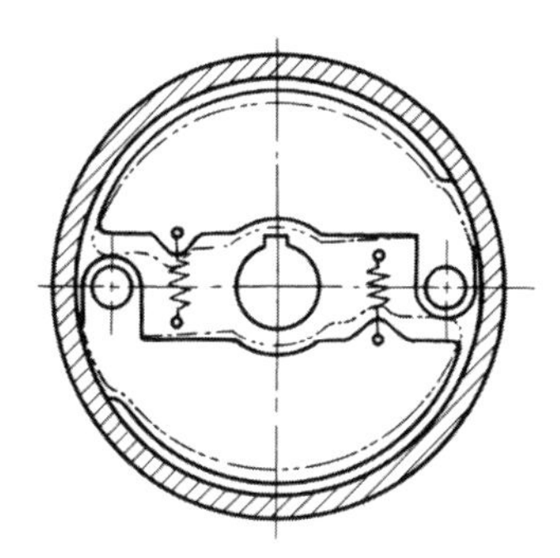
図 10.5 遠心クラッチ（文献（1）から引用）

10・3　ブレーキ　(brakes)

ブレーキ (brake) は, 機械の速度を制限し, あるいは停止状態を保持するための機械要素である. 運動エネルギーを摩擦によって熱エネルギーに変換して放散させる摩擦ブレーキ (friction brake) が最も広く用いられている.

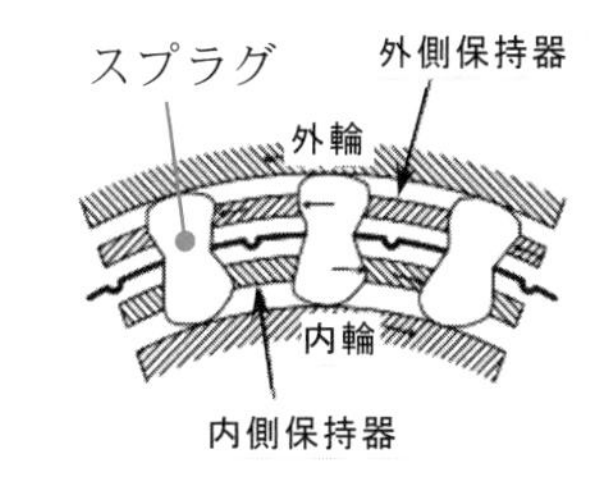

図 10.6 スプラグ形一方向クラッチ（文献（1）から引用）

10・3・1　摩擦ブレーキ (friction brake)

ここでは摩擦ブレーキの4つの基本的な形式について述べる.

a. ブロックブレーキ

ブロックブレーキ (block brake) は, 回転するドラムの外周にブレーキブロックを押し付ける形式のブレーキであり, ブロックが一個の場合を単ブロックブレーキ（図 10.7）と呼んで鉄道車両やクレーンなどで用いられている. 図 10.7 のように, 単ブロックブレーキのドラムの直径を D, ブロックとドラムの押付け力 P , 摩擦係数を μ とすると, ブレーキトルク T は次式となる.

$$T = \frac{\mu PD}{2} \tag{10.7}$$

ブレーキレバーの寸法 a, b, ブレーキレバーの支点の位置 c, ブレーキレバーの作用力 F とすると, 支点位置の c が正でドラムが右回転しているときは, レバーの支点まわりのモーメントの釣合い $Fa - Pb - \mu Pc = 0$ から,

$$F = \frac{b + \mu c}{a}P \tag{10.8}$$

ドラムが左回転しているときは, 摩擦の方向が逆になるのでモーメントの釣合いの式で摩擦の項の符号が替わり,

$$F = \frac{b - \mu c}{a}P \tag{10.9}$$

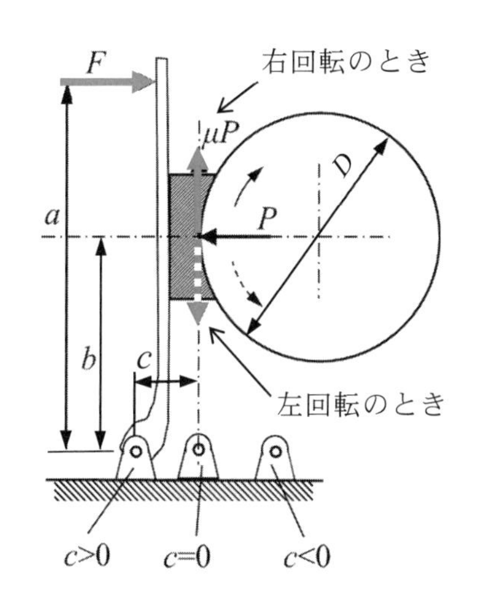

図 10.7 単ブロックブレーキに作用する力

となってより小さな力でも大きな制動力が得られる．このように，支点の位置を変えると，同じ作用力 F を与えたときの押付け力 P がドラムの回転方向によって異なり，支点の位置 c がゼロに限り回転方向に無関係となる．

制動用のブレーキとしては，b/a は一般に，1/6～1/3 程度にとられる．また，作用力 F は手動の場合は 100～150N が実用上の上限となる．

なお，$b \leq \mu c$ のときには式(10.9)より，左回転の場合に作用力 F は負となり，レバーに力を加えなくてもブレーキがかかることを意味する．これをセルフロッキング (self-locking) という．このようなブレーキは制動には不適であるが，停止保持用として有用でありよく用いられる．

【例題 10. 1】図 10.7 に示す単ブロックブレーキにおいて，直径 D=400mm のブレーキドラムに，200Nm のトルクが右回り（時計回り）に作用している場合，このブレーキの腕に加える力 F の大きさを求めよ．但し制動面の摩擦係数 μ=0.2，a=1800mm，b=600mm，c=-80mm とする．

【解答】前述の式(10.7)を変形して押し付け力 P を導出すると，

$$P = \frac{2T}{\mu D} = \frac{200\,[\mathrm{Nm}]}{0.2 \times 0.2\,[\mathrm{m}]} = 5000\mathrm{N} \quad となる．$$

また必要押し付け力 F は式(10.8)に代入して，

$$F = \frac{b + \mu c}{a} P = \frac{0.6\,[\mathrm{m}] + 0.2 \times (-0.08\,[\mathrm{m}])}{1.8\,[\mathrm{m}]} \times 5000\,[\mathrm{N}]$$

$$\simeq 1.62 \times 10^3\,\mathrm{N} = 1.62\mathrm{kN}$$

となる．この力を発生させるためには，油圧などの補助が必要である．

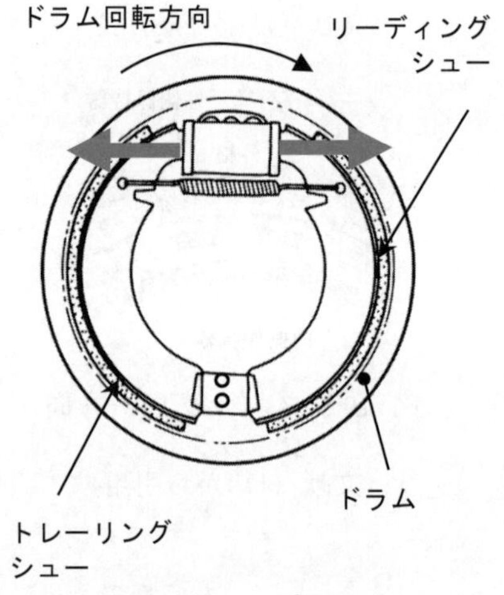

図 10.8 ドラムブレーキ
（文献（1）から引用）

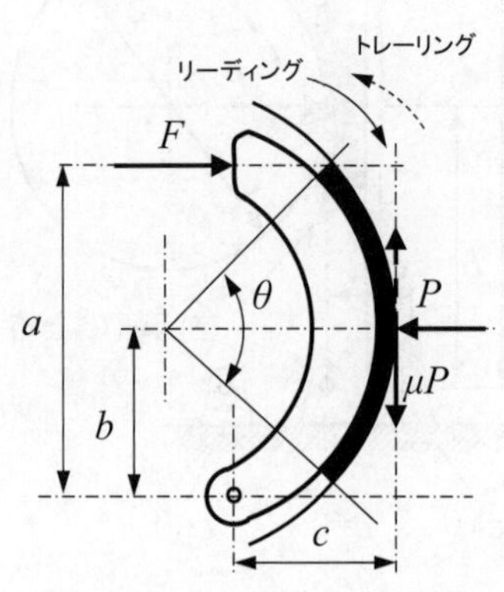

図 10.9 ドラムブレーキに作用する力

b. ドラムブレーキ

ドラムブレーキ (drum brake) は，複ブロックブレーキの一種である．回転ドラムの内面に，通常 2 個のシュー（shoe，単ブロックに相当する）を押し付けて制動する形式のブレーキであり，自動車，鉄道，産業機械などで用いられている．図 10.8 に示す例では， 2 個のシューは油圧ピストンによって左右に広がるように操作される．

ひとつのシューによるブレーキトルク T は，図 10.9 に示すようにドラムの内径を D，ブロックとシューの押付け力 P ，摩擦係数を μ とすると，式(10.7)と同様になる．押付け力はシュー全体にわたっているが，ここでは簡単のために，シューとドラムの接触部の中央に集中して働くと仮定している．シューの接触角 θ は 90～120°程度であり，摩擦係数が小さいほど大きくとる．

ここでブロックブレーキと同様に各寸法 a，b，c をとり，作用力を F とすると，支点まわりのモーメントの釣合いより F と押付け力 P との関係が求められる．ここでドラムが右回転している場合，このシューをリーディングシュー (leading shoe) と呼び，式(10.9)と同じ関係式が得られる．ドラムが左回転している場合には，このシューをトレーリングシュー (trailing shoe) と呼び，式(10.8)が得られる．したがって，同じ作用力 F を与えたとき，押付け力 P はリーディングシューのほうが高くなる．これは摩擦力によるモーメントがシューの押付け力を増加させるためであり，この作用をセルフサーボ作用（自己増力作用）という．一方，トレーリングシューで摩擦力が押付け力を低下させる作用を，ネガティブサーボ作用という．図 10.8 の例では，一つのシューがリーディング，もう一つがトレーリングであるが，ブレーキトルクを高めるために両方ともリーディングシューを用いることもある．ただしその場合はドラムが逆転している時のブレーキトルクが小さくなる．

参考２【ドラムブレーキの種々方式】本文で説明したのはリーディング・トレーリング式と，ツーリーディング式と呼ばれる．このほかにはデュオサーボと呼ばれる方式もある．見かけはどれも似ているが，それぞれの工夫がある．
またディスクブレーキとの使い分けも調べてみよう．

c. ディスクブレーキ

ディスクブレーキ (disk brake) は，回転円板 (ディスク，disk) の片面あるいは両面にパッド (pad) を押し付ける形式のブレーキである．ディスクは露出しているのでディスクからの熱放散性が良く，ディスクについた異物の除去が容易であって，ドラムブレーキのように摩擦によって押付け力が影響を受けることがないため，安定した制動力が得られる．これらの理由から自動車やオートバイなどのブレーキの主流となってきている．

図 10.10 に示すように，ディスクの両側にパッドを押し付ける場合のブレーキトルク T は，

$$T = 2\mu F R_m \qquad (10.10)$$

ここで μ は摩擦係数，F は押付け力，R_m はパッドのディスク回転軸からの平均半径である．

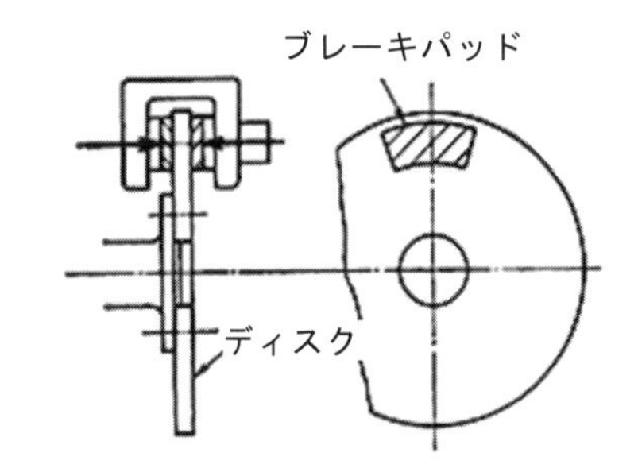

図 10.10 ディスクブレーキ

d. バンドブレーキ

バンドブレーキ (band brake) は，ブレーキドラムの周囲にバンドを巻き付け，これに張力を与えて締め付ける形式のブレーキであり，産業機械や自転車などでよく用いられている．

図 10.11 に示すように，直径 D の回転ドラムにバンドを巻きつけたときの張力 T_1，T_2 と巻き付け角 θ (接触角，一般に 180～270°) との関係は，摩擦係数を μ として，右回転の場合，9.2 節のベルト伝動装置の場合と同様に，

$$T_1 = T_2 e^{\mu\theta} \qquad (10.11)$$

である．よって，ブレーキトルク T_q は次式のようになる．

$$T_q = \frac{D}{2}(T_1 - T_2) = \frac{D}{2}T_2(e^{\mu\theta} - 1) \qquad (10.12)$$

参考３【トルクの記号表記】本文で一般には T を用いるが，張力にも T が用いられるため，ここでは T_q と表記して誤解を招かないようにしている．

いま図 10.11 のとおり各寸法を a，b，l とし，操作レバーに作用力 F を加えたとき，ドラムが右回転している場合には，レバーの支点まわりのモーメントの釣合いから，$Fl = T_1 a + T_2 b$ となる．これと式(10.11)，(10.12)から，

$$F = \frac{2T_q(ae^{\mu\theta} + b)}{Dl(e^{\mu\theta} - 1)} \qquad (10.13)$$

左回転の場合には，式（10.11），(10.12）で T_1 と T_2 を入れ替えれば，

$$F = \frac{2T_q(be^{\mu\theta} + a)}{Dl(e^{\mu\theta} - 1)} \qquad (10.14)$$

となる．したがって，バンドブレーキにおいても，同じブレーキトルクを得るために必要な作用力は，ドラムの回転方向によって異なることがわかる．また，右回転では $ae^{\mu\theta} \leq -b$ のときに，左回転では $be^{\mu\theta} \leq -a$ のときに作用力がゼロとなるセルフロッキングを生じる．なお，b=0 としたときにはセルフロッキングは生じないが，作用力が回転方向によって大きく異なる．

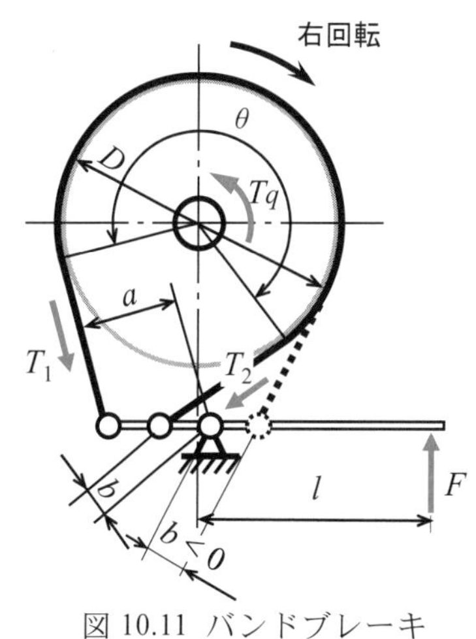

図 10.11 バンドブレーキ
（文献 (1) から引用）

【例題 10. 2】 図 10.11 に示すバンドブレーキ（右回転）において，b=0，バンドの厚さ t = 2.5 mm，バンドの幅 B = 80 mm，ブレーキドラム径 D = 400 mm，巻き付け角 θ= 230°，しゅう動面の摩擦係数 μ= 0.3，バンドの許容引張応力 σ= 50 N/mm²とした場合の，最大ブレーキトルク T_q はいくらか.

【解答】まず式(10.11)より最大許容張力 T_1 を求めると

$$T_1 = 2.5 \times 80 \times 50\mathrm{N/mm^2} = 10 \times 10^3\mathrm{N}$$ となる.

またこの値を用いて反対側の張力 T_2 を求めると，

$$T_2 = \frac{T_1}{e^{0.3 \times 2\pi \times \frac{230}{360}}} = \frac{10 \times 10^3}{3.334} = 3.0 \times 10^3\mathrm{N}$$ となる.

したがってブレーキトルクは，式(10.12)より以下のようになる.

$$T_q = \frac{D}{2}(T_1 - T_2) = \frac{400 \times 10^{-3}}{2}(10 \times 10^3 - 3.0 \times 10^3) = 1.4\mathrm{kNm}$$

10・3・2 ブレーキ材料 (brake materials)

摩擦ブレーキの接触部に使われる材料は，鋳鉄，鋼，銅合金，アルミニウム合金，焼結合金，ゴム，木材，皮，ペーパー材，無機・有機繊維を充填材とともに結合剤で固めた複合材料，炭素繊維強化炭素複合材（C/C コンポジット）など多岐にわたるが，摩擦特性，耐摩耗性，耐熱性などを考慮して決められる．クラッチと同様に，潤滑油を使用する場合もある．

摩擦ブレーキでは，摩擦熱に起因する摩擦材料の摩耗や制動力低下を避けるために，放熱が十分になされるように設計する必要がある．接触部の押付け圧力を p [MPa]，滑り速度を v [m/s]，摩擦係数をμとしたとき，接触部の単位面積，単位時間当たりの摩擦仕事は C=μpv [MPa·m/s=MW/m²]となる．この C を**ブレーキ容量**とよぶ．表 10.1 にブレーキ容量の目安を示す．

表 10.1 ブレーキ容量の目安

条件	ブレーキ容量 C [MPa·m/s]
自然冷却で頻繁に使用する場合	0.6 以下
自然冷却で使用条件が軽い場合	1 以下
放熱状態が良く使用条件が軽い場合	3 以下

10・3・3 その他のブレーキ (other brakes)

摩擦ブレーキ以外に，流体の抵抗や電磁力，遠心力を利用するものなど，用途に応じて多くの形式がある．また，内燃機関の排気ブレーキなどのように制動力の一部を分担するブレーキはリターダ (retarder) と呼ばれる．近年では省エネルギーの観点から，制動によって生じたエネルギーを回収し再利用するエネルギー回収ブレーキ (regenerative brake) が重要技術と位置付けられる．制動時に電動機を発電機として用いて電池に充電する方法や，制動エネルギーの一部をフライホイールに蓄えるなどの方法がある．

第１０章の参考文献

(1) 日本機械学会編，機械工学便覧デザイン編β4 機械要素・トライボロジー, (2005)，日本機械学会.

(2) 河北和明，矢部寛編著，機械設計，(2004)，朝倉書店.

第 11 章
ば ね
Springs

ばねは物体の弾性または変形によって蓄積されたエネルギーを利用することを主目的とする機械要素である．本章ではその種類や機能および主要なばねの設計法について学ぶ．

11・1 ばねの機能と種類 (functions and types of springs)

11・1・1 ばねの機能 (functions of springs)

ばね (spring) は，代表的なコイルばねから書類を留めるクリップまで用途に応じて材料の変形を効率よく利用できるように形づくられている．ばねの機能はおよそ次のとおりである．

a. 荷重と変形量の関係の利用

図 11.1(a)に示すように，一般にばねに加わる荷重 P と変位（変形量）δとの間には，

$$P = k\delta \tag{11.1}$$

の関係がある．このようなばねを線形ばね (linear spring) と呼び，比例定数 k をばね定数 (spring rate) という．この比例関係を利用して変位から力を測定し，変位を与えて力を任意にコントロールできる．またおもりなどと連結して振動系を構成すれば，振動源として利用できる．

ばねの材料や形状によっては，図 11.1(b)のように荷重と変位が比例しないものがある．このようなばねを非線形ばね (non-linear spring) と呼ぶ (11・1・2 g. 参照)．

b. 力を持続的に与える機能

前項の性質を利用して，ばねを変形させた状態に保つことによって一定の力を持続的に得ることができる．身近な例として，ばね座金や乾電池ホルダーの電極に使われている板ばねなどの締結要素が挙げられる．

c. 動力を提供する機能

ばねを変形させるとき，図 11.1(a), (b)にハッチで示す仕事が外部から与えられ，ばねはこれを弾性ひずみエネルギー (elastic strain energy) U として蓄える．線形ばねの場合には，

$$U = \frac{1}{2}P\delta = \frac{1}{2}k\delta^2 \tag{11.2}$$

である．除荷して元の形にもどるときには弾性ひずみエネルギーを解放して外部に対して仕事をするので，ばねを動力源として利用することができる．時計や玩具のぜんまいなどが代表的な例である．

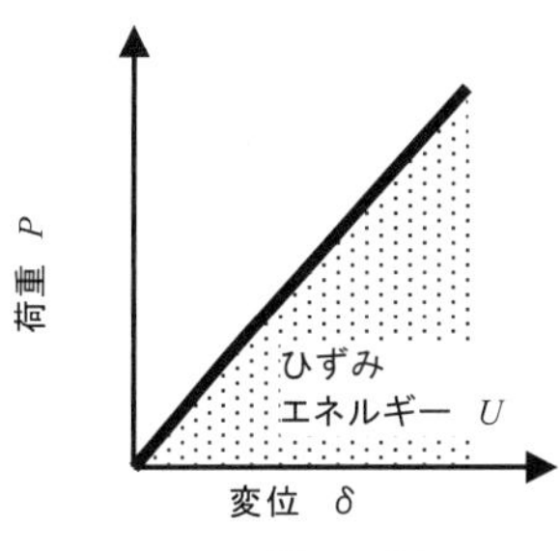

(a) 線形ばね

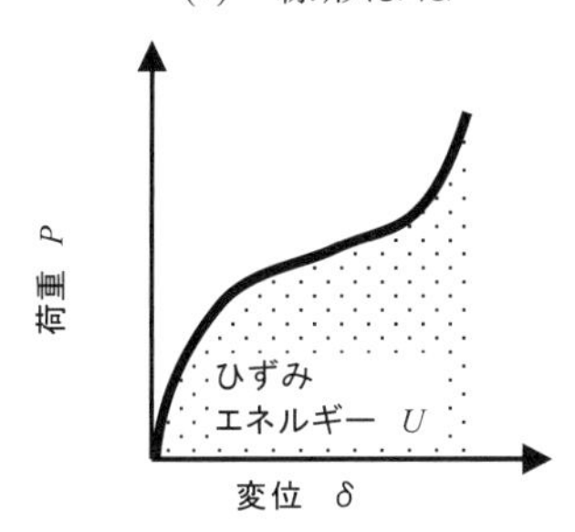

(b) 非線形ばね

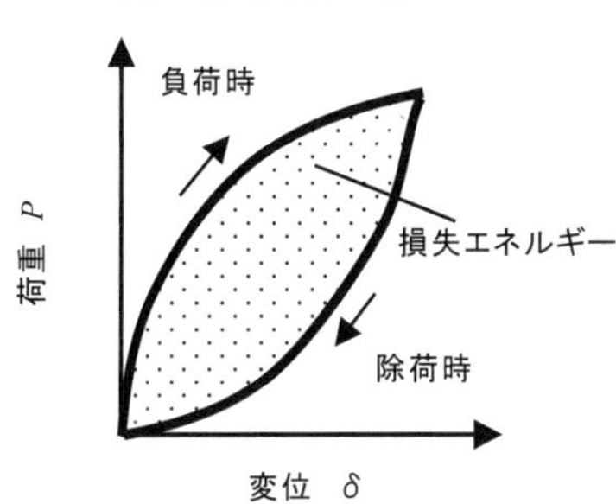

(c) ヒステリシスを持つばね

図 11.1 ばねの変位－荷重特性

d. エネルギーを吸収する機能

ばねは衝撃的なエネルギーを吸収する緩衝器 (shock absorber) や，防振装置の構成要素としても用いられる．弾性変形だけでは吸収したエネルギーを散逸させることはできないが，ゴム等の内部摩擦をもつ粘弾性材料や，重ね板ばねのようにばね同士が摩擦する場合は，荷重と変位の関係が負荷時と除荷時で異なる，いわゆるヒステリシス(hysteresis)をもち，図11.1(c)に示す曲線で囲まれた面積で表される仕事が熱エネルギーとして放散する．なお，図11.1(c)のような関係は一般に変形の速度によって変わる．

11・1・2　ばねの種類 (types of springs)

a. コイルばね (helical spring)

素線をコイル状に巻いたばねで，前節で述べた機能 a. ～d. で最も広く用いられている．図 11.2(a)～(c)に示すように，荷重の作用方向によって圧縮コイルばね (helical compression spring)，引張コイルばね (helical extension spring)，ねじりコイルばね (helical torsion spring) がある．素線は円形断面のほか，荷重－変形量の線形性が優れた特長をもつ長方形断面のものもある．

引張コイルばねは終端部でフックと一体となっており便利だが，過荷重による素線の破断の可能性があるため，コイル中心軸方向の荷重を受けるのであれば圧縮コイルばねを使用する構成が推奨される．ねじりコイルばねは，コイル中心軸まわりのねじりモーメントを受けるもので，洗濯ばさみや書類ばさみ（通称目玉クリップ）などの身近な品物に使われる．

b. 渦巻きばね (spiral spring)

図 11.2(d)のように長方形断面の帯状の素線を渦巻き状に巻いたばねで，このうち特に素線が互いに接触しているものをぜんまい (power spring) と呼ぶ．渦巻きばねは小さなスペースで大きなねじり角で変形させることができるので，動力源として時計や玩具などに使われている．

c. 板ばね (leaf spring)

板状の材料を用いたばねを総称して板ばね (leaf spring) という．最も単純なものは，長方形ないし台形の薄板を片持ち梁，または両端支持梁として曲げを受けるもので，しばしば荷重測定や荷重付与を目的として用いられる．図 11.2(e)のように板を重ね合わせて構成されたものは重ね板ばね (laminated spring)と呼ばれる．重ね板ばねは板同士の摩擦による振動減衰作用をもち，構造部材の機能も兼ね備えられるため，特に重量の大きな陸上車両（すなわち鉄道や大型トラックなど）の懸架装置として古くから用いられてきたが，最近はコイルばねや空気ばねに置き換えられている．

d. トーションバー (torsion bar spring)

図 11.2(f)に示すような，ねじりの復元力を利用する中実ないし中空の棒状のばねをトーションバー (torsion bar spring) と呼ぶ．形状が単純で単位体積あたりに蓄積できる弾性ひずみエネルギーが大きいため小型乗用車の懸架装置などで用いられている．

e. 皿ばね（disc spring）

底のない皿形のばねで，図 11.2(g)のようにスリットがあるものと，ないものがある．皿ばね (disc spring) はふつう数枚を重ねて用い，表裏を交互に重ねる場合（直列組合せ）では変形量が枚数に比例して大きくなり，同じ向きに重ねる（並列重ね）場合では枚数に比例して荷重が大きくなる．このように組合せを変えることで，小スペースで様々な特性を得ることができるのが特徴である．

f. 止め輪（retaining ring）

軸又は穴の円周につけた溝にはめて軸方向の移動を防ぐ輪状のばねで，代表的なＣ形止め輪(C-type retaining ring) を図 11.2(h)に示す．

g. その他のばね

以上のほかにも，輪ばね，ばね座金，竹の子ばね,線細工ばねなど,様々なばねがある．また，図 11.2(i)，(j)に示すように，コイルばねのピッチや素線の太さ，コイル径を連続的に変えた非線形ばねがある．これらは，素線自体の変形は弾性的であるが，変形にともなって素線の一部が互いに密着してばね定数が変化する．また緩衝器に用いられるばねとしては，ゴムの粘弾性を積極的に利用した防振ゴムや，空気の圧縮性を利用した空気ばね (pneumatic spring)が挙げられる．

11・1・3　ばねの材料 (materials of the springs)

ばねの材料は鋼，非鉄金属，合成樹脂など多岐にわたるが，通常の構造用材料よりも概して降伏応力が高い材料が選ばれる．ばね鋼（JIS G 4801）は主として熱間成形ばねに，ピアノ線（JIS G 3552）やばね用ステンレス鋼線（JIS G 4314），黄銅線（JIS H 3260）などの銅合金は冷間成形ばねに用いられる．表 11.1 に主な金属線材の弾性係数を，図 11.3 に圧縮コイルばねにおける鋼材の許容ねじり応力 τ_a を示す．

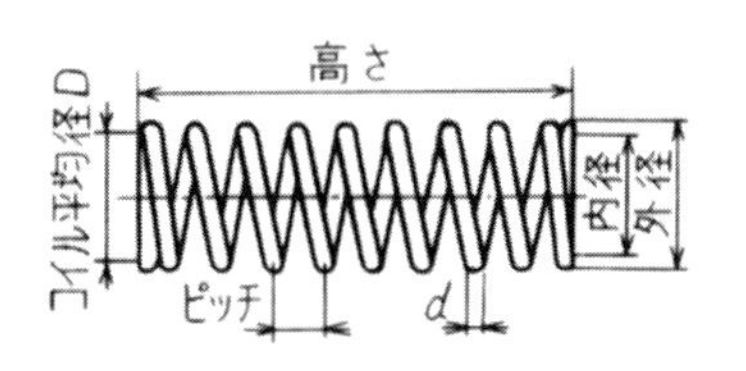

(a)　圧縮コイルばね

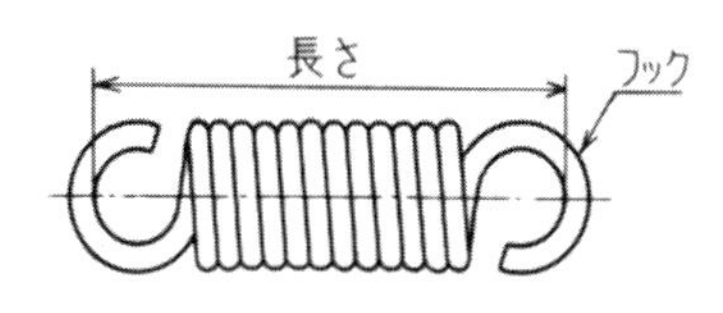

(b)　引張コイルばね

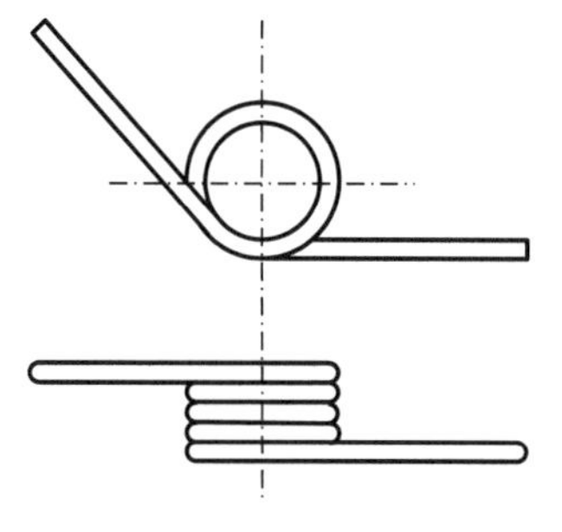
(c)　ねじりコイルばね

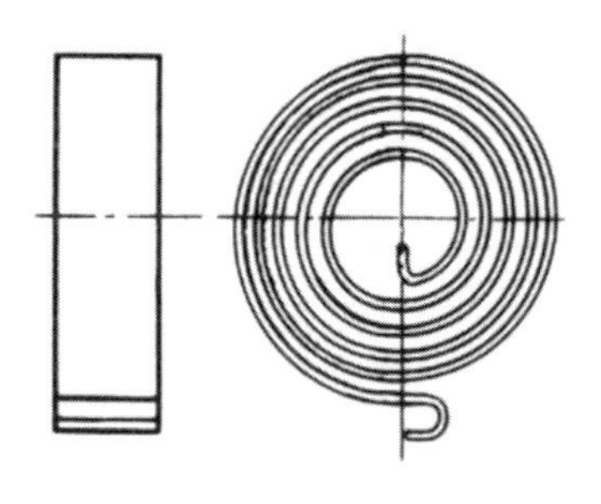
(d)　渦巻きばね

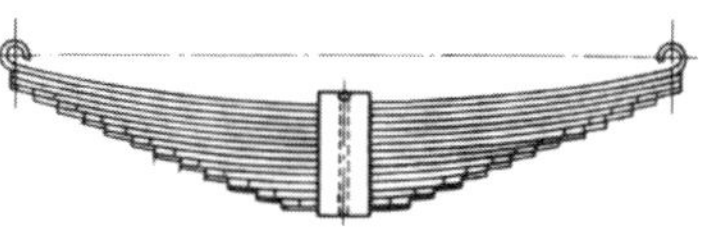
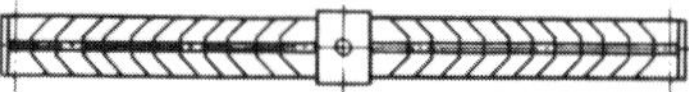
(e)　重ね板ばね

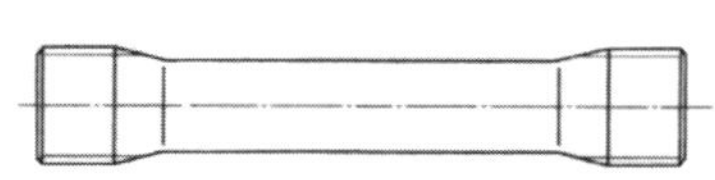

(f)　トーションバー

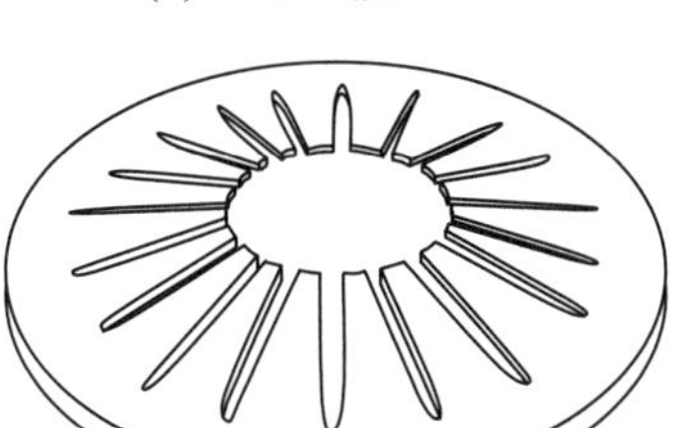
(g)　スリット付皿ばね

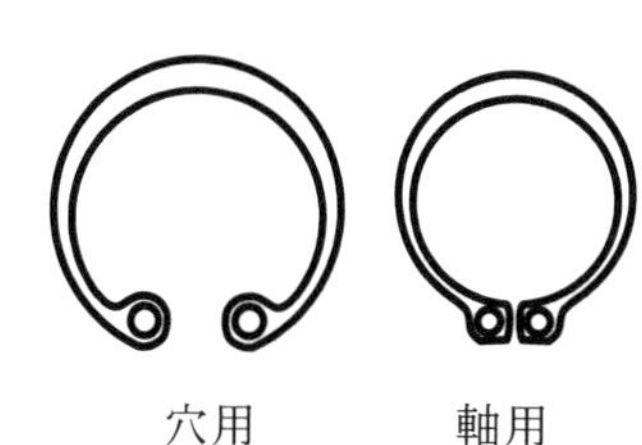

(h)　止め輪

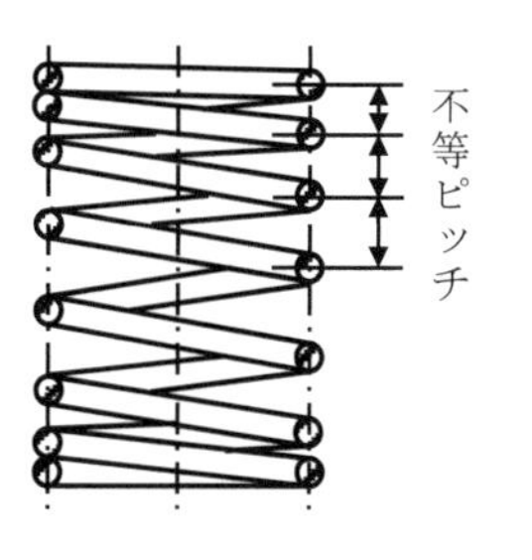

(i)　非線形ばね（不等ピッチコイルばね）

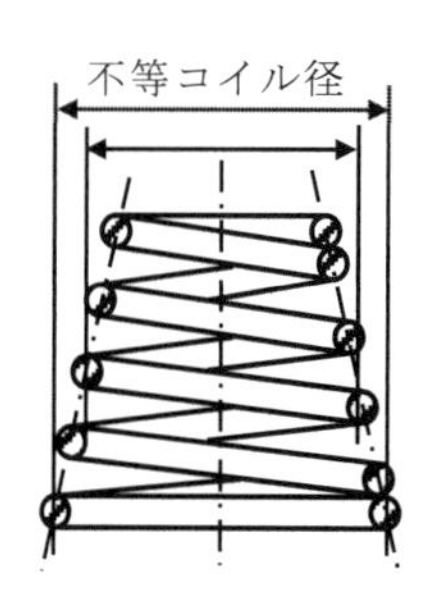

(j)　非線形ばね（円すいコイルばね）

図 11.2　ばねの種類（a,b,d は文献(9)から引用）

表 11.1 ばね材料の弾性係数

	縦弾性係数 E (GPa)	横弾性係数 G (GPa)
ばね鋼 SUP	206	78
硬鋼線 SW-A,B,C	206	78
ピアノ線 SWP-A,B,V	206	78
ステンレス鋼線 SUS WPA,WPB,WPC	186	69
黄銅線 BSW	98	39
洋白線	108	39
りん青銅線 PBW	98	42
ベリリウム銅線 BeCuW	127	44

表 11.2 ばねの変形形態

ばねの種類	変形形態
圧縮・引張コイルばね	棒のねじり
ねじりコイルばね	棒の曲げ
渦巻きばね	棒の曲げ
重ね板ばね	棒の曲げ
トーションバー	棒のねじり
皿ばね	板の曲げ

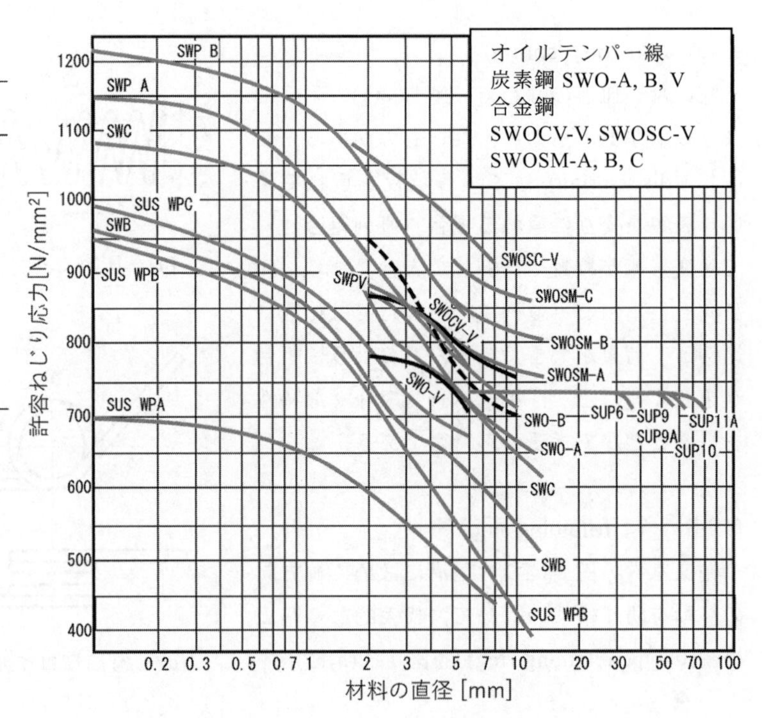

図 11.3 圧縮コイルばね用鋼材の許容ねじり応力
(JIS B27804 に基づく)

11・2 コイルばねの設計式 (design of helical springs)

圧縮コイルばねは荷重を受けてコイルの中心軸の方向に圧縮変形するが，以下に説明するように素線自体はねじりモーメントを受けてねじり変形する．したがって，荷重－変位の関係式は棒のねじりの関係式から導かれる．同様に他のばねの変形も，材料力学における梁の曲げや棒のねじりの問題に帰着する．表 11.2 に各ばねについて基本となる変形形態をまとめる．以下では圧縮コイルばねと板ばねの設計式について概説する．それ以外については専門書や規格を参照してみよう．

11・2・1 圧縮コイルばねの変形 (deformation of a helical compression spring)

図 11.4(a)のように圧縮荷重 P を受けるコイルばねの素線の断面には，図 11.4(b)に示すようにせん断力 $F=P$ とねじりモーメント $T=PD/2$ が作用する． D はコイルの平均径である．厳密には，素線の中心線はばねの中心線に直角な平面と平行でないため，素線の中心線に垂直な断面には**圧縮力**と曲げモーメントも作用するが，これらは F, T に比べて小さいため無視する．また，後述するように F によるせん断応力は無視できないが，F によるせん断変形はばねのたわみ量を求める際には無視できる．そこで，まず T によるばねの変形をみてみよう．

コイルを図 11.4(c)のように展開して真直棒のねじりに置き換えて考える．ばねとして働いているコイルの巻き数は有効巻数(active coils) N_a と呼ばれ，素線の長さ l は近似的に

$$l = \pi D N_a \tag{11.3}$$

となる．この丸棒にねじりモーメントTが作用したときのねじれ角θは，素線の横弾性係数をG，断面二次極モーメントをI_pとすると

$$\theta = \frac{Tl}{GI_P} = \frac{\pi N_a D^2 P}{2GI_P} \tag{11.4}$$

また，そのときの弾性ひずみエネルギーUは

$$U = \frac{1}{2}T\theta = \frac{\pi N_a D^3 P^2}{8GI_P} \tag{11.5}$$

一方，コイルが圧縮されて変位δを生じたときに，ばねに蓄えられるエネルギーは式(11.2)で与えられるので，これと式(11.5)が等しいとおくと，

$$\delta = \frac{\pi N_a D^3 P^2}{4GI_P} \tag{11.6}$$

素線を直径dの円形断面とすると$I_p = \pi d^4/32$であることから，

$$\delta = \frac{8N_a D^3 P}{Gd^4} \tag{11.7}$$

となる．したがってばね定数kは，

$$k = \frac{P}{\delta} = \frac{Gd^4}{8N_a D^3} \tag{11.8}$$

図11.5に示すクローズドエンド (closed end) のように，ばねの両端にばねとして機能しない部分が設けられているときには，有効巻数N_aは総巻数 (total coils) N_tから両端の座巻数 (end turn) を引いた値となる．なお，ばねの自由高さ (free length) H_fとは，無負荷状態におけるばねの高さであり，密着高さ (solid length) H_sとは，互いに隣り合う素線が密着したときのばねの高さである．これらは実際の設計において注意を払うべき寸法である．

式(11.3)～(11.8)は，引張コイルばねにおいても成立する．ただし，引張コイルばねは無負荷時に隣り合う素線同士が密着するように初張力 (initial tension) P_iが生じるように成形されることが多く，その場合には式中のPを$(P-P_i)$で置き換えた関係式を用いる．

11・2・2　圧縮コイルばねの強度 (strength of a helical compression spring)

ねじりモーメントによって素線の外周上に生じるせん断応力τ_0は，

$$\tau_0 = \frac{16T}{\pi d^3} = \frac{8DP}{\pi d^3} \tag{11.9}$$

となる．前項で述べたとおり，圧縮コイルばねの素線断面にはねじりモーメントのほかに，せん断力，曲げモーメント，圧縮力が加わるため，実際に素

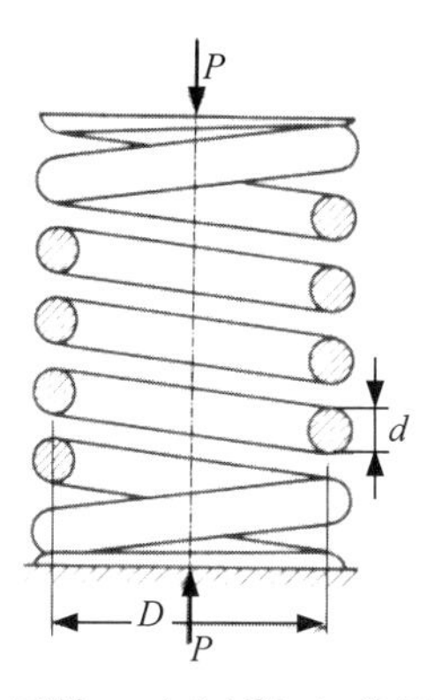

(a)　圧縮コイルばねに作用する圧縮荷重

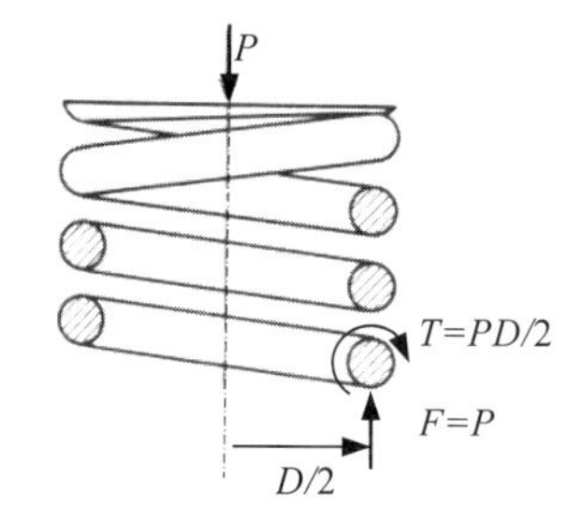

(b)　断面に働くせん断力とモーメント

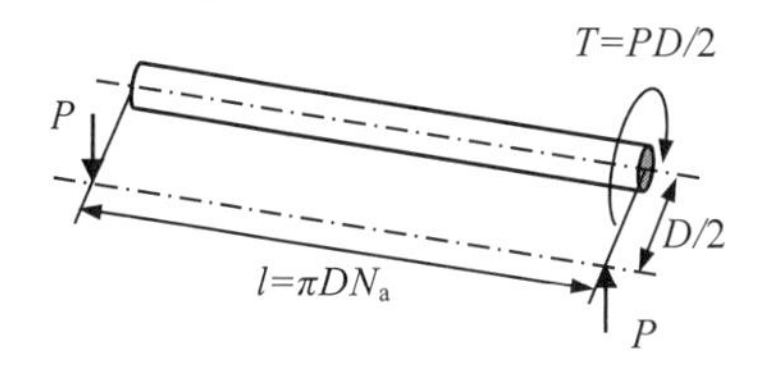

(c)　真直棒のねじり

図11.4　コイルばねの力学（aは文献(9)から引用）

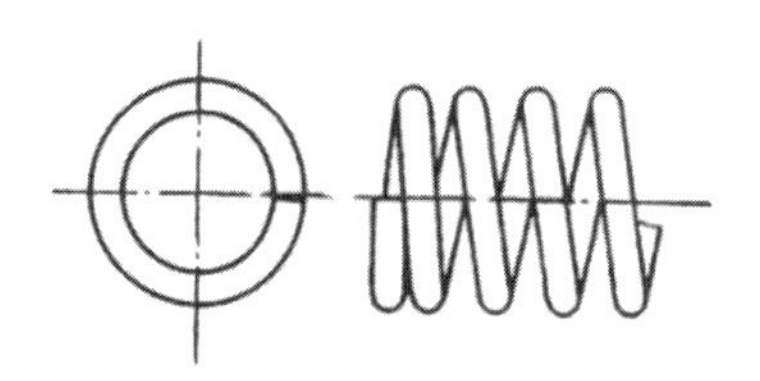

(a)　クローズドエンド（無研削）

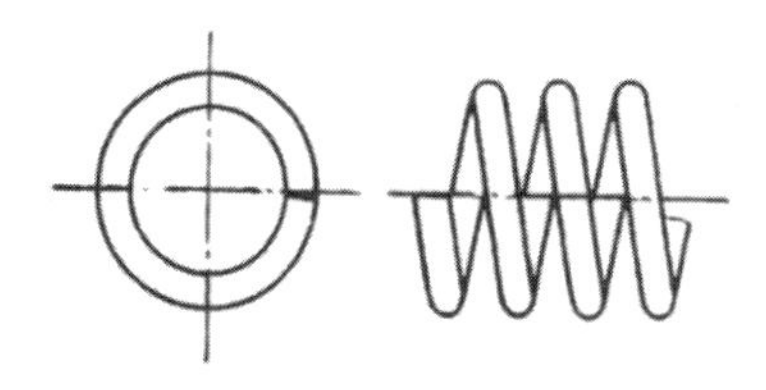

(b)　オープンエンド（無研削）

図11.5　圧縮コイルばねの末端処理事例（JIS B2704より）

線に生じる最大せん断応力τは，これらによる影響を考慮に入れる必要がある．JIS ではワールの応力修正係数 (Wahl's stress correction factor) κ：

$$\kappa = \frac{4c-1}{4c-4} + \frac{0.615}{c} \tag{11.10}$$

が採用され，次式によって圧縮コイルばねの最大せん断応力を見積もる．

$$\tau = \kappa\tau_0 = \kappa\frac{8DP}{\pi d^3} \tag{11.11}$$

ただし $c=D/d$ はばね指数 (spring index) と呼ばれ，通常 4～15 の値をとる．

したがって圧縮コイルばねの設計においては，上式のせん断応力がばね材料の許容ねじり応力 τ_a を越えないようにする．なお図 11.3 に示したように，材料の許容ねじり応力 τ_a は，座屈の影響により素線の径が大きいほど小さくなる．

参考１【ばねの固有振動数】

ばねが変動荷重を受ける場合に，変動の振動数がばねの固有振動数 (natural frequency) と特定の関係にあるときには，ばねが共振して激しく振動する．これをサージング (surging) といい，振幅の増大による過大応力によってばねが破壊される恐れがあるため，避けなければならない．例えば軸方向の変動荷重を受けるコイルばねの固有振動数 f は，一様断面棒の縦振動の解から導かれ，両端固定または両端自由の場合，$i=1,2,3\cdots$ として次の式が成り立つ．ここで m はばねの質量，k はばね定数である．

$$f = \frac{i}{2}\sqrt{\frac{k}{m}}$$

11・3　板ばねの設計式　(design of leaf springs)

板ばねの設計においては，板に生じる曲げ応力(bending stress) σ が材料の許容応力 σ_a を越えないようにする．荷重，変位，曲げ応力の関係は，片持ち梁や両端支持梁の曲げ問題から導かれる．図 11.6 に示す長方形板ばねの場合は，板の厚さ h，幅 b，長さ l として材料力学の公式より，負荷点に生じる変位は

$$\delta = \frac{4Pl^3}{Ebh^3} \tag{11.15}$$

であるので，ばね定数は

$$k = \frac{Ebh^3}{4l^3} \tag{11.16}$$

となる．板の断面に働く曲げモーメントは負荷点からの距離に比例するので，最大曲げ応力σは固定端で生じ

$$\sigma = \frac{6Pl}{bh^2} \tag{11.17}$$

である．

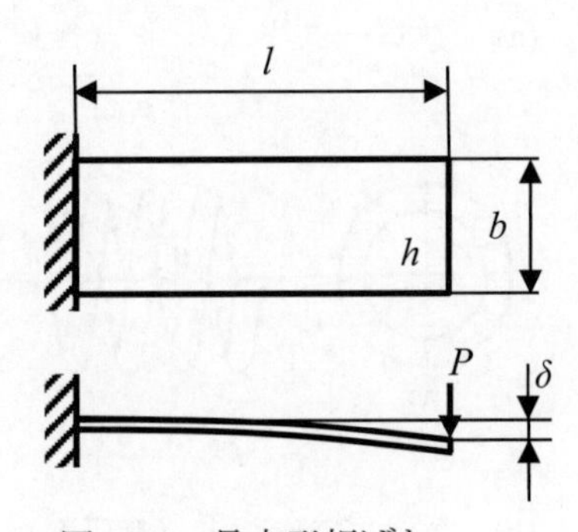

図 11.6　長方形板ばね

一方，板の形状を図 11.7(a)のように三角形とすれば曲げ応力が長さ方向に一定となるので強度上の無駄がなくなる．固定端の幅を b_0 とすれば，曲げ応力は式(11.17)の b を b_0 で置き換えて，

$$\sigma = \frac{6Pl}{b_0 h^2} \tag{11.18}$$

このときの負荷点の変位と荷重の関係は，

$$\delta = \frac{6Pl^3}{Eb_0 h^3} \tag{11.19}$$

となる．この三角形板ばねを図 11.7(b)のように分割して重ね合わせても，応力や変位の関係式は同じであり，分割数を n として式(11.18), (11.19)に $b_0=nb$ を代入すればよい．図 11.2(e)の重ね板ばねは，この原理を利用して作られたものである．ただし，上式はあくまで近似式であり，実際の設計では個々の板の寸法や板間の摩擦の影響を考慮にいれて計算される．

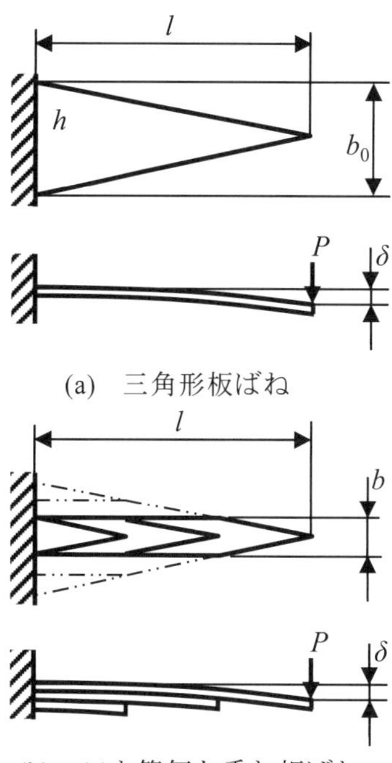

(a)　三角形板ばね

(b)　(a)と等価な重ね板ばね

図 11.7　重ね板ばね

11・4　皿ばねの特性　(characteristics of disc springs)

皿ばねには図11.8に示す基本断面形状を有しており以下に示す特徴がある．

① コンパクトな形状であるのにも関わらず大きな負荷容量が得られる．

② 荷重特性の非線形度を寸法のとり方で調整できる．

③ 複数個のばねを直列や並列に組み合わせて使用できる．

また図 11.9 に皿ばねを重ねて用いる場合のばね特性を近似的に線形とみなせる範囲内で示す．ばねの向きを同じにして重ねた場合には，単品と同じ変位に対して重ね枚数倍の荷重が得られるので，並列ばねとしての特性をもつ．一方，互に向きを違えて背中合わせに重ねた場合には，変位が重ね枚数倍となるので，直列ばねとしての特性をもつ．このように重ね方と特性の関係をうまく利用して，所要の特性を満足するような組合せを設定することができる．

図 11.8　皿ばね基本形状

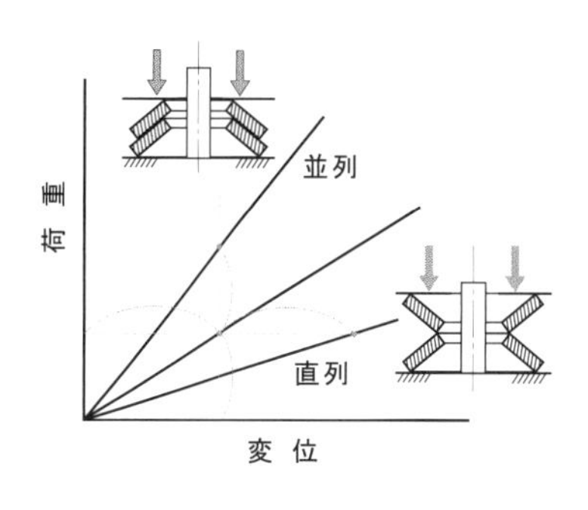

図 11.9　組み合わせ皿ばねの線形特性

第１１章の参考文献

(1)　日本規格協会, JIS B 0103-1996 ばね用語，(1996).

(2)　ばね技術研究会編，ばねの設計と製造・信頼性，(2001)，日刊工業新聞社.

(3)　日本機械学会編，機械工学便覧 B1 機械要素設計・トライボロジー，(1985)，日本機械学会.

(4)　日本規格協会, JIS B 2704-2000 圧縮及び引張コイルばね－設計・性能試験方法, (2000).

(5)　日本規格協会, JIS B 2709-2000 ねじりコイルばね－設計・性能試験方法, (2000).

(6)　日本規格協会, JIS B 2710-2000 重ね板ばね－設計・性能試験方法, (2000).

(7)　日本規格協会, JIS B 2705-1995 トーションバー, (1995).

(8)　日本規格協会, JIS B 2706-2001 皿ばね, (2001).

(9)　大西清著，機械設計製図便覧，(1994)，理工学社（オーム社）.

Subject Index

索　引

さ行

た行

ま行

や行

ら行

わ行

JSME テキストシリーズ一覧

1　機械工学総論
2-1　機械工学のための数学
2-2　演習　機械工学のための数学
3-1　機械工学のための力学
3-2　演習　機械工学のための力学
4-1　熱力学
4-2　演習　熱力学
5-1　流体力学
5-2　演習　流体力学
6-1　振動学
6-2　演習　振動学
7-1　材料力学
7-2　演習　材料力学
8　機構学
9-1　伝熱工学
9-2　演習　伝熱工学
10　加工学Ⅰ（除去加工）
11　加工学Ⅱ（塑性加工）
12　機械材料学
13-1　制御工学
13-2　演習　制御工学
14　機械要素設計

〔各巻〕A4判

JSME テキストシリーズ
機械要素設計

JSME Textbook Series
Design of
Machine Elements

2017年6月1日　初　版　発　行
2021年7月12日　初版第3刷発行
2023年7月18日　第2版第1刷発行

著作兼発行者　一般社団法人　日本機械学会
（代表理事会長　伊藤　宏幸）

印刷者　柳　瀬　充　孝
昭和情報プロセス株式会社
東京都港区三田 5-14-3

発行所　東京都新宿区新小川町4番1号
KDX飯田橋スクエア2階
郵便振替口座　00130-1-19018番
電話（03）4335-7610　FAX（03）4335-7618　https://www.jsme.or.jp
一般社団法人　日本機械学会

発売所　東京都千代田区神田神保町2-17
神田神保町ビル
電話（03）3512-3256　FAX（03）3512-3270
丸善出版株式会社

ISBN 978-4-88898-342-6　C 3353

本書の内容でお気づきの点は　textseries@jsme.or.jp　へお知らせください。出版後に判明した誤植等は
http://shop.jsme.or.jp/html/page5.html　に掲載いたします。